微信小程序与云开发

从入门到实践

张益珲 / 编著

清華大学出版社
北 京

内 容 简 介

本书由一线前端架构师结合多年开发经验倾力打造，通俗易懂地介绍了微信小程序开发的全部技术细节。本书共13章，第1章~第5章为基础部分，主要介绍小程序开发的理论基础、开发环境的搭建及简单组件的应用。第5章~第11章为进阶部分，主要介绍小程序的高级组件、自定义组件、动画、云开发以及网络与数据存储等相关技术。第12章和第13章为实战部分，第12章介绍一个工具类的项目——天气预报客户端的开发，带领读者综合运用所学知识，第13章讲解如何开发一款较有难度的前后端相对完整的电商应用，通过项目练习，读者既可以提高实战能力，也能够掌握一个小程序应用从0到1的整个开发过程，并有能力统筹前后端进行小程序的全栈开发。

本书注重实践，技术先进，适合对小程序开发感兴趣的各层次读者阅读，也可以作为大专院校和培训机构的教学用书。

图书在版编目（CIP）数据

微信小程序与云开发从入门到实践 / 张益珲编著. —北京：清华大学出版社，2022.8（2024.8重印）
ISBN 978-7-302-61675-7

Ⅰ. ①微… Ⅱ. ①张… Ⅲ. ①移动终端－应用程序－程序设计 Ⅳ. ①TN929.53

中国版本图书馆CIP数据核字（2022）第145034号

责任编辑：王金柱
封面设计：王　翔
责任校对：闫秀华
责任印制：曹婉颖

出版发行：清华大学出版社
网　　址：https://www.tup.com.cn，https://www.wqxuetang.com
地　　址：北京清华大学学研大厦A座　　**邮　　编：**100084
社 总 机：010-83470000　　**邮　　购：**010-62786544
投稿与读者服务：010-62776969，c-service@tup.tsinghua.edu.cn
质 量 反 馈：010-62772015，zhiliang@tup.tsinghua.edu.cn

印 装 者：北京嘉实印刷有限公司
经　　销：全国新华书店
开　　本：190mm×260mm　　**印　　张：**21.75　　**字　　数：**586千字
版　　次：2022年9月第1版　　**印　　次：**2024年8月第5次印刷
定　　价：89.00元

产品编号：095342-01

前　言

近年来，微信小程序这一名词越来越火，其背靠着微信庞大的闭环生态，一经问世就得到了极大的关注。小程序是一种无须专门下载，运行在微信平台内部的微型程序，自 2017 年 1 月小程序正式上线到目前为止，其已经更新迭代了多个版本，功能也越来越强大。小程序为人们的生活提供了诸多的便利，在自动售卖机上购买商品、使用共享单车、观看视频与热门资讯，以及听音乐、上网课等生活服务都可以在小程序上完成。

虽然市面上已有一些小程序开发的图书，但随着 5G 技术的不断普及，当下时代网速和流量不再成为限制用户体验的主要门槛，小程序的使用场景变得更加宽泛，小程序中的插件化和云计算的软件开发模式也将成为未来软件开发的趋势，本书正是基于小程序的新技术而编写，期待为学习小程序开发的读者助一臂之力。

全栈教学内容

本书共 13 章，各章内容概述如下：

第 1 章~第 5 章为基础部分，主要介绍小程序开发的理论基础、开发环境的搭建及简单组件的应用。这一部分学习起来比较容易，也能够引起读者的兴趣，对于有编程基础的读者，也很容易掌握。

第 5 章~第 11 章为进阶部分，内容略微复杂，主要包括小程序的高级组件、自定义组件、动画、云开发，以及网络和数据存储等相关技术。这一部分虽然有难度但并不枯燥，也是实际开发中必备的编程技能。不论是作为小程序工程师进行小程序应用的全职开发，还是业余爱好者根据兴趣学习小程序编程，掌握这一部分的技能都将给你带来很大的收获。

第 12 章和第 13 章为实战部分，第 12 章通过一个工具类的项目——天气预报客户端的开发，带领读者综合运用前面章节所学内容，帮助读者融会贯通，学以致用。第 13 章介绍如何开发一款前后端相对完整的电商应用，此项目难度较高，功能上也较接近商业应用，完成了此项目，读者对于普通小程序项目的开发都将不在话下。通过这两章的练习，不仅可以提高读者的实战能力，也可以让读者体会一个小程序应用从 0 到 1 的整个开发过程，并有能力统筹前后端进行小程序的全栈开发。

从入门到实践

本书首先是一本入门级编程教程，所谓入门级，是指读者不需要有太多的编程经验，需要的只是兴趣和持之以恒的耐心。兴趣是最好的老师，尤其在编程领域，技术的变革年年新、月月新，甚至日日都在更新，持续保持兴趣才能有不断学习的动力。同时，编程的过程也真真切切充满乐趣，只要读者保持足够的耐心去积累和学习，这个领域会为你打开一个全新的世界。

其次，本书也是一本实战编程教程。编程知识很多是理论的，例如语法规则、编程规范、内置方法与变量的用法等。但是编程的最终目的是将其应用于实际项目，并且学习编程最快的方式就是不断运用所学知识进行实践开发，本书编写的核心思路也是如此。力求以最快的方式让读者上手开发小程序，本书后两章的实战项目，正是为达到此目的而设计。同时，在适合动手实践的章节里，还提供了很多小型的范例供读者练手。

超值配书资源

教学视频：为分享小程序的开发成果，便于读者掌握小程序的开发技巧，特别录制了 74 节视频课程，该视频课程曾在网上得到学习者的大力支持。需要说明的是，该视频课程与书中的内容并不完全对应，但与书中的学习路线基本相同。教学视频包括了小程序开发的基础知识、开发技巧，以及云开发和项目实战（新闻客户端项目的开发、读书社区项目的开发），既是对本书的完善和补充，知识体系的扩充，也有助于读者减少学习小程序开发的难度，十分超值。本书读者可以扫描书中提供的二维码免费观看。

PPT 课件：对于有教学需求的读者，本书还提供了 PPT 教学课件，同样需要说明，本书课件与书中内容也不完全对应，但基本覆盖了书中的知识体系，包括小程序开发的基础知识、组件开发，以及云开发和新闻客户端项目的开发。读者扫描右侧二维码即可下载。

PPT

源代码：为方便读者上机演练，本书还提供了所有案例和项目的代码，读者可以扫描右侧二维码获取。如果在下载中发现问题，可以发邮件联系 booksaga@126.com，邮件主题为“微信小程序与云开发从入门到实践”。

源码

本书适合的读者

本书主要适合以下读者阅读：

- 想学习小程序开发的初学者和爱好者。
- 企事业单位的开发人员。
- 培训机构与大专院校的学生。

无论你是职业开发者、业余爱好者、在校学生抑或高校教师或机构讲师，在这个日新月异的时代，我们每个人都是学生，笔者在本书的编写过程中也查阅了大量资料、编写和调试了很多范例，特别是结合笔者多年来一线小程序开发的经验与心得，虽然竭尽全力，但限于水平，一定还会有各种疏漏与错误，衷心希望读者朋友批评指正。

最后，本书能够顺利出版，除了要感谢一直支持笔者的家人与朋友外，最应该感谢的是清华大学出版社的王金柱编辑，在本书的编写过程中，王编辑提供了很多实用的资料及创新的想法，没有他的敦促指点和耐心细致地对稿件进行修改，无法顺利完成本书的编写。

希望本书能够带给你预期的收获！

张益珲

2022 年 7 月 13 日于上海

教学视频二维码（扫码即可观看）

1.认识小程序

2.准备工作

3.HelloWorld 程序

4.JavaScript 基础（上）

5.JavaScript 基础（中）

6.JavaScript 基础（下）

7.WXML 基础

8.WXSS 基础

9.view 容器组件与 flex 布局

10.scroll-view 与 swiper

11.可拖曳视图组件和浮层视图组件

12.icon 与 text 组件

13.富文本与进度条组件

14.button 按钮组件

15.checkbox 与 radio 组件

16.input 组件

17.switch 开关组件

18.label 标签组件

19.slider 滑块组件

20.textarea 组件

21.普通选择器　22.各种选择器　23.navigator 组件　24.image 组件

25.audio 音频组件　26.video 视频组件　27.camera 组件　28.直播相关组件

29.Map 地图组件　30.Canvas 组件应用　31.自定义组件入门　32.自定义组件插槽

33.组件构造器　34.组件的内部属性与外部属性　35.使用组件数据库　36.自定义组件事件

37.组件生命周期函数　38.组件的行为混入　39.建立组件关系　40.数据监听器

41.进行网络请求
42.request 方法详解
43.文件下载与上传
44.WebSocket 接口
45.数据缓存
46.数据持久化
47.文件管理器
48.系统弹窗
49.配置导航栏与标签栏
50.下拉刷新与上拉加载
51.关键帧动画
52.形态转换与动画
53.过渡动画
54.Animation 动画对象
55.系统信息与更新
56.分享功能
57.登录与用户信息
58.微信功能插件
59.设备相关功能接口
60.开通云开发

61.云数据库初步　62.数据查询　63.更新与删除数据　64.使用云存储

65.云函数初步　66.云函数进阶　67.实战新闻客户端（1）　68.实战新闻客户端（2）

69.实战新闻客户端（3）　70.实战新闻客户端（4）　71.实战读书社区（1）　72.实战读书社区（2）

73.实战读书社区（3）

74.实战读书社区（4）

目　　录

第 1 章

准　　备

本章内容：

- 认识微信小程序
- 如何设计一款小程序
- 微信小程序开发前的环境准备
- 小程序版的 HelloWorld 程序

本章我们将走进微信小程序的世界，并将介绍微信小程序开发的准备工作。同时，还将创建第一个微信小程序项目，尝试微信小程序开发的畅快之旅。

1.1　认识微信小程序

很多人可能每天都在使用微信小程序，是否想过这些小程序是如何开发出来的？开发微信小程序需要使用什么样的技术？它和传统的网页开发有何异同？如果有这些疑问，本节就来为你解惑。

1.1.1　小程序的特点

对于用户来说，小程序最大的特点是触手可及，随需随用。只需要通过扫描二维码或者打开朋友的微信分享，即可快速地打开所要使用的小程序。在微信首页向下拉，可以看到小程序的快捷访问页面，这个页面中会将最近使用过的小程序和用户所收藏的小程序展示出来，如图 1-1 所示。

在小程序快捷访问页面中，用户可以直接点击最近使用过的小程序再次打开使用，同时也可以管理自己收藏的小程序。

对于开发者来说，小程序的框架本身具有快速加载与重绘的能力，开发效率很高，且配合小程序的云能力，开发者很容易掌握全栈的开发技能，从而独立将想法快速实现为产品，快速地对产品的思路是否正确进行实验验证。

总之，微信小程序的核心就是“快捷”与“便利”，相信在后续的学习中，我们会越来越体验到小程序的这一特点。

图 1-1　小程序快捷访问页面

1.1.2　小程序的成长之路

首先，小程序并非是突然冒出来的一种新技术，在微信小程序出现之前，微信就已经支持通过第三方应用来扩展各种各样的功能。那时，这些应用大多采用网页或公众号的形式存在，网页视图即WebView是微信中这类扩展应用的主要开发方式，但是WebView本身功能有限，要使用许多移动设备才拥有的功能，需要采用WebView与Native交互的方式来实现，微信则通过封装一系列的JS API来对网页开发者进行支持。

到了2015年，微信官方发布了一整套网页开发工具包（JS-SDK），此工具包将应用常用的基础能力进行了封装，如拍摄、录音、二维码、地图、支付、分享等，工具包提供了非常丰富的JS接口，让Web开发者在开发微信网页和公众号时可以做到之前难以做到的事情，丰富了第三方应用的功能。

JS-SDK虽然部分解决了移动网页能力不足的问题，但是并没有解决在使用网页应用时用户遇到的体验不佳的问题。即在网页的加载过程中，由于需要下载页面文件和资源，会存在白屏的情况，并且网页中的逻辑和渲染处理都采用JS引擎，其页面渲染的效率比Native要低很多，使用户在使用过程中感受到交互的卡顿和延迟。这些问题，正是小程序要解决的。

从代码角度上看，微信小程序的主要开发语言是JavaScript，这与网页开发有很大的相似性。因此对于前端开发者来说，从网页开发转向小程序开发可谓非常容易，开发思路和技术栈都是类似的。但从底层实现上来说，小程序却和网页有着天差地别，网页中的渲染线程和脚本执行线程是互斥的——这是导致其性能问题的主要原因之一，而小程序中渲染线程和逻辑脚本线程是分开的，并且在小程序中，并不存在一个浏览器对象，因此在网页开发中常用的DOM API和BOM API将不可使用，同样的，一些与之有关的常用JS框架在小程序中也是无法直接使用的，例如jQuery等。

2016年年初，小程序的概念初步开始宣传与推广。

2016年9月微信小程序正式开启内测。

2017年年初，大批小程序应用正式上线，用户开始体验到各种微信小程序带来的便利服务。

2017年年底，微信又推出了一类特殊的小程序：“小游戏”，游戏类小程序开始大量出现。

之后，微信小程序基础库持续优化更新，截至2022年5月26日，最新的小程序基础库版本已经更新到v2.24.4，每次版本的更新，小程序基础库除了修复一些异常bug外，还会增加很多实用功能，为开发者的产品助力。

1.2 如何设计一款小程序

在开始学习小程序的开发之前，先要了解一下小程序的设计原则。无论再高超的开发技能，最终还是要呈现于产品，服务于用户的，因此为用户带来良好的使用体验才是最终的目的，好的设计方式为的是让用户在使用此小程序时感觉到畅快。

1.2.1 小程序的设计原则

上一节讲过，“快捷”是小程序的核心特点之一，因此在设计一款小程序时，重中之重应该放在“轻”和“快”两个字上。微信的官方文档为开发者提供了一份小程序的设计指南，建议无论是小程序产品设计者还是程序开发者，都可以阅读这份指南，网址为：https://developers.weixin.qq.com/miniprogram/design。

微信官方推荐的小程序设计原则主要有“友好礼貌”“清晰明确”“便捷优雅”“统一稳定”。

- “友好礼貌”原则是指在设计小程序时要时刻遵循“轻”的特性，不要设计过多无关的元素来对用户的使用造成干扰，例如对于一款点餐类小程序，首页应尽量直接展示菜单，让用户可以直接使用点餐服务，而不应该在首页添加各种广告、分类等元素，拉长用户的操作路径。要做到“友好礼貌”原则，要注意在页面设计时突出重点，减少不必要的元素，交互流程要尽量简短明确，不要在一个完整的流程处理过程中出现流程之外的东西打断用户的行为。
- “清晰明确”原则是指用户一旦进入小程序，就要明确地让用户感知到当前身处何处，从哪里来到哪里去。具体来说，当用户进入一个页面时，要有标题告知用户当前页面的功能，有返回按钮能让用户回到之前的页面，且这些交互方式都应该是统一的，小程序中开发者应尽量使用框架提供的导航组件来组织页面。另外，在用户使用过程中，应尽量减少用户的等待，对于需要网络请求的页面，等待如果无可避免，则应提供明确的加载中提示，避免引起用户的焦虑。除此之外还有一点非常重要，即产生异常或触发错误场景时，要提供给用户重试和退出的方法，让用户卡死在当前页面进退不得是最糟糕的设计。
- “便捷优雅”原则是小程序设计不同于网页设计的一大差异。传统的网页大多运行在 PC 设备上，键盘和鼠标在操作时可以非常精准地进行定位和输入，因此页面可以设置的非常紧凑，而小程序是应用在移动端设备上，移动端设备屏幕尺寸有限，且主要通过用户的手指进行操作，精度也大大不如鼠标，这就要求我们在设计页面时，尽量减少用户的输入，尽量使用选择代替输入。对于各种交互控件的排布要有足够的缓冲距离，防止用户的误操作。
- “统一稳定”是最后要强调的设计原则，由于微信小程序归根到底是在微信中使用的，因此其 UI 样式设计上如果与微信本身差异较大，会使用户感觉到非常突兀，在设计小程序的页面时，应尽量保持与微信统一的设计风格，并且小程序内部的各个页面的设计风格也应该尽量保持统一，为用户带来无缝的顺畅体验。

1.2.2　小程序的适配原则

小程序主要运行在移动端设备的微信上，但这并非绝对。目前，PC 版本的微信也已经支持打开朋友分享的小程序进行使用。我们知道，PC 的屏幕比例和尺寸与移动端设备比起来差异很大，要想让用户无论是在移动端设备上使用小程序还是在 PC 设备上使用小程序都有较好的体验，适配就是必须要做的工作了。

在开发小程序时，若未对 PC 端做额外的适配工作，则在 PC 端上使用此小程序时，无论 PC 屏幕尺寸如何，小程序页面将总是以 414×736 的尺寸进行显示。同样，对于横屏展示的小程序，如果没有适配 PC，在 PC 端上将始终以 768×1024 的尺寸进行展示。

PC 端屏幕相比移动端大很多，这本身是一种优势，可以让用户在屏幕上看到更多的内容，如果小程序不对这些空间进行利用，就大大浪费了展示资源。在进行 PC 端适配时，要遵守下面的原则。

- PC 屏幕大了很多，但是我们不能简单地将小程序中页面中的元素都等比放大，尤其是图片，等比放大可能会使其分辨率降低，导致完整性和可读性降低。
- 在进行 PC 端适配时，要尽量利用更大的空间来展示更多的内容，要实现这一效果，在开发时可以适当地根据屏幕尺寸来修改布局方式，例如将原本单列布局的页面转换为双列或多列布局等。
- PC 端的交互方式与移动端也有很大的区别，小程序的框架默认已经将移动端的手势在 PC 端进行了对应的转换，例如手指轻点手势转换为鼠标左键点击，手指长按手势转换为鼠标右键点击，手指拖曳手势被转换成鼠标按住拖曳。需要注意，某些手势在 PC 端是很难实现的，例如双指捏合、旋转等手势并没有 PC 端对应的操作方式，因此在适配 PC 端时，这类手势要慎用。

1.3　微信小程序开发前的环境准备

动手开发微信小程序前，需要先将开发工具准备妥当。要拥有小程序的开发资格，首先需要申请一个小程序账号，之后需要下载微信提供的开发者工具，使用此开发者工具，就可以对小程序进行创建、开发、测试和发布了。

1.3.1　注册小程序账号

任何一个小程序应用都需要有一个 AppID，小程序开发、测试、发布和管理的流程都需要使用此 AppID 来完成，AppID 可以理解为是一个小程序的唯一标识。要获取 AppID，需要先注册一个小程序账号。注册地址为 https://mp.weixin.qq.com/wxopen/waregister?action=step1。

注册页面如图 1-2 所示。

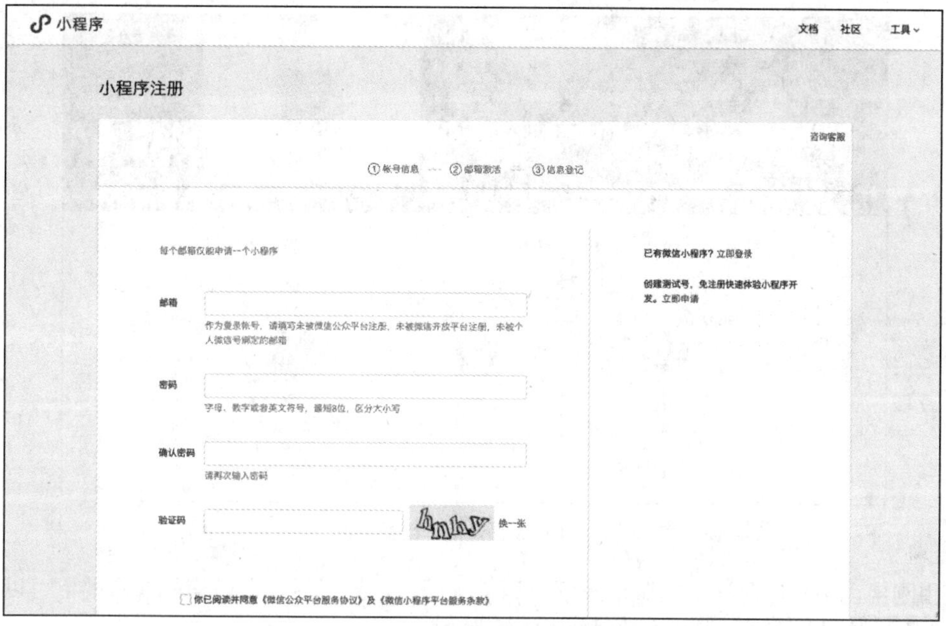

图 1-2　小程序注册页面

需要注意，在填写注册信息时，务必真实有效，每个小程序要对应一个邮箱地址，后面需要使用此邮箱来接收验证邮件。

由于一个邮箱只能对应一个小程序账号，一般只有真正要发布小程序时才使用真实的小程序账号，在学习过程中，可以使用测试号来快速地对小程序进行开发和体验。打开网址 https://mp.weixin.qq.com/wxamp/sandbox 可以获取小程序的测试号。

此页面会展示一个二维码，如图 1-3 所示。

图 1-3　申请小程序测试号

使用微信扫描此二维码即可获得一个小程序测试号，之后直接在微信公众平台进行登录即可，微信公众平台网址为 https://mp.weixin.qq.com/。

页面如图 1-4 所示。

图 1-4 微信公众平台的页面

使用刚申请小程序测试号的微信进行扫码登录即可，扫码后，在微信的客户端上可以选择要登录的小程序号或公众号，其中包含前面申请的测试号。

登录完成后，即可以获取到测试号的 AppID 和 AppSecret 相关数据，并且可以在后台进行服务器域名和业务域名的设置，如图 1-5 所示。

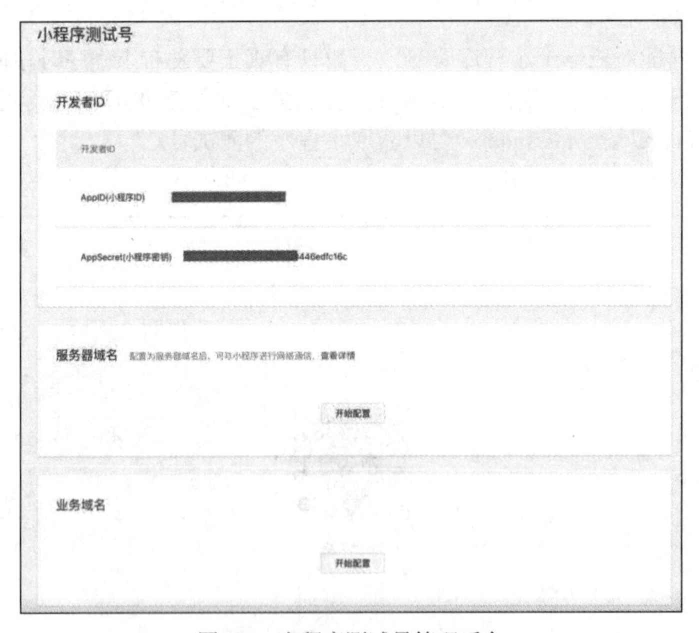

图 1-5 小程序测试号管理后台

其中，AppID 和 AppSecret 是开发中必须使用的，可以先记录下来，后续创建项目时会使用到。

1.3.2 安装开发者工具

微信开发者工具提供了非常强大的功能，可以帮助开发者简单高效地开发和调试小程序。同时微信开发者工具也可以进行公众号的开发。打开网址 https://developers.weixin.qq.com/miniprogram/dev/devtools/stable.html 可以下载到最新稳定版的微信开发者工具。

下载页面如图 1-6 所示。

图 1-6 微信开发者工具下载页面

可以看到，页面中有每次微信开发者工具的升级日志，通过这些日志可以大致了解到开发者工具都提供了哪些功能。除了稳定版之外，微信官方也提供了预发布版本与开发版本的开发者工具的下载，预发布版本的开发者工具稳定性相比稳定版较差，但是会包含将要发布的版本的新功能，如果你喜欢尝鲜，也可以下载这个版本的开发者工具。开发版本的开发者工具稳定性很差，其是用来快速修复问题的版本，除非必须，尽量不要使用此版本的开发者工具。

图 1-7 微信开发者工具登录页面

下载完成后，直接打开安装包进行安装即可。无论是 Windows 系统还是 macOS 系统，安装过程都非常简单，安装完成后，打开开发者工具，就会看到如图 1-7 所示的登录页面。

使用微信扫描此二维码即可完成登录。开发工具的引导页面如图 1-8 所示。

可以看到，在引导页面中可以选择项目的类型，包括小程序项目、小游戏项目、代码片段和公众号项目等。现在我们已经准备好了开发者工具，接下来，将开始体验创建第一个小程序项目。

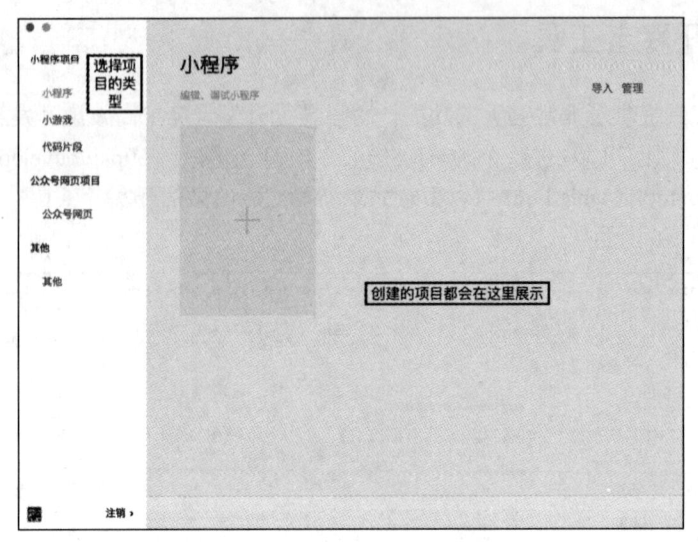

图 1-8　微信开发者工具的引导页面

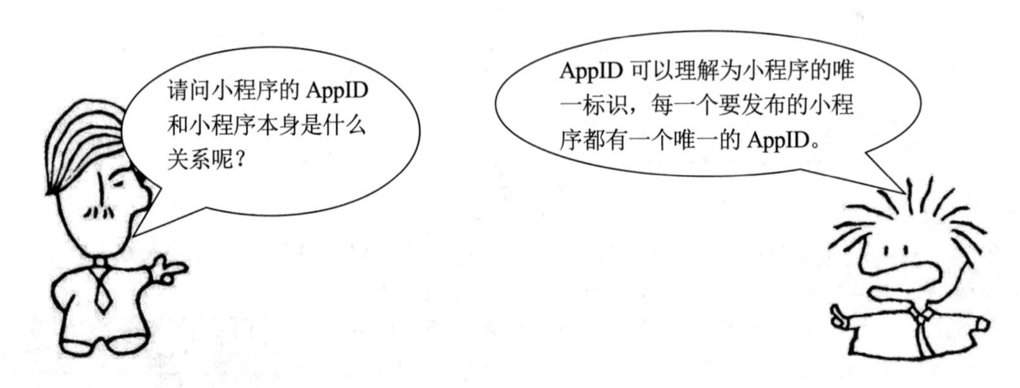

1.4　小程序版的 HelloWorld 程序

很多开发者在初学编程时，都是从 HelloWorld 程序开始的，本书也不例外，那么，就从 HelloWorld 开始我们的小程序开发之旅的第一次探索吧。

1.4.1　创建一个小程序项目

登录了微信开发者工具后，就可以进行小程序项目的管理了。首先，可以创建一个新的小程序项目，在引导页面的左侧选中“小程序”类型，点击页面中的“加号”即可进行新项目的创建，之后需要填写项目的一些基本信息，如图 1-9 所示。

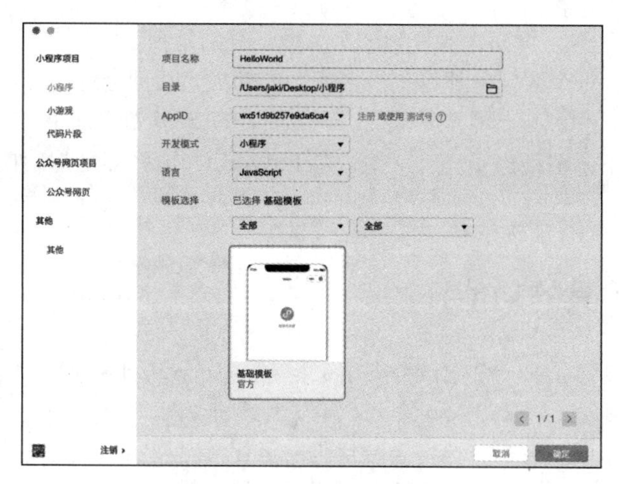

图 1-9　小程序信息的填写

其中，项目名称是项目的名字，这里命名为 HelloWorld，目录选项用来设置项目所存放的磁盘位置，AppID 需要填入前面申请到的小程序账号中配给的 AppID，这里也可以使用测试号的 AppID，需要注意，测试号并不支持云开发，但这并不影响我们的学习。开发模式可选小程序或插件，这里选择小程序。目前，小程序的开发语言除了可以使用 JavaScript 外，也支持 TypeScript，对于 CSS 样式表来说，小程序框架也支持使用 Less 或 Sass，如果读者对 TypeScript、Less 和 Sass 不太熟悉也没有关系，只使用 JavaScript 和 CSS 也可以开发出完整的小程序应用。最后，可以选择一个模板，微信开发者工具会根据模板的不同生成不同的基础代码，这里选择基础模板即可。

完成了上面的配置工作后，单击“确定”按钮，工程就创建完成了，之后微信开发者工具会跳转到当前工程的开发页面，如图 1-10 所示。

图 1-10　微信开发者工具的工程开发页面

从图 1-10 中可以看到，页面大致分为 5 个区域，分别是预览区、文件检索区、功能导航区、编码区和调试信息区。每个区域中都包含很多相关的功能，后面会逐一介绍。现在，我们的第一个 HelloWorld 项目已经可以运行看到效果了（见图 1-10），预览页面中展示了当前登录用户的头像、昵称信息，并在下方渲染出了一行文案：HelloWorld，这些都是基础模板中自动生成的代码实现的。

1.4.2　开发者工具的功能详解

在上一小节中，创建了第一个微信小程序工程——HelloWorld 项目，并且初步认识了微信开发者工具的开发界面。现在，来深入体验一下开发工具的功能。

先看预览区，这个区域会实时地将当前代码的运行情况展示出来，可以理解为其中是一个支持热更新的模拟器。在此区域的左上角可以选择要预览的模拟器类型，支持 iOS 设备、Android 设备和 PC 设备，如图 1-11 所示。

对于热重载功能，其指的是当代码发生了变化时，页面是否可以动态地重新渲染而不需要编译，打开了热重载功能后，可以极大地提高开发效率。但是某些场景下，热重载可能会造成数据更新不及时产生的逻辑异常，此时可以通过手动重新编译来查看预览效果。通常，仅仅修改页面渲染相关的代码时，可以采用热重载的方式快速预览效果，如果涉及数据与逻辑的修改，要预览效果建议重新进行编译。

预览区的右上角还有两个很实用的功能按钮，从右数第 2 个按钮可以对当前模拟器进行设置，如图 1-12 所示。

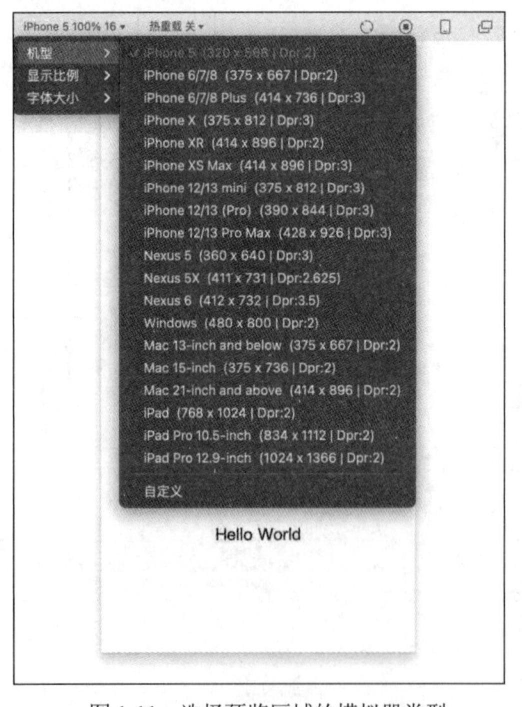

图 1-11　选择预览区域的模拟器类型

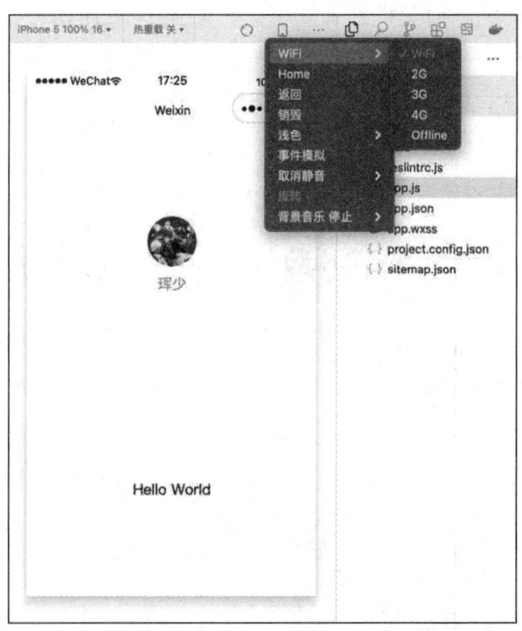

图 1-12　对模拟器进行设置

最后侧的按钮可以将模拟器从开发工具界面中独立出来，在实际开发时，这样可以使编码区的占比更大，方便编写代码，如图 1-13 所示。

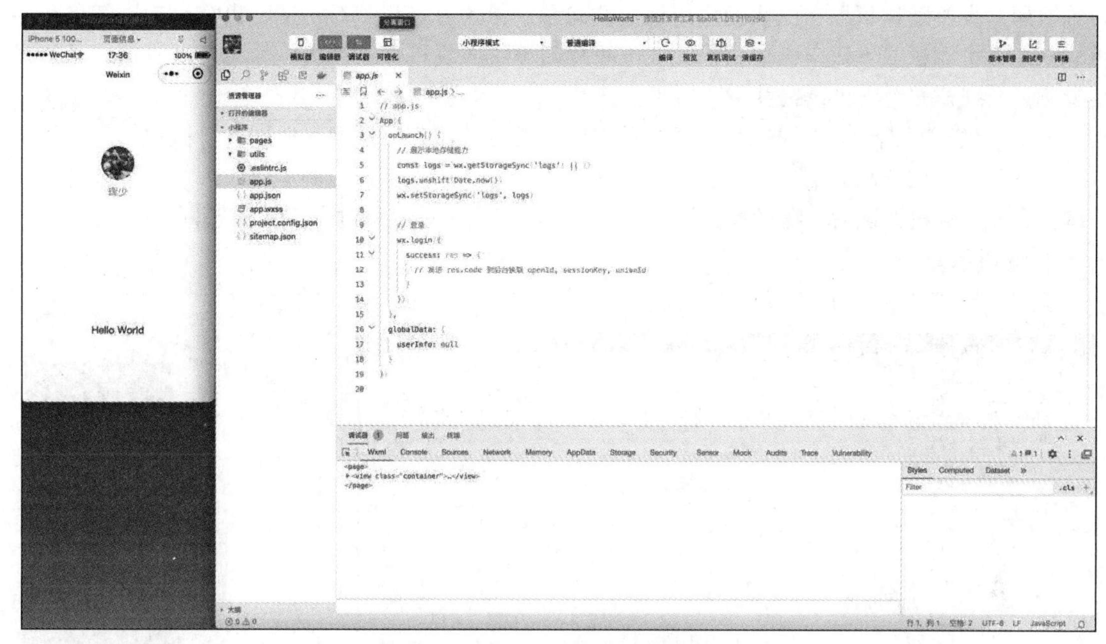

图 1-13　使用独立的窗口展示模拟器

文件检索区的上方也有一行功能按钮，其除了提供文件检索功能外，还支持 Git 管理、插件管理、分析工具管理和 Docker 管理，除了文件检索功能外，其他高级功能暂时还用不到。

功能导航区提供了一行功能按钮，通过这些按钮可以对小程序进行编译、调试、配置、发布等。

编码区会展示当前选中文件的内容，它是一个强大的文本编辑器，在这里进行代码的编写。

调试信息区是开发调试过程中非常重要的功能区，页面结构、日志输出、网络和存储信息等都可以在这个区域查看，是开发者解决问题的有效工具，后面使用时会具体介绍。

现在打开 pages/index/index.js 文件，将其中 motto 属性的值“Hello World”修改为“我是一个小程序开发者！”后，重新编译试一试，可以看到页面中渲染的文案会对应产生变化。

1.4.3　小程序的真机体验与发布

在微信开发者工具的功能导航区中有一个预览按钮，单击此按钮后，当前小程序工程会自动编译并生成一个预览二维码，如图 1-14 所示。

使用微信扫描此二维码后，即可在微信上看到当前小程序的预览效果，实现真机预览。

图 1-14　生成预览二维码

在预览按钮的旁边，还有一个真机调试按钮，在项目的开发过程中，经常会遇到各种各样的疑难问题，真机调试可以帮助我们快速地定位问题，单击真机调试后，工程也会自动进行编译并生成一个真机调试二维码，微信扫描此二维码后即可进入真机调试模式。如果进入成功，微信开发者工具会打开一个真机调试页面，如图 1-15 所示。

在真机调试页面中，会时时地展示当前设备上运行的小程序的组件树结构、样式信息、控制台输出信息、存储和网络信息等，也可以在 Sources 一栏中找到对应的源码，添加断点来进行断点调试。开启真机调试后，在设备微信中运行的小程序上也可以实时查看 Log 信息，十分方便，如图 1-16 所示。

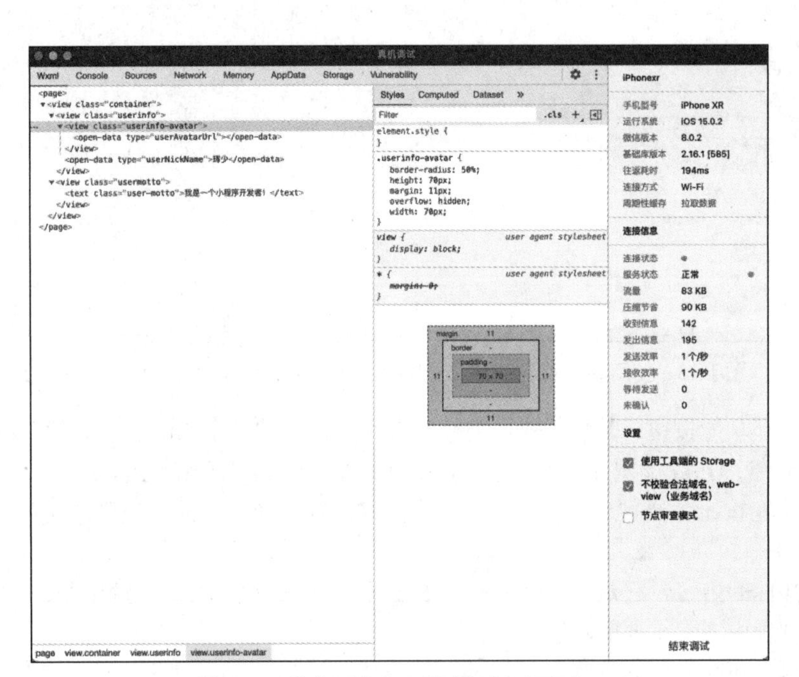

图 1-15　微信开发者工具真机调试页面

图 1-16　真机调试中的小程序

当你开发完成了一款小程序项目，一定会迫不及待地想让你的朋友们也体验一下吧。需要注意，使用测试号是无法上传提交小程序的。如果使用的是正式的小程序号，则开发者工具的菜单栏上会有上传按钮，单击此按钮后，会弹出如图 1-17 所示的窗口，在其中填写版本号和备注信息即可。

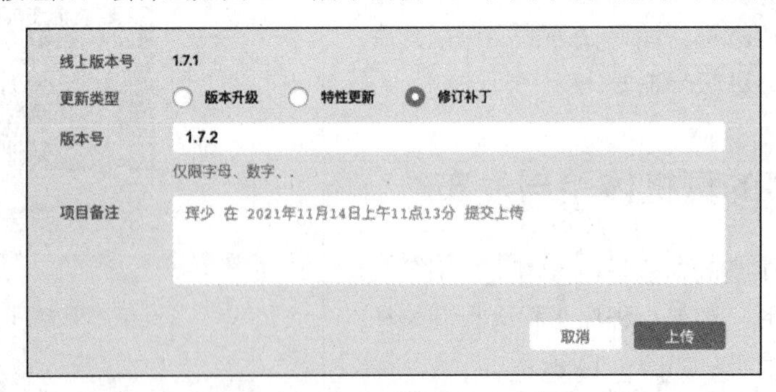

图 1-17　上传小程序到微信小程序管理后台

之后登录小程序管理后台，在“开发管理\开发版本”下面即可找到刚才上传的小程序，可以将其设置为体验版本供有权限的小程序管理人员进行体验或直接提交审核，审核通过后就可以向微信用户提供服务了。

1.4.4　小程序的开发流程

虽然小程序开发本身非常轻量级，但是快捷并不代表简单。一个完整的小程序项目也需要多方合作才能完成。当然对于小型团队来说，很多时候可能会一人担任多种角色。本节，我们来简单介绍一下一个完整小程序从立项到上线运营的过程。

无论你是个人开发者，还是团队中的一名开发成员，了解项目中不同角色所承担的责任和权限都是十分必要的。一个小程序项目的成功上线运营包含如图 1-18 所示的一系列过程。

图 1-18　小程序项目的工作流程

从图 1-18 中可以看到，真正的开发过程其实只占整个小程序项目工作流程中很少的一部分，开启一个小程序项目前，首先要进行需求分析，明确了需求的价值与可行性后，再进入产品设计阶段，在产品设计阶段，产品人员负责将需求转化为具体的产品逻辑，并设计框架和交互。产品设计完成后，交由 UI 设计师将产品文档转化为具体的一个个页面，并设计动画等用户交互逻辑。程序开发人员参照设计稿将产品实现，完成开发工作后，交给测试人员进行质量把控。通过了测试的产品会进行内部体验，体验人员包括需求提出方、产品设计人员、UI 设计人员等，也可以邀请部分用户作为内测人员。内部体验完成后，会正式地将产品发布上线，然后运营人员进行线上运营。

小程序项目的完整工作流程看上去非常烦琐，在实际的应用中，并不是所有的项目都要经过上述的流程，并且，我们可以采用敏捷开发的方式按照功能拆分为模块进行设计、开发、测试、上线来提高效率。

在微信小程序管理后台，可以将参与此小程序的人员都添加成为项目成员，如图 1-19 所示。

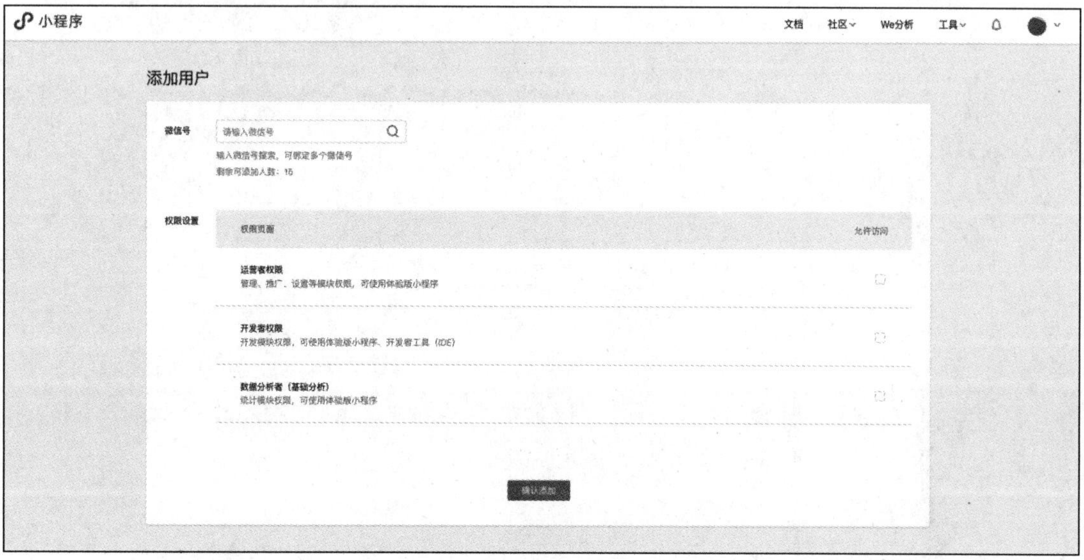

图 1-19　添加项目成员

在添加项目成员时，可以根据成员角色的不同来为其分配不同的权限，其中运营者权限可以使用小程序管理后台的推广模块的功能，可以使用体验版小程序。开发者权限可以使用小程序管理后台开发模块的相关功能。数据分析者权限可以查看小程序管理后台的统计模块，也可以使用体验版的小程序。

1.5 小结与练习

1.5.1 小结

通过本章的学习，相信读者对小程序项目的开发有了基础的认识，也初步了解了小程序的基本设计原则，并且也准备好了小程序开发的必备环境，本章中暂时还没有涉及具体的开发技术，但学习一门编程技术不是一蹴而就的事，打好基础对后续的学习来说非常重要。

1.5.2 练习

1. 微信小程序是一种什么样的技术？有哪些优势？

温馨提示：本题是一道开放性的题目，答题核心点在于围绕小程序的特点展开。

2. 新建一个小程序项目需要做哪些工作？

温馨提示：回顾一下小程序项目的工作流程。

3. 开发完成一个小程序后，若要进行发布，需要做哪些事情。

温馨提示：发布前的测试是必不可少的。

第 2 章

微信小程序的构成

本章内容：

- 小程序项目的基本结构
- 小程序的开发架构
- 路由与模块化
- WXML 与 WXSS
- 组件与小程序 API 基础

从代码构成上来看，一个小程序项目中包含 JSON 文件、WXML 文件、WXSS 文件和 JS 文件。其中，JSON 与 JS 文件在其他开发领域中也有应用，WXML 和 WXSS 是微信小程序中定义文档结构和样式表的语言，其与 HTML 和 CSS 非常类似。

微信小程序的开发模式是以页面为维度进行的，页面中使用的各种元素都将以组件的方式存在。本章将从微信小程序的构成上着手，帮助读者更深入地理解小程序的开发逻辑。

2.1 小程序项目的基本结构

请重新观察一下之前我们创建的小程序项目的文件检索区，你会发现，测试工程虽然简单，但是默认生成的文件却不少。正所谓麻雀虽小，却五脏俱全。这个示例工程正是我们理解小程序工程结构的最好样例。

2.1.1 项目目录结构

之前我们创建的 HelloWorld 项目的目录结构如图 2-1 所示。

从图 2-1 中可以看到，工程根目录中有两个文件夹 pages 和 utils 以及一些独立文件。先来介绍各个独立文件的用途。

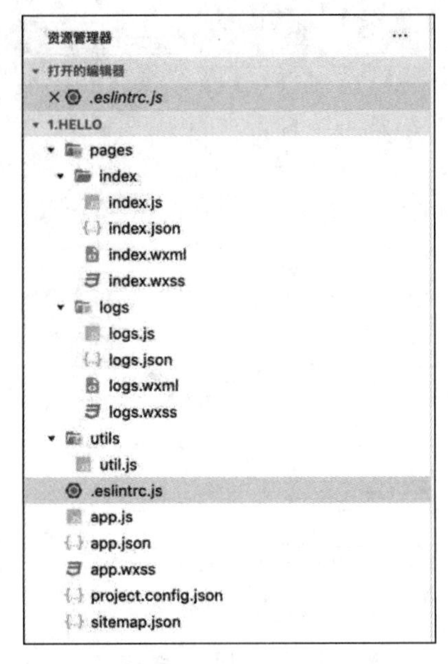

图 2-1　HelloWorld 项目的目录结构

- .eslintrc.js 是 ESLint 配置文件，小程序默认使用 ESLint 进行代码检查，在开发中一般无须修改这个文件。
- app.js 文件可以理解为是小程序的入口文件，在这个文件中进行小程序应用实例的注册，整个小程序只有一个应用实例，此实例是全局共享的。
- app.json 是当前小程序项目的全局配置文件，在其中进行页面路由、窗口标题等全局信息的配置。
- app.wxss 是当前小程序项目中编写的公共样式表，这里面配置的样式在所有组件中都可以直接应用。
- project.config.json 是工程配置文件，在这个文件中，可以对当前小程序工作做一些个性化的配置，如界面颜色、编译规则等。
- sitemap.json 是一个配置文件，用来配置小程序页面是否允许被微信搜索。

下面，再来看一下工程根目录下的两个文件夹。

utils 文件夹用来存放一些提供工具支持的 JS 文件，默认生成的 util.js 文件中的代码如下：

```
// 进行日期时间格式化的方法
const formatTime = date => {
  const year = date.getFullYear()      // 获取当前年份
  const month = date.getMonth() + 1    // 获取当前月份
  const day = date.getDate()           // 获取当前日期
  const hour = date.getHours()         // 获取当前时间中的时
  const minute = date.getMinutes()     // 获取当前时间中的分
  const second = date.getSeconds()     // 获取当前时间中的秒
  return `${[year, month, day].map(formatNumber).join('/')} ${[hour, minute,
    second].map(formatNumber).join(':')}`  // 进行格式化处理，返回字符串
}
// 将数值数据转换成字符串
const formatNumber = n => {
  n = n.toString()
  return n[1] ? n : `0${n}`
}
// 将模块提供的方法导出
module.exports = {
  formatTime
}
```

util.js 中实际上提供了一个获取格式化后的当前日期时间的方法。

pages 文件夹用来存放所有页面，在小程序开发中，一个完整的页面由 JS、WXML、WXSS 和 JSON 这 4 类文件组成，因此在 pages 文件夹下，每一个子文件夹即表示一个小程序页面，在预览 HelloWorld 项目时，会看到首页上会展示当前登录用户的微信头像，这个页面其实就是工程中的 index 页面，如果点击用户头像，小程序会跳转到一个显示启动记录的页面，此页面就是项目中的 logs 页面，如图 2-2 所示。

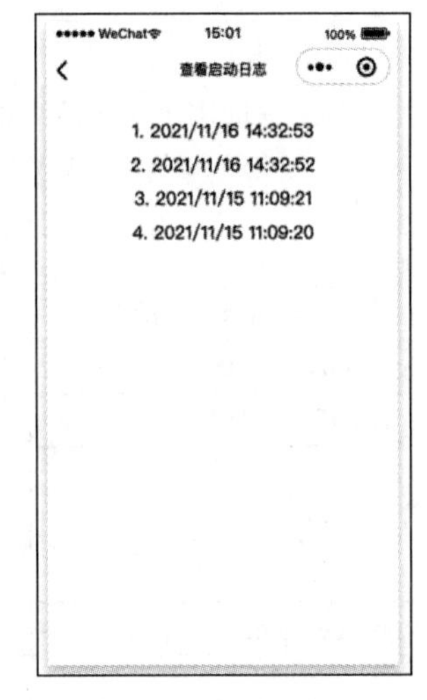

图 2-2　HelloWorld 项目中的 logs 页面

2.1.2　小程序全局配置文件

在小程序项目中，JSON 文件通常用来设置配置选项。每个小程序工程下会有一个全局配置文件，即 app.json，小程序中的每一个页面也会有一个配置文件。

先来关注一下 app.json 这个文件，HelloWorld 工程中的此文件内容如下：

```
{
  "pages":[
    "pages/index/index",
    "pages/logs/logs"
  ],
  "window":{
    "backgroundTextStyle":"light",
    "navigationBarBackgroundColor": "#fff",
    "navigationBarTitleText": "Weixin",
    "navigationBarTextStyle":"black"
  },
  "style": "v2",
  "sitemapLocation": "sitemap.json"
}
```

其中，pages 字段用来配置程序中所有的页面路径，只要是应用内使用到的页面，都需要在这里进行配置。window 字段用来对窗口的表现形式进行配置，包括背景色、标题文字、标题颜色等。style 字段用来配置 UI 页面的风格。sitemapLocation 用来设置项目中 sitemap 文件的位置。

除了上述字段外，小程序的全局配置还有许多选项可用，下面将对可配置的字段进行详细介绍。

1. entryPagePath

这个字段用来设置小程序启动时的默认页面，如果不配置，小程序在启动时将默认选择配置在 pages 列表中的第一个页面作为默认页面。以 HelloWorld 项目为例，我们也可以配置小程序在启动时直接展示日志页面，示例代码如下：

```
"entryPagePath": "pages/logs/logs"
```

2. pages

这个配置项不再做过多的介绍，其用来指定小程序由哪些页面组成，需要配置为一个列表，列表中的每一项对应一个页面的路径，文件名无须带后缀，框架会自动寻找对应的 WXML、JS、

JSON 和 WXSS 文件。

3. window

window 选项用于对小程序的窗口表现进行全局设置，其可以配置的选项很多，如表 2-1 所示。

表 2-1 window 配置选项

配置项	类型	意义
navigationBarBackgroundColor	字符串	设置导航栏的背景色，例如#fff 将设置导航栏为白色
navigationBarTextStyle	字符串	设置导航栏标题的颜色风格，只支持设置为 block 或者 white
navigationBarTitleText	字符串	设置导航栏的标题文案
navigationStyle	字符串	设置导航栏的样式，可设置为： · default：默认的样式 · custom：自定义导航栏，只会保留右上方按钮
backgroundColor	字符串	设置窗口的背景色
backgroundTextStyle	字符串	设置下拉页面刷新时，自带的 loading 组件的样式，可设置为： · dark：暗色 · light：亮色
backgroundColorTop	字符串	设置顶部窗口的背景色，会影响下拉刷新模块
backgroundColorBottom	字符串	设置底部窗口的背景色，会影响上拉加载模块
enablePullDownRefresh	布尔值	设置开启全局的下拉刷新功能
onReachBottomDistance	数值	设置上拉页面时触底事件触发时的页面底部间距
pageOrientation	字符串	设置窗口方向，可设置为： · auto：根据设备方向自动适应 · portrait：强制竖屏模式 · landscape：强制横屏模式
restartStrategy	字符串	设置小程序的重启策略，可设置为： · homePage：每次重启后都加载首页 · homePageAndLatestPage：重启后恢复到上一次退出时所在的页面
initialRenderingCache	字符串	进行页面初始化缓存配置，可设置为： · static：静态缓存方式 · dynamic：动态缓存方式
visualEffectInBackground	字符串	当进入后台时，是否自动隐藏页面内容，以保护用户隐私，可设置为： · hidden：隐藏 · none：不隐藏

4. tabBar

如果小程序有多个功能模块，可以采用多 tab 的模式来构建。tabBar 选项用来对底部或顶部的标签栏进行配置，顶部的标签栏效果如图 2-3 所示。

tabBar 选项可配置的选项如表 2-2 所示。

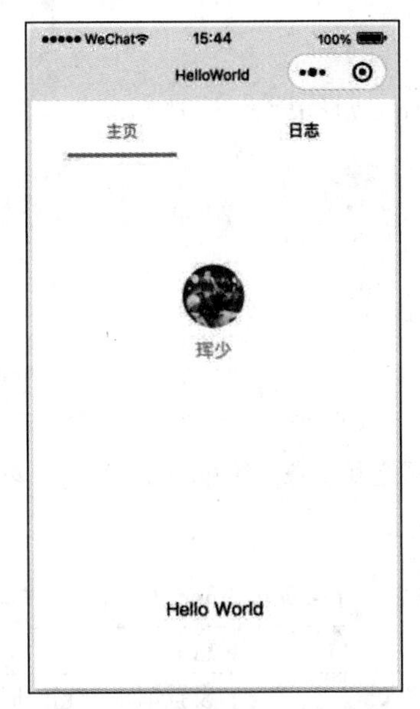

图 2-3　标签栏示例

表 2-2　tabBar 选项可配置的选项

配置项	类型	意义
color	字符串	设置标签栏上文字的默认颜色
selectedColor	字符串	设置标签栏上文字选中时的颜色
backgroundColor	字符串	设置标签栏的背景颜色
borderStyle	字符串	设置标签栏的边框风格。可设置为： · black：暗色 · white：亮色
list	数组，其内为对象	设置标签栏中的标签，最少 2 个，最多支持 5 个
position	字符串	设置标签栏的位置，可设置为： · bottom：下方 · top：上方
custom	布尔值	是否使用自定义的标签栏

对于其中的 list 配置项，其内对象可配置的选项如表 2-3 所示。

表 2-3　list 对象的可配置选项

配置项	类型	意义
pagePath	字符串	当前标签页对应的页面路径
text	字符串	设置标签标题
iconPath	字符串	设置标签上的图标路径，当标签栏展示在页面上方时，不显示图标
selectedIconPath	字符串	设置选中时的图标路径，当标签栏展示在页面上方时，不显示图标

示例代码如下：

```
"tabBar": {
    "list": [{
      "pagePath": "pages/index/index",
```

```
    "text": "主页"
  },{
    "pagePath": "pages/logs/logs",
    "text": "日志"
  }],
  "position":"top",
  "color": "#ff0000",
  "backgroundColor": "#0000ff",
  "borderStyle": "white"
}
```

5. networkTimeout

这个配置项用来对小程序中网络相关接口的超时时间进行配置，需要配置为一个对象，可配置的选项如表 2-4 所示。

表 2-4　networkTimeout 可配置的选项

配置项	类型	意义
request	数值，默认 60000	设置请求的超时时间，单位毫秒
connectSocket	数值，默认 60000	设置 socket 的超时时间，单位毫秒
uploadFile	数值，默认 60000	设置上传文件的超时时间，单位毫秒
downloadFile	数值，默认 60000	设置下载文件的超时时间，单位毫秒

6. debug

设置是否开启调试模式，设置的值为布尔类型，默认关闭。在调试模式下，在开发者工具的控制台上会输出调试信息，包括页面的注册、数据的更新、事件的触发等，可以帮助我们快速地定位问题。

7. functionalPages

设置是否启用插件功能页，需要设置为布尔值，默认关闭。如果小程序提供插件功能，则需要开启此项。

8. subpackages

此选项用来进行分包加载配置。

9. workers

设置 Worker 代码放置的目录。

10. requiredBackgroundModes

此选项用来设置小程序后台运行的能力。目前，微信小程序只支持两种业务的后台运行，即后台音乐播放和后台定位。配置方式如下：

```
"requiredBackgroundModes": ["audio","location"]
```

其中，audio 申明拥有后台播放音乐的能力，location 申明拥有后台定位的能力。

11. plugins

此选项配置向程序中需要使用到的插件。

12. preloadRule

此选项配置分包预下载规则。

13. resizable

此选项需要设置为布尔值，用来配置在 PC 或 iPad 小程序的窗口行为。对于 PC 上的小程序来说，此选项设置是否支持改变窗口尺寸；对于 iPad 小程序来说，此选项用来设置是否支持屏幕旋转。

14. usingComponents

此选项用来配置全局的自定义组件，关于组件的相关内容后面会专门介绍。

15. permission

此选项用来对程序接口的权限进行设置。

16. sitemapLocation

此选项用来配置 sitemap.json 文件的位置，sitemap.json 文件用来配置微信搜索功能。

17. style

此选项配置是否使用新样式的组件。微信客户端从 7.0 版开始，UI 界面上进行了大的改版，将此选项设置为如下则表示使用新的样式：

```
"style": "v2"
```

18. useExtendedLib

此选项设置需要引用的扩展库。

19. extranceDeclare

此选项需要设置为一个配置对象，对于微信中位置类型的消息，可以支持通过三方小程序的方式打开，由此字段配置。

20. darkmode

此选项设置是否支持暗黑模式，如果设置为 true，则小程序中的组件样式会跟随微信的主题展示不同的效果。

21. themeLocation

设置 theme.json 文件的路径位置，当 darkmode 设置为 true 时必填。

22. lazyCodeLoading

此选项设置自定义组件的代码是否按需注入。

23. singlePage

此选项用来进行单页模式相关配置。

24. supportedMaterials

此选项用来对聊天素材小程序的打开做相关配置。

25. serviceProviderTicket

定制化型服务商票据配置。

26. embeddedAppIdList

指定小程序中可通过 wx.openEmbeddedMiniProgram 接口打开的小程序名单需要配置的列表，列表中为支持的小程序的 AppId。

以上介绍了非常多的全局配置选项，在实际开发中可能只有一小部分配置项会用到，随着微信小程序基础库的升级，后续也有可能会新增一些全局配置字段，学习这些字段的最好方式是在小程序测试工程中配置它们，亲自体验这些配置项的功能。

2.1.3　小程序中的页面配置文件

在小程序中创建一个新的页面时，微信开发者工具会自动帮我们生成一组文件，其中包含后缀为.json 的配置文件，此文件用来对当前的页面进行配置。某些页面的配置项与 window 的配置项是重复的，对于这种情况，页面配置项会覆盖掉 window 中的配置。表 2-5 列举了页面配置文件中可用的配置选项。

表 2-5　页面配置文件中可用的配置选项

配置项	类型	意义
navigationBarBackgroundColor	字符串	设置当前页面导航栏的背景颜色
navigationBarTextStyle	字符串	设置导航栏标题风格，可设置为： · black：暗色 · white：亮色
navigationBarTitleText	字符串	设置导航栏的标题文字
navigationStyle	字符串	设置导航栏的风格，可设置为： · default：默认 · custom：自定义
backgroundColor	字符串	设置窗口的背景色
backgroundTextStyle	字符串	设置下拉 loading 的风格，可设置为： · dark：暗色 · white：亮色
backgroundColorTop	字符串	设置下拉 loading 部分的背景色
backgroundColorBottom	字符串	设置上拉加载部分的背景色
enablePullDownRefresh	布尔值	设置是否为当前页面开启下拉刷新功能
onReachBottomDistance	数值，默认为 50	设置页面上拉触底事件触发时距离底部页面的距离
pageOrientation	字符串	对屏幕进行旋转设置，可设置为： · auto：自动 · portrait：强制竖屏模式 · landscape：强制横屏模式
disableScroll	布尔值	设置页面是否支持上下滚动
usingComponents	对象	配置当前页面使用的自定义组件

（续表）

配置项	类型	意义
initialRenderingCache	字符串	进行页面初始化缓存配置，可设置为： static：静态缓存方式 dynamic：动态缓存方式
style	字符串	是否使用新版的组件样式
restartStrategy	字符串	设置重启策略，可设置为： ・homePage：每次重启后都加载首页 ・homePageAndLatestPage：重启后恢复到上一次退出时所在的页面

关于小程序中页面的具体开发方法，后续会做更多介绍。

2.2　小程序的开发架构

小程序开发框架本身的设计目标是让开发者更加简单高效地进行小程序应用的开发，并且让小程序的使用体验与原生类似。在开发小程序时，整个应用框架大致可以分为两部分：逻辑层与视图层。当然，数据层也是存在的，它包含在逻辑层之内。总体来说，逻辑层主要负责应用的业务逻辑和用户的交互处理等，使用 JavaScript 控制。视图层主要负责应用的页面展示，由 WXML 和 WXSS 控制。

2.2.1　注册小程序

每个小程序应用都需要在 app.js 文件中先注册一个应用实例。整个小程序只有一个应用实例，这个实例是全局共享的，可以通过如下方法来获取此应用实例：

```
const appInstance = getApp()
```

在之前的 HelloWorld 项目中，app.js 文件中默认生成的代码如下：

```
// app.js
App({
  onLaunch() {
    // 展示本地存储能力
    const logs = wx.getStorageSync('logs') || []
    logs.unshift(Date.now())
    wx.setStorageSync('logs', logs)
    // 登录
    wx.login({
      success: res => {
        // 发送 res.code 到后台换取 openId, sessionKey, unionId
      }
    })
  },
  globalData: {
```

```
    userInfo: null
  }
})
```

App()方法用来注册应用实例，需要注意，此方法必须在 app.js 文件中调用，且只能调用一次。此方法中可以传入一个配置对象，在上面的示例代码中，传入的配置对象配置了 onLaunch 和 globalData 两个选项，onLaunch 是小程序的生命周期回调，小程序初始化时会被调用。globalData 用来配置小程序中所需要使用的全局数据，此配置对象可配置的选项如表 2-6 所示。

表 2-6　globalData 的配置选项

配置项	类型	意义
onLaunch	函数	生命周期回调，小程序初始化时会调用
onShow	函数	生命周期回调，小程序启动或从后台切到前台时会调用
onHide	函数	生命周期回调，小程序切到后台时会调用
onError	函数	异常监听函数，小程序运行发生异常时会调用此函数
onPageNotFound	函数	页面不存在的监听函数，当跳转的页面不存在时，会调用此函数
onUnhandledRejection	函数	对于未处理的 Promise 拒绝事件，会调用此函数
onThemeChange	函数	监听系统主题发生变化的函数

除了上表中列举的配置选项外，在实际开发中，也可以向此应用实例中添加任意需要的全局共享的属性，在任何组件中只要使用 getApp()获取到应用实例后，都可以访问其内添加的自定义属性。

2.2.2　小程序中页面的注册

与应用的注册类似，每个页面的 JS 文件中也要进行页面的注册——使用 Page()方法来进行页面注册，可以先看一下 HelloWorld 工程中 logs.js 文件中的内容，如下所示：

```
// logs.js
const util = require('../../utils/util.js')
Page({
  // data 选项提供页面渲染所需要的数据
  data: {
    logs: []
  },
  // 页面加载的生命周期方法
  onLoad() {
    this.setData({
      logs: (wx.getStorageSync('logs') || []).map(log => {
        return {
          date: util.formatTime(new Date(log)),
          timeStamp: log
        }
      })
    })
  }
})
```

之所以选择 logs.js 文件来做参考，是因为相比 index.js，日志页面要简单很多。Page()方法中也需要传入一个配置对象，如上代码所示，data 选项用来配置当前页面所要使用的数据。onLoad 选项是一个生命周期回调，当页面加载时会调用此方法，一些页面的加载逻辑可以在这个回调中实现。页面配置对象中支持的配置选项如表 2-7 所示。

表 2-7　页面配置对象支持的配置选项

配置项	类型	意义
data	对象	页面中需要用到的初始数据
options	对象	设置页面的组件选项
onLoad	函数	生命周期回调，页面加载时会调用
onShow	函数	生命周期回调，页面显示的时候会调用
onReady	函数	生命周期回调，页面初次渲染完成会调用
onHide	函数	生命周期回调，页面隐藏时会调用
onUnload	函数	生命周期回调，页面卸载时会调用
onReachBottom	函数	页面上拉触底事件触发的回调
onShareAppMessage	函数	用户点击窗口右上角转发按钮时触发的回调
onShareTimeline	函数	用户转发到朋友圈的回调
onAddToFavorites	函数	用户点击右上角收藏按钮的回调
onPageScroll	函数	页面滚动时触发的回调
onResize	函数	页面尺寸改变时触发的回调
onTabItemTap	函数	当前是标签页时，点击标签触发的回调
onSaveExitState	函数	页面销毁前，保存状态的回调

页面配置对象中的这些字段非常重要，因为所有的业务逻辑都需要通过这些配置项来完成。

2.2.3　页面的生命周期

在前端开发中，“生命周期”是非常重要的一个概念。虽然在面向对象的开发框架下，所有对象都是有生命周期的，但大多对象的生命周期我们都无须过多关心，页面则不同，要实现业务逻辑则必须对页面的生命周期有了解。

上一小节介绍了在注册页面时配置对象中可设置的选项，其中有很多是生命周期回调，这些回调会在页面渲染或销毁过程中指定的时刻被调用。要理解页面的生命周期，首先需要明白小程序框架的运行原理，微信小程序官方文档中提供了一张示意图来帮助开发者理解生命周期的过程，如图 2-4 所示。

在微信小程序中，UI 线程和逻辑线程是分开的，这也是小程序使用体验流畅的原因之一。如图 2-4 所示，左列为 UI 线程的工作流程，右列为逻辑线程的工作流程。对于一个页面来说，当其将要展示时，UI 线程和逻辑线程会同步进入工作流。

首先逻辑线程会进行页面相关对象的创建工作，并执行 onLoad 生命周期方法，创建完成后会紧接着执行 onShow 生命周期方法，之后会等待 UI 线程的通知来将数据发送给 UI 线程做渲染。因此，对于页面渲染所需要使用的数据，需要在 onLoad 或者 onShow 方法中准备完成。

UI 线程做完初始化工作后，会通知逻辑线程来获取渲染所需数据，拿到数据后，UI 线程会进行页面的第一次渲染，渲染完成后会再次通知到逻辑线程。

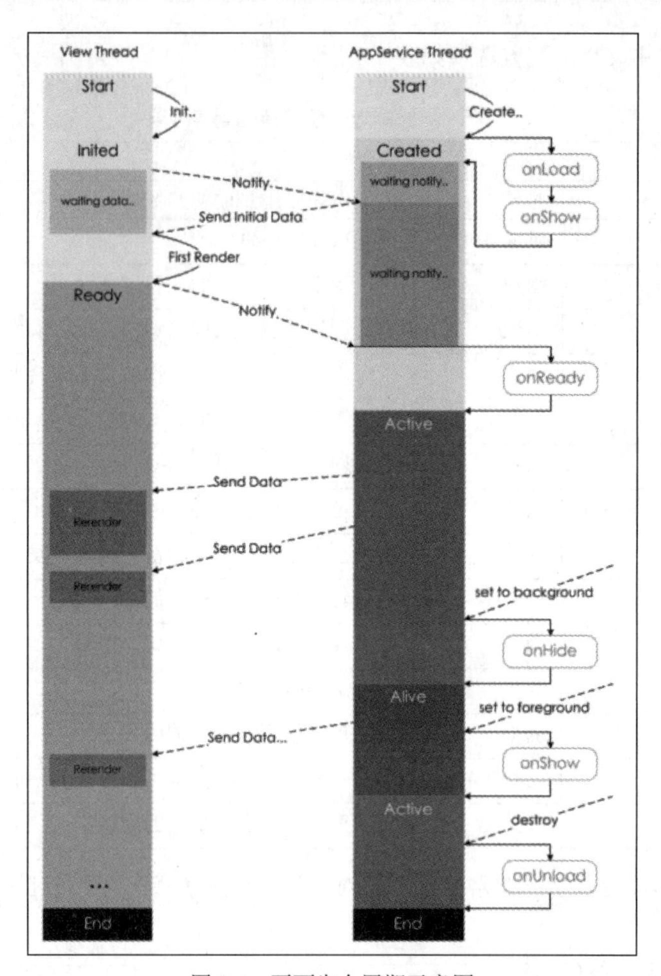

图 2-4　页面生命周期示意图

逻辑线程接收到 UI 线程第一次渲染完成的通知后，会执行 onReady 生命周期方法，如果需要在页面第一次渲染完成后做一些业务逻辑，可以在此方法中实现。

之后，逻辑线程和 UI 线程会保持活跃状态，如果页面渲染的数据发生了变化，逻辑线程会通知到 UI 线程，并将数据发送给 UI 线程，UI 线程接收到逻辑线程发送的数据后，会进行页面的重绘，将刷新后的页面展示给用户。

当页面进入后台时，逻辑线程会调用 onHidden 生命周期方法，页面重新回到前台时，逻辑线程会再次主动发送数据到 UI 线程，通知 UI 线程进行页面的重绘，并调用 onShow 生命周期方法。最后，当一个页面被关闭时，逻辑线程会调用 onUnload 生命周期方法。

如果读者对页面的生命周期概念依然感觉不太清晰也没有关系，在后续的应用中会逐步理解。

2.3 路由与模块化

一般一个完整的小程序应用都会由许多个页面组成，而在小程序中所有的页面都是由路由框架进行统一管理，本节我们来介绍路由和模块的概念和开发方法。

2.3.1　页面路由

小程序中的页面采用栈结构的方式进行管理。当页面切换发生时，不同的路由方式会对路由栈产生不同的影响：

- 当小程序启动时，配置的首页会最先入栈。
- 进行页面跳转时，新页面会入栈，并且被放置在栈顶，之前的页面依然保持在栈中。
- 当进行页面重定向时，当前页面会出栈，重定向后的页面会入栈。
- 页面返回时，当前页面会出栈，如果指定返回到某个页面，则在此页面上的页面都会依次的出栈。
- 标签页的切换是一种特殊场景，可以将标签页理解为最底层的平级的页面，当发生标签页的切换操作时，栈中的所有页面都会出栈，只留下要切换到的标签页。
- 重启动也是一种特殊的导航操作，重启动时，栈中的全部页面都会出栈，最初对的页面入栈。

对于上述几种路由方式，除了启动时的首页入栈是框架自动帮我们完成的，其他都需要开发者手动调用方法来实现。在 HelloWorld 项目的 index.js 文件中，可以看到其中定义了如下方法：

```
// 事件处理函数
bindViewTap() {
  wx.navigateTo({     // 进行页面跳转
    url: '../logs/logs'
  })
}
```

此方法是绑定在页面头像上的逻辑处理函数，其中wx.navigateTo方法就是用来进行页面跳转的，调用此方法时，参数对象中可配置的选项如表2-8所示。

表 2-8　wx.navigateTo 方法的配置选项

配置项	类型	意义
url	字符串	需要跳转的页面路径，如果有参数需要传递，参数和路径间要以问号进行分割，与网页 URL 规则类似
events	对象	页面间传值的接口
success	函数	路由方法调用成功的回调函数
fail	函数	路由方法调用失败的回调函数
complete	函数	路由方法调用结束的回调函数，无论成功失败都会调用

页面跳转时，当前页面会执行 onHide 生命周期方法，新的页面会执行 onLoad 和 onShow 生命周期方法。

使用 wx.redirectTo 方法可以进行页面的重定向，其所需要的参数与 wx.navigateTo 一致。重定向与直接跳转最大的区别是重定向会关闭当前页面，然后再跳转到指定的页面，因此在进行页面重定向时，当前页面的 onUnload 生命周期方法会被调用，新页面会执行 onLoad 和 onShow 生命周期方法。

使用 wx.navigateBack 方法来进行页面返回，通常情况下，无须通过代码来手动调用此方法，当点击页面左上方的返回按钮时，会默认执行此方法进行页面返回，使用代码调用此方法时，可以设置一次返回多个页面，wx.navigateBack 方法调用时可以设置一个配置对象，其配置的选项如表 2-9 所示。

表 2-9　wx.navigateBack 方法的配置选项

配置项	类型	意义
delta	数值	设置返回的页面数，如果设置的值大于现有的页面数，则会返回到首页
success	函数	路由方法调用成功的回调函数
fail	函数	路由方法调用失败的回调函数
complete	函数	路由方法调用结束的回调函数，无论成功失败都会调用

标签页切换是一种比较特殊的路由跳转方式，当用户点击标签页上的标签时，会切换到与此标签绑定的页面，也可以使用 wx.switchTab 手动来进行标签页的切换，其参数对象可配置的选项如表 2-10 所示。

表 2-10　wx.switchTab 方法的配置选项

配置项	类型	意义
url	字符串	需要切换到的页面路径
success	函数	路由方法调用成功的回调函数
fail	函数	路由方法调用失败的回调函数
complete	函数	路由方法调用结束的回调函数，无论成功失败都会调用

最后，我们再来看一下重启动操作，调用 wx.reLaunch 方法后会关闭当前所有的页面，并重启打开指定的页面，其参数对象可配置的选项如表 2-11 所示。

表 2-11　wx.reLaunch 方法的可配置选项

配置项	类型	意义
url	字符串	需要切换到的页面路径
success	函数	路由方法调用成功的回调函数
fail	函数	路由方法调用失败的回调函数
complete	函数	路由方法调用结束的回调函数，无论成功失败都会调用

2.3.2 模块化开发

路由是与模块化配套使用的，模块化是大型项目开发的一种架构方式，在 HelloWorld 项目中，各自页面都在单独的文件夹中，每个页面的核心逻辑都由一个单独的 JS 文件处理，这样的模块化结构对开发者来说，维护和扩展都是非常方便的。

模块化的本质是可以将一些公共的代码抽离到单独的文件中，将其作为一个模块。模块内部将所提供的功能进行导出，在其他模块中，如果需要使用到此模块的功能，引入此模块进行使用即可。module.exports 方法用来导出功能接口，与之对应，使用 require 方法来引用模块。

可以再观察一下 HelloWorld 工程 utils 文件，它就是一个模块，这个文件中包含如下代码：

```
module.exports = {
  formatTime
}
```

utils 模块将其内部定义的 formatTime 方法进行了导出，其用来获取格式化后的日期时间，其他模块中如需使用此方法，首先需要在文件头部进行导入，如下所示：

```
const util = require('../../utils/util.js')
```

require 方法后面的参数为要导入的模块的路径。导入之后，即可使用点语法的方式来访问对应模块内导出的接口，例如：

```
util.formatTime()
```

需要注意，在模块中定义的变量和函数都只在当前模块内有效，导出后才可以在其他模块中引用到，不同的模块中可以存在相同名字的变量和函数，它们不会互相应用。如果某些数据和函数需要全局进行引用，可以在注册应用实例时，将其绑定到 globalData 选项上。

2.4 WXML 与 WXSS

WXML 全称 WeiXin Markup language，用于描述页面的框架结构。WXSS 全称 WeiXin Style Sheet，用于描述页面的样式。对于拥有用户交互页面的小程序来说，WXML 和 WXSS 是开发中不可或缺的部分。

2.4.1 WXML 简介

WXML 是小程序开发框架中的一套标签语言，其本身与 HTML 非常类似。在开发小程序的页面时，第一步就是先用 WXML 来构建出页面的结构。本节我们将对 WXML 的常用语法做简单介绍。

WXML 是用来定义页面结构的，小程序页面上展示的元素实际上都是一个个独立的组件，为组件填充上数据后，最终的页面就展示在了用户面前。

页面组件中数据的绑定语法格式如下：

```
<text>{{nickName}}</text>
```

text 是文本组件，双大括号内部可以填入 JavaScript 表达式，此 JavaScript 表达式中可以使用在当前页面组件 JS 文件中注册组件是定义的变量数据，例如：

```
Page({
  data: {
    nickName: 'Hello!'
  }
})
```

小程序开发框架采用响应式的方式处理数据和组件的绑定，我们无须对页面组件中数据的更新投入过多关注，当页面实例 data 属性中的数据发生了变化后，页面也会对应地进行刷新。其实，对于双大括号内的表达式来说，其能动态地随数据变化而重新计算。

列表是小程序页面中常用的数据展示方式，列表实际上就是组件的循环渲染，可以在组件标签中使用 wx:for 指令来渲染列表数据。在使用列表时，首先需要定义存放要渲染数据的容器数组，例如：

```
// js 文件中
data: {
  list: [1, 2, 3, 4]
}
```

在 WXML 文件中编写如下代码：

```
<text wx:for="{{list}}" wx:for-item="title">{{title}}</text>
```

其中，wx:for 指定列表数据后，会进行遍历，每遍历出一个元素，就会生成一个当前组件；wx:for-item 用来指定遍历出来的变量数据的名字，在组件内可以直接使用此变量来进行数据绑定。如果需要获取到当前遍历的位置，可以使用 wx:for-index 来指定下标变量的名字，如下所示：

```
<text wx:for="{{list}}" wx:for-item="title" wx:for-index="index">{{index}}:
{{title}}</text>
```

需要注意，在遍历时下标是从 0 开始的。

WXML 也支持条件渲染，所谓条件渲染是指组件的渲染可以由某些逻辑条件进行控制，为组件标签添加 wx-if 指令可以设置其渲染条件，当 wx-if 指令设置的变量值为 true 时，当前组件会被渲染，否则当前组件会被隐藏。例如：

```
<text wx-if="{{show}}">HelloWorld</text>
```

上述代码中，show 是定义在 JS 文件中展示逻辑控制字段。与 wx-if 配套使用的指令还有 wx-elif 和 wx-else，这些指令的用法与 JavaScript 中的 if、else if 和 else 逻辑控制语句的用法基本一致，可以使用它们来处理多分支逻辑，例如：

```
<view wx:if="{{mark >= 90}}"> 优秀 </view>
<view wx:elif="{{mark >= 70}}"> 良好 </view>
<view wx:else> 一般 </view>
```

总体来说，WXML 的语法并不复杂，在编程中使用最多的逻辑也是循环逻辑与条件逻辑，目前只要能够熟练使用这两种指令即可。

2.4.2 WXSS 简介

WXSS（Weixin Style sheets，微信样式表）是一套用来描述组件样式的语言，其用法与 CSS 基本一致，WXSS 只是在 CSS 的基础上做了一些补充与优化。如果对 CSS 本身的用法不甚了解也没有关系，首先互联网上关于 CSS 样式的介绍内容非常多，对于需要设置的样式字段的用法，可以很方便地找到相关资料。其次，CSS 语法非常简单，其采用配置的方式来进行样式的设置，我们需要做的只是了解每个配置项怎么用，然后按照设计图来配置 UI 样式即可。

例如，以在页面中添加一个 View 组件作为示例：

```
<view class="container">
  <view class="test">测试</view>
</view>
```

以之前创建的 HelloWorld 工程为例，将 index.wxml 文件中的代码都删掉，只留下上面的代码。重新编译，在模拟器上可以看到当前页面上只剩下了一个测试文本。如上述代码所示，用来承载“测试”文本的视图为其绑定了 test 类，下面创建一个名为 test 的 WXSS 类来调整一下此文本的样式。在 index.wxss 文件中添加如下代码：

```
.test {
  font-size: 20px;
  color: red;
  border: 2px black solid;
  padding: 5px;
  text-decoration: underline;
}
```

上面的 WXSS 代码设置了文字大小、颜色、边框等样式属性，效果如图 2-5 所示。

图 2-5　使用 WXSS 设置文本样式

关于与 CSS 类似的与样式属性设置相关的内容，这里不做过多介绍。WXSS 相比 CSS 的优化主要在尺寸单位与样式导入上。

组件的布局主要依靠样式表来控制，布局无非是对组件位置和大小的设置。位置和大小在设置时，都需要一个具体的尺寸单位，在前端网页开发中，常用 px 和 pt 这些单位，但这些单位在移动端开发中显得不够灵活，小程序在 WXSS 中引入了新的尺寸单位 rpx。rpx 全称为 responsive pixel，意思为可响应的像素单位。rpx 单位具体对应的物理像素可以根据屏幕的宽度做适宜的调整，规则如下：

rpx 单位以 375 个物理像素为基准，例如在一个物理宽度为 375 像素的屏幕上时，1rpx 就等于 1px。再举个例子，在分辨率高一些的 2 倍屏上，1px 通常是 2 个物理像素，对于在宽度为 375px 的 2 倍屏上时，1rpx 就等于 0.5px，iPhone 6 就是这样的设备。

通常在做小程序页面的设计时，会以 iPhone 6 屏幕尺寸作为标准，在使用 rpx 单位的情况下，组件在其他不同尺寸设备上的渲染效果会略微不同，如有特殊需求，可以针对不同的屏幕尺寸做特殊的布局处理。

WXSS 也支持在当前样式表文件中引入其他的样式表文件。与 CSS 不同的是，CSS 要做样式表引用时，当然文件与被引入的文件依然是独立的，网页在渲染时会同时加载两个文件，而 WXSS 在编译时会将两个样式表文件进行合并，避免了多个资源下载的问题。例如，在 pages/index 文件夹下新建一个名为 sub.wxss 的文件，编写代码如下：

```
.test2 {
    font-size: 40px;
    color: red;
    border: 2px black solid;
    padding: 5px;
    text-decoration: underline;
  }
```

在 index.wxss 文件中添加如下引用代码：

```
@import './sub.wxss';
```

修改 index.wxml 文件中测试 view 组件的 WXSS 类为 test2，代码如下：

```
<view class="test2">测试</view>
```

重新编译工程，可以看到页面上依然正确地渲染了所设置的样式。

WXSS 中的选择器与 CSS 也没有大的区别，大多数情况下都会使用类选择器，如上面的测试代码，同样 WXSS 也支持 id 选择器、组件选择器等，可以根据需要来使用。

2.5　组件与小程序 API 基础

一个小程序往往有很多个页面组成，一个页面又有很多个模块组成，每个部分中可能又有很多元素组成。这里说的元素是组件，模块是组件，页面也是组件。简单的组件通过组合和扩展构成复杂的组件，复杂的组件组合成完整的页面。因此，在小程序开发中，组件是至关重要的。

API 是指小程序框架内部提供的一些基础功能，例如之前使用的页面导航跳转就是框架提供的 API。本节将带领读者认识 API 的基本格式。

2.5.1　认识组件

组件是视图层的基本组成单元，组件可以分为框架自带组件和自定义组件。从表现上看，组件在使用时通常包括开始标签和结束标签，开始标签内通过属性来对组件进行设置，组件的内容放在两个标签之内。有一点需要注意，组件中属性的命名全部都要求为小写字母，单词间使用连字符“-”进行连接。

小程序开发框架提供了非常丰富的自带组件，可以帮助我们实现基本的文本、图片、地图、列表等页面样式，后面的章节会详细介绍这些组件的应用。如果自带的组件无法完全满足产品需求，也可以通过自定义组件的方式开发特定功能和样式定制性很强的组件。

组件主要通过属性来进行配置，所有的组件都内置了如表 2-12 所示的一些属性。

表 2-12　组件属性

属性名	类型	意义
id	字符串	组件的唯一标识
class	字符串	组件对应的类型，通常用来指定 WXSS 中定义的样式类
style	字符串	组件的内联样式
hidden	布尔值	设置组件是否隐藏
data-*	任意类型	组件内触发事件时，会发送给对应的绑定函数，后面章节介绍事件时会详细讲解
bind*/catch*	事件函数	绑定组件事件

除了上面列举的公共属性外，几乎所有组件都会有一些额外的自定义属性，这些属性在介绍具体的组件时再详细讲解。

2.5.2　小程序框架 API

小程序开发框架提供了非常丰富的 API 接口，其功能主要包括网络、媒体、文件、数据存储、位置、设备、界面等几大类。小程序的运行环境中提供了一个名为 wx 的全局对象，大部分 API 都挂载在 wx 这个全局对象下，比如前面我们进行页面跳转时使用的代码：

```
wx.redirectTo({
  url: '../logs/logs'
})
```

通常情况下，从这些 API 的命名上，大致就可以看出其功能，比如以 wx.on*开头的 API 大多为添加监听事件的接口，以 wx.get*开头的 API 大多为获取某些全局数据，以 wx.set*开头的 API 大多为写入数据，等等。

这些 API 大多是异步的，各个 API 除了有定义各自功能需要的参数外，所有异步的 API 也都会有几个设置回调的参数，如表 2-13 所示。

表 2-13　API 的回调参数

参数名	类型	意义
success	函数	接口调用成功后的回调函数
fail	函数	接口调用失败后的回调函数
complete	函数	接口调用完成后的回调函数，无论成功失败

因此，前面的页面导航跳转 API 的完整调用方式如下：

```
wx.redirectTo({
  url: '../logs/logs',
  success: (obj) => {
    console.log("成功",obj);
  },
  fail: (obj) => {
    console.log("失败",obj);
  },
  complete: (obj)=>{
```

```
    console.log("完成：", obj)
  }
})
```

对于这类异步调用的 API，也支持使用 Promise 的编程方式。在调用的时候，如果参数中不包含 success、fail、complete 这些回调函数，则其会默认返回一个 Promise 对象，示例如下：

```
wx.redirectTo({
  url:'../logs/logs'
}).then((obj)=>{
  console.log("成功",obj);
}).catch((obj)=>{
  console.log("失败",obj);
})
```

2.6　小结与练习

2.6.1　小结

本章介绍的内容有些繁杂，但都是小程序开发的必备基础知识。其中，组件的生命周期相关内容可能并不太好理解，我们会在后面的使用过程中更深入地了解它。关于 WXML 和 WXSS 的内容本章介绍的并不多，主要是由于其与 HTML 和 CSS 非常类似，并且也可以边用边学。从下一章开始，我们将对一些独立的组件进行学习。

2.6.2　练习

1. 从结构上看，小程序的一个页面可以分为几个部分？

温馨提示：页面结构 WXML、页面样式 WXSS、页面配置 JSON 和页面逻辑 JS。

2. 全局配置文件和页面配置文件有什么区别？如果配置项冲突了会发生什么？

温馨提示：全局配置文件中的配置项会对所有页面生效，页面配置文件的配置项只会对当前页面生效。页面配置文件的优先级更高，当全局配置文件与页面配置文件有配置项相同的选项时，会优先使用页面配置文件的配置。

3. 小程序的页面都有哪些生命周期钩子方法，它们分别在什么时机被调用？

温馨提示：理解逻辑线程与 UI 线程的工作流程，从数据驱动 UI 刷新的方向上思考。

4. 在 WXML 中，循环结构与条件结构如何实现？

温馨提示：理解 wx-for 和 wx-if 的用法。

第 3 章

小程序中的视图容器组件

本章内容：

- 基础视图组件与滚动视图组件
- 滑块容器组件
- 页面容器组件
- 可拖曳容器组件
- 条件元素与共享元素
- 组件的布局

对小程序框架中内置组件的学习是掌握小程序页面开发的重中之重。通常情况下，使用内置的组件已经可以满足大部分页面和开发需求，实际上，很多特殊的需要定制化的场景，也是在内置组件的基础上进行扩展开发的。

学习视图容器类的组件是我们学习内置组件的第一步。所谓容器类的组件，可以理解为一个可以容纳其他组件的画布，可以在画布中放置各种功能组件，例如文本组件、按钮组件、图片组件等。通过 WXSS 中提供的布局控制属性，可以精准地对容器内子组件的位置进行控制。

本章将对开发中常见的一些容器类组件的应用做详细介绍，并对小程序中组件的布局方法做介绍。

在学习本章内容时，建议读者根据书中的示例边阅读边实践，只有手动操作，切身的体验一下视图组件的渲染效果，才能更深入地理解其使用方法。

3.1 基础视图组件与滚动视图组件

基础视图组件可以用来承载文本的展示，也可以作为父视图来包装其他组件。小程序中最基础的视图组件是 view 组件，大部分时候，都会使用 view 组件作为当前页面最下层的父组件。如果页面要渲染的内容过多，框架中也提供了 scroll-view（滚动视图）组件，可以让我们在有限的设备屏幕中渲染更多的内容，用户可以通过滚动来查看内容中的一部分。

3.1.1 测试工程搭建

首先，创建一个名为 ContainerComponents 的小程序工程用来编写测试代码，小程序的 ID 可以选择之前申请的 ID，也可以使用测试账号 ID。将默认生成的工程中无用的 logs 页面相关代码删除，只留下配置文件和 index 页面，修改 app.json 文件中的页面列表如下：

```
"pages": ["pages/index/index"]
```

将 index.js 文件中的冗余代码删除，最终如下：

```
// index.js
// 获取应用实例
const app = getApp()
Page({})
```

同样，将 index.wxml 文件中的冗余代码删除，最终如下：

```
<!--index.wxml-->
<view class="container">
</view>
```

现在运行此工程，模拟器上展示的首页什么内容也没有，后面将此页面作为本章中所有示例页面的入口。

3.1.2 view（视图）组件

在工程 pages 文件夹下新建一个命名为 viewDemo 的子文件夹，在其中新建一套命名为 viewDemo 的页面文件。微信开发者工具在创建小程序页面时，会自动帮我们注册进配置文件，可以检查一下 app.json 文件中的页面列表中是否已经有了新创建的页面，如下所示：

```
"pages": [
    "pages/index/index",
    "pages/viewDemo/viewDemo"
]
```

修改 index.wxml 文件，为 viewDemo 页面添加入口，如下所示：

```
<!--index.wxml-->
<view class="container">
```

```
  <navigator url="../viewDemo/viewDemo">view 视图</navigator>
</view>
```

现在，重新编译工程，点击主页上的“view 视图”链接，已经可以跳转到新创建的页面了。在 viewDemo.wxml 文件中编写如下测试代码：

```
<!--pages/viewDemo.wxml-->
<view class="container">
   <view class="section1">
      <view class="block1">视图 1</view>
      <view class="block2">视图 2</view>
      <view class="block3">视图 3</view>
   </view>
   <view class="section2">
      <view class="block1">视图 1</view>
      <view class="block2">视图 2</view>
      <view class="block3">视图 3</view>
   </view>
</view>
```

上述代码中，只使用了 view 一种组件，页面被分为了两部分，想要让 section1 部分以纵向 3 等分的方式来布局其内部的 3 个子视图，section2 部分以横向 3 等分的方式来布局其内部的 3 个子视图。在 viewDemo.wxss 文件中编写如下样式代码：

```
/* pages/viewDemo.wxss */
.section1 {
   display: flex;
   flex-direction: column;
   border: 1pt red solid;
   width: calc(100% - 2pt);
   height: 200px;
   margin-bottom: 10px;
}

.section2 {
   display: flex;
   border: 1pt red solid;
   width: calc(100% - 2pt);
   height: 200px;
   margin-bottom: 10px;
}
.block1 {
   flex: 1;
   background-color: greenyellow;
}
.block2 {
   flex: 1;
   background-color: pink;
}
.block3 {
   flex: 1;
   background-color: wheat;
}
```

上面的样式代码采用了 Flex 弹性盒模型的方式来进行布局，这也是小程序页面开发中最常用的一种布局方式，后面再对小程序中的页面布局技术做详细的介绍。运行上述代码，效果如图 3-1 所示。

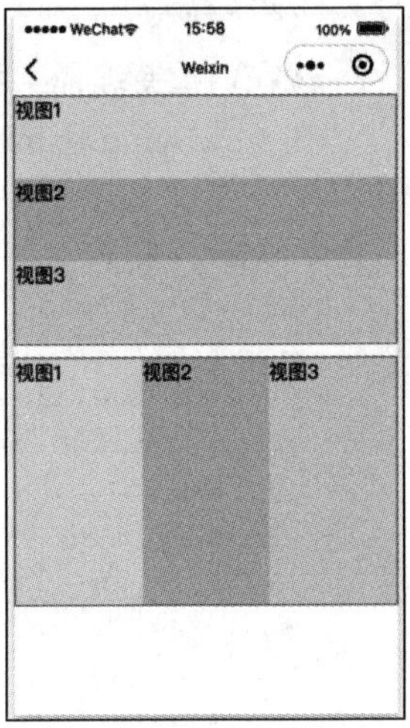

如上图所示，view 组件本身比较基础，在实际开发中其更多地是用来作为其他组件的父组件来控制布局。view 组件也有一些定义好的属性可以配置，如果需要，直接在标签中设置即可，可用的属性如表 3-1 所示。

图 3-1　view 组件应用实例

表 3-1　view 组件的属性

属性名	类型	意义
hover-class	字符串	设置用户按下此视图时的样式类
hover-stop-propagation	布尔值	设置当用户按下此组件时，是否阻止其父组件显示点击态
hover-start-time	数值	设置用户按下此组件后多久展示点击态，默认为 50ms
hover-stay-time	数值	设置用户取消按下此组件时，点击态的保留时间

需要注意，view 组件中的子组件如果超出了 view 组件本身，超出部分将无法展示，如果需要滚动查看，则需要使用 scroll-view 组件。

3.1.3　scroll-view（滚动视图）组件

大多数时候，小程序都是运行在移动端设备上的，我们知道，移动端设备的一个显著特点就是屏幕尺寸有限，要在有限的空间内展示出足够的内容给用户，这就需要使用到滚动视图组件 scroll-view。

在示例项目的 pages 文件夹下新建一个名为 scrollDemo 的页面，在 index.wxml 中添加入口如下：

```
<navigator url="../scrollDemo/scrollDemo">scroll-view 视图</navigator>
```

可以将 viewDemo.wxml 中的代码直接复制到 scrollDemo.wxml 文件中，简单修改如下：

```
<!--pages/scrollDemo/scrollDemo.wxml-->
<view class="container">
    <scroll-view scroll-y="true" class="section1">
        <view class="block1">视图 1</view>
        <view class="block2">视图 2</view>
        <view class="block3">视图 3</view>
    </scroll-view>
    <scroll-view scroll-x="true" class="section2">
        <view class="block4">视图 1</view>
        <view class="block5">视图 2</view>
        <view class="block6">视图 3</view>
    </scroll-view>
</view>
```

scrollDemo 页面的代码与 viewDemo 页面的代码非常类似，只是将 view 组件替换成了 scroll-view 组件。控制样式的代码也需要做一些修改，在 scrollDemo.wxss 文件中编写如下代码：

```
/* pages/scrollDemo/scrollDemo.wxss */
.section1 {
   border: 1pt red solid;
   width: calc(100% - 2pt);
   height: 200px;
   margin-bottom: 10px;
}
.section2 {
   border: 1pt red solid;
   width: calc(100% - 2pt);
   height: 200px;
   margin-bottom: 10px;
   position: relative;
}
.block1 {
   height: 100px;
   background-color: greenyellow;
}
.block2 {
   height: 100px;
   background-color: pink;
}
.block3 {
   height: 100px;
   background-color: wheat;
}
.block4 {
   width: 150px;
   height: 200px;
   background-color: greenyellow;
   position: absolute;
}
.block5 {
   width: 150px;
   height: 200px;
   background-color: pink;
   position: absolute;
   left: 150px;
}
.block6 {
   width: 150px;
   height: 200px;
   background-color: wheat;
   position: absolute;
   left: 300px;
}
```

重新编译工程，页面上下两个区域本身都无法完整容纳其内部的组件，可以手指在其上进行滑动来体验滚动视图的效果。

在上面的示例中，第一块区域支持 Y 轴方向上的滚动，第二块区域支持 X 轴方向上的滚动，通过 scroll-y 和 scroll-x 属性分别设置是否支持这两个方向上的滚动。scroll-view 中还提供了许多可配置的属性，如表 3-2 所示。

表 3-2　scroll-view 组件的属性

属性名	类型	意义
scroll-x	布尔值	设置是否支持 X 轴方向滚动
scroll-y	布尔值	设置是否支持 Y 轴方向滚动
upper-threshold	数值或字符串	设置距离顶部/左侧多远时触发 scrolltoupper 事件
lower-threshold	数值或字符串	设置距离底部/右侧多远时触发 scrolltolower 事件
scroll-top	数值或字符串	设置 Y 轴方向当前的滚动条位置
scroll-left	数值或字符串	设置 X 轴方向当前的滚动条位置
scroll-into-view	字符串	设置为某个子组件的 id 值后，会滚动到此子组件可见的位置
scroll-with-animation	布尔值	在设置滚动条位置时，是否展示过渡动画效果
enable-back-to-top	布尔值	在 Y 轴方向上，设置双击状态栏（iOS 平台）或标题栏（Android 平台）时，是否回到滚动视图的顶部
enable-flex	布尔值	设置是否启用 flexbox 布局模型
scroll-anchoring	布尔值	设置滚动条位置是否锚定，即不随内容变化而抖动
refresher-enabled	布尔值	设置是否启用下拉刷新
refresher-threshold	数值	设置下拉刷新的触发阈值
refresher-default-style	字符串	设置下拉刷新的默认样式，可设置为： · block：黑色模式 · white：白色模式 · none：不使用默认样式
refresher-background	字符串	设置下拉刷新区域的背景颜色
refresher-triggered	布尔值	当前下拉刷新的状态，true 表示当前激活了下拉刷新，false 表示未激活下拉刷新
enhanced	布尔值	是否启用 scroll-view 的增强特性
bounces	布尔值	设置是否开启 iOS 平台下的边界弹性效果，需要先开启 enhanced
show-scrollbar	布尔值	设置是否显示滚动条，需要先开启 enhanced
paging-enabled	布尔值	设置是否开启分页滚动效果，需要先开启 enhanced
fast-deceleration	布尔值	设置是否开启滑动减速效果，需要先开启 enhanced
binddragstart	函数	滑动开始时的事件回调，需要先开启 enhanced
binddragging	函数	拖曳过程中的事件回调，需要先开启 enhanced
binddragend	函数	拖曳完成后的事件回调，需要先开启 enhanced
bindscrolltoupper	函数	滚动到顶部/左侧时触发的回调
bindscrolltolower	函数	滚动到底部/右侧时触发的回调
bindscroll	函数	滚动时触发的回调
bindrefresherpulling	函数	下拉刷新组件被下拉时触发的回调
bindrefresherrefresh	函数	下拉刷新被激活时触发的回调
bindrefresherrestore	函数	下拉刷新组件复位后触发的回调
bindrefresherabort	函数	下拉刷新被中断时触发的回调

可以看到，scroll-view 组件的可配置属性很多，无须全都记住，只需要了解 scoll-view 所支

持的属性的基本用法，在需要的时候可以通过查表来查看具体的属性名。

3.2 滑块容器组件

滑块容器组件常用于图片浏览器和滚动广告位等功能中，其内可以放置一组子组件，子组件会按照预设的方式进行自动布局，并支持自动或手动地进行切换。相比 scroll-view 组件，滑块组件进行了更上层的封装，在某些需求场景下使用非常方便。

3.2.1 swiper-item 组件介绍

swiper 是滑块容器组件，swiper 是一种特殊的容器组件，其内的子组件只允许是 swiper-item 组件。同时，swiper-item 组件也只允许放置在 swiper 组件内部。因此，在使用滑块组件时，自定义的内容视图实际上是放在 swiper-item 组件内的，swiper-item 组件的属性如表 3-3 所示。

表 3-3　swiper-item 组件的属性

属性名	类型	意义
item-id	字符串	当前 swiper-item 的标识符
skip-hidden-item-layout	布尔值	是否跳过隐藏的滑块布局，设置为 true 时会增强滑动性能

swiper-item 的用法要具体结合 swiper 组件来演示。

3.2.2 swiper 组件的应用

首先，在 pages 文件夹下新建一个 swiperDemo 页面，在 swiperDemo.wxml 文件中编写如下示例代码：

```
<!--pages/swiperDemo/swiperDemo.wxml-->
<swiper indicator-dots="{{true}}"
indicator-color="#ffffff"
indicator-active-color="#ff0000"
autoplay="{{true}}"
interval="{{2000}}">
    <swiper-item>
        <view class="item">第一页</view>
    </swiper-item>
    <swiper-item>
        <view class="item">第二页</view>
    </swiper-item>
    <swiper-item>
        <view class="item">第三页</view>
    </swiper-item>
</swiper>
```

简单在 swiperDemo.wxss 文件中实现一下布局样式，如下所示：

```
/* pages/swiperDemo/swiperDemo.wxss */
.item {
    background-color: yellow;
    height: 100%;
    text-align: center;
    padding: auto;
}
```

运行代码，可以看到页面上已经展示出了一个支持自动水平滚动播放的滑块视图，如图 3-2 所示。

如上述代码所示，可以对滑块视图做很多定制化的设置，例如是否展示指示点（内容的个数）、指示点默认的颜色和选中的颜色、是否支持自动播放等。表 3-4 所示为滑块视图可设置的属性，可以通过代码设置体验它们的功能。

图 3-2　滑块视图示例

表 3-4　滑块视图的属性

属性名	类型	意义
indicator-dots	布尔值	设置是否展示页面指示点
indicator-color	字符串	设置指示点的默认颜色
indicator-active-color	字符串	设置当前选中的指示点的颜色
autoplay	布尔值	设置是否自动播放
current	数字	当前所展示的内容的 index
interval	数值	设置自动播放的内容切换时间间隔，默认为 5000（单位为毫秒）
duration	数值	设置滑动的动画时长，默认为 500（单位为毫秒）
circular	布尔值	是否循环滚动，设置为 false 时，滚动到最后一个内容时，下次会返回到第一个内容；设置为 true 时，滚动到最后一个内容后，下次会继续向后滚动到第一个内容，体验上衔接性更好
vertical	布尔值	默认的滑块组件的滑动方向是水平的，将这个属性设置为 true 则会变为竖直方向的滑动
previous-margin	字符串	设置前边距，例如“10px”
next-margin	字符串	设置后边距，例如“10px”
snap-to-edge	布尔值	指定间距是否应用到第一个和最后一个元素上
display-multiple-items	数值	设置可以同时展示的内容数量，默认为 1
easing-function	字符串	动画效果选项，可配置为： · default：默认效果 · linear：线性动画 · easeInCubic：缓入动画 · easeOutCubic：缓出动画 · easeInOutCubic：缓入/缓出动画

（续表）

属性名	类型	意义
bindchange	函数	current 改变时触发的回调事件
bindtransition	函数	swpier-item 的位置发生变化时回调的事件，其中参数中会包含位置信息
bindanimationfinish	函数	滑动动画结束后会触发的回调事件

需要注意，current 字段可以用来获取当前滑块所展示的内容位置，也可以设置要展示的内容位置，在设置时，会触发 bindchange 以及 bindtransition 的回调，要注意尽量不要在这些回调中修改组件的 current 值，以防止出现无限循环的问题。

3.3　页面容器组件

回忆一下我们经常使用的一些移动端应用，弹窗弹层类的页面并不少见。小程序中的页面容器组件 page-container 就是专为这种场景设计的。对于页面中的弹窗，如果采用普通 view 容器的方式实现，虽然看上去没有问题，但是当用户点击返回按钮时，会使当前整个页面返回而不是关闭弹窗，这是不符合体验要求的，但使用 page-container 可以很好地处理返回逻辑。

3.3.1　page-container 页面容器示例

在 pages 文件夹下新建一套名为 pageContainerDemo 的页面文件，在 pageContainerDemo.wxml 文件中编写如下代码：

```
<!--pages/pageContainerDemo/pageContainerDemo.wxml-->
<view class="container">
    <button bindtap="show">展示容器</button>
</view>
<page-container show="{{pageContainerShow}}">
    <view>容器内部的内容</view>
    <button bindtap="show">隐藏容器</button>
</page-container>
```

上面示例代码中，页面中创建了一个按钮用来弹出页面容器，在页面容器内也添加了一个按钮用来隐藏已经弹出的页面容器。在 pageContainerDemo.js 文件中编写如下代码：

```
// pages/pageContainerDemo/pageContainerDemo.js
Page({
    data: {
        pageContainerShow:false
    },
    show: function() {
        this.setData({
            pageContainerShow : !this.data.pageContainerShow
        });
    }
```

```
})
```

页面容器展示与否是通过其中的 show 属性控制的，页面容器展示出来后，效果如图 3-3 所示。

需要注意，一个页面中最多只能存在一个页面容器视图。除了可以通过代码手动改变页面容器视图组件的 show 属性来实现关闭容器外，在 iOS 设备上使用右划手势，在 Android 设备上点击返回按键或者调用小程序框架中的 wx.navigateBack 接口，都可以实现页面容器视图的关闭。

图 3-3　页面容器的视图效果

3.3.2　page-container 属性解析

page-container 组件提供了许多包括组件位置、样式、动画等相关的可配置的属性，如表 3-5 所示。

表 3-5　page-container 组件的属性

属性名	类型	意义
show	布尔值	是否显示容器组件
duration	数值	设置容器组件显示/隐藏的动画时长，默认为 300（单位为毫秒）
z-index	数值	设置此弹窗的 Z 轴层级
overlay	布尔值	设置是否显示遮罩层
position	字符串	设置弹窗的弹出位置，默认为 bottom，可设置为： · top：从上弹出 · bottom：从下弹出 · right：从右弹出 · center：从中间弹出
round	布尔值	设置是否需要展示成圆角
close-on-slideDown	布尔值	设置隐藏的时候是否滑动一段距离后再关闭
overlay-style	字符串	自定义遮罩层的样式
custom-style	字符串	自定义弹窗样式
bind:beforeenter	函数	弹窗将要进入页面时触发的回调事件
bind:enter	函数	弹窗进入页面时触发的回调事件
bind:afterenter	函数	弹窗进入页面后触发的回调事件
bind:beforeleave	函数	弹窗离开页面前触发的回调事件
bind:leave	函数	弹窗离开页面时触发的回调事件
bind:afterleave	函数	弹窗离开页面后触发的回调事件
bind:clickoverlay	函数	点击遮罩层时触发的回调事件

3.4　可拖曳容器组件

当页面内某些组件的位置支持用户拖曳设置时，就可以使用可拖曳的容器组件 movable-area。movable-area 组件可以理解为一块支持内部组件拖曳移动的区域。其内的子组件必须是 movable-view 才能支持拖曳操作。

3.4.1　可拖曳容器组件示例

在示例项目的 pages 文件夹下新建一个名为 movableDemo 的页面，在 movableDemo.wxml 文件中编写如下代码：

```
<!--pages/moveableDemo/movableDemo.wxml-->
<movable-area class="movable">
    <movable-view class="block" direction="all">
      色块 1
    </movable-view>
    <movable-view y="60" class="block" direction="horizontal">
      色块 2
    </movable-view>
    <movable-view y="120" class="block" direction="vertical">
      色块 3
    </movable-view>
</movable-area>
```

上述代码中，在页面中创建了 movable-area 容器，容器内放置了 3 个子组件，都是 movable-view 组件。对于这 3 个子组件，分别设置为可任意方向拖曳移动、可水平方向拖曳移动和可竖直方向拖曳移动。在 movableDemo.wxss 文件中简单实现一下样式，代码如下：

```
/* pages/moveableDemo/movableDemo.wxss */
.movable {
    width: 100%;
    height: 300px;
    background-color: gray;
}
.block {
    background-color: red;
    width: 50px;
    height: 50px;
    line-height: 50px;
    text-align: center;
    color: wheat;
}
```

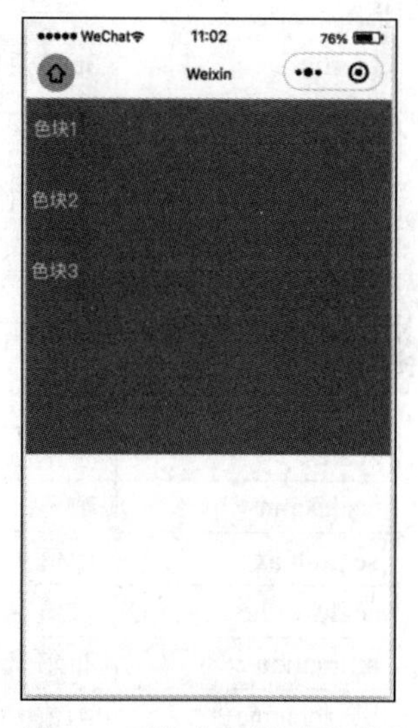

图 3-4　可拖曳容器视图示例

编译代码，效果如图 3-4 所示。

我们可以尝试对页面中 3 个色块进行拖曳移动，移动后可发现对于第一个色块可以将其摆放在灰色区域内的任意位置，第 2 个色块只能在当前行内移动，第 3 个色块只能在当前列内移动。

3.4.2 movable-area 组件与 movable-view 组件

movable-area 组件是可移动组件的容器，其本身可配置的属性不多，只有一个，如表 3-6 所示。

表 3-6 movable-area 组件的属性

属性名	类型	意义
scale-area	布尔值	设置 movable-area 区域是否支持双指捏合缩放

movable-area 使用虽然非常简单，但是有一点需要注意，movable-area 必须设置 width 和 height 属性，如果不设置，则默认的宽高为 10px。当 movable-view 组件的尺寸小于 movable-area 时，movable-view 只能在 movable-area 区域内进行移动。当 movable-view 组件的尺寸大于 movable-area 时，其效果就与 scroll-view 非常类似了，可以通过移动 movable-view 来使其部分展示在 movable-area 区域内。

movable-view 是最终要支持拖曳移动的视图。同样，它也必须放置在 movable-area 组件内部，并且是 movable-area 的一级子节点，否则其将不能支持拖曳移动。movable-view 可配置的属性如表 3-7 所示。

表 3-7 movable-view 组件的属性

属性名	类型	意义
direction	字符串	设置支持的移动方向，可设置为： · all：水平和竖直方向都支持 · vertical：支持竖直方向移动 · horizontal：支持水平方向移动 · none：不支持移动
inertia	布尔值	设置移动是否有惯性，设置为 true 时，快速滑动组件可以使组件额外减速移动一段距离
out-of-bounds	布尔值	设置边界超出 movable-area 区域后是否还能继续移动
x	数值或字符串	设置组件 x 轴的位置，代码改变此值会有移动动画产生
y	数值或字符串	设置组件 y 轴的位置，代码改变此值会有移动动画产生
damping	数值	设置回弹动画的阻尼系数，值越大移动越快
friction	数值	设置惯性的摩擦系数，值越大减速越快
disabled	布尔值	此组件是否禁用
scale	布尔值	此组件是否支持双指捏合缩放
scale-min	数值	设置缩放倍数的最小值，默认为 0.5
scale-max	数值	设置缩放倍数的最大值，默认为 10
scale-value	数值	设置当前组件的缩放倍数
animation	布尔值	设置是否使用动画
bindchange	函数	组件拖曳过程中的回调事件
bindscale	函数	组件缩放过程中的回调事件
htouchmove	函数	横向移动的触摸事件回调
vtouchmove	函数	纵向移动的触摸事件回调

对于 bindchange 事件，有时需要知道触发它的来源，在其回调的参数中有 source 字段，这个字段表示了触发 bindchage 事件的原因。

当 source 值为 touch 时，表示 bindchage 事件是由用户拖曳触发的。

当 source 值为 touch-out-of-bounds 时，表示 bindchage 事件是超出移动区域范围触发的。

当 source 值为 out-of-bounds 时，表示 bindchage 事件是由超出移动区域范围后回弹效果触发的。

当 source 值为 friction 时，表示 bindchage 事件是由惯性效果触发的。

当 source 值为空字符串时，表示 bindchage 事件是代码设置组件 x 或 y 属性移动触发的。

另外，movable-view 组件默认采用的是绝对定位的布局方式，通常我们不会通过样式表对其位置进行设置，而是通过组件的 x 和 y 属性进行设置。movable-view 组件也必须设置样式表中的 width 和 height 属性来控制组件的尺寸大小。

3.5　条件元素容器组件与共享元素容器组件

在小程序开发框架中，还有两个重要的容器组件，分别是 match-media 条件元素容器组件和 share-element 共享元素容器组件。

match-media 组件可以根据设备的方向、尺寸等来进行条件渲染，可以方便开发者对不同设备进行差异化开发。

share-element 是一种共享元素容器，共享元素是一种重要的动画形式，share-element 与 page-container 结合使用可以表现出元素在页面间穿越的效果。

3.5.1　条件元素容器组件的使用

如果需要根据设备尺寸的不同而使用不同的页面，例如在小屏幕上使用页面 A 而在大屏幕上使用页面 B，这时使用条件元素开发将非常方便。

在示例工程的 pages 文件夹下新建一组名为 matchDemo 的页面文件，在 matchDemo.wxml 文件中编写如下测试代码：

```
<!--pages/matchDemo/matchDemo.wxml-->
<!-- 当设备的屏幕宽度在 300px 到 400px 时渲染 -->
<match-media min-width="300" max-width="400">
  <view>页面一</view>
</match-media>
<!-- 当设备的屏幕宽度大于或等于 400px 且是横屏模式时渲染 -->
<match-media min-width="400" orientation="landscape">
  <view>页面二</view>
</match-media>
<!-- 当设备的屏幕宽度大于或等于 400px 且是竖屏模式时渲染 -->
<match-media min-width="400" orientation="portrait">
  <view>页面三</view>
</match-media>
```

match-media 组件的 min-width 和 max-width 属性可以设置一个宽度范围，当设备屏幕尺寸满足此宽度范围时当前的组件才会被渲染。当然，match-media 组件还有一些其他的渲染控制条件可设置，具体属性如表 3-8 所示。

表 3-8　match-media 组件的属性

属性名	类型	意义
min-width	数值	设置页面最小宽度的条件，单位为 px
max-width	数值	设置页面最大宽度的条件，单位为 px
width	数值	精准的设置页面的宽度条件，单位为 px
min-height	数值	设置页面最小高度的条件，单位为 px
max-height	数值	设置页面最大高度的条件，单位为 px
height	数值	精准的设置页面的高度条件，单位为 px
orientation	字符串	设置页面的方向条件，可设置为： · landscape：横屏时 · portrait：竖屏时

3.5.2　共享元素容器组件的使用

共享元素本质是一种动画效果。在小程序中切换页面时，让前一个页面的元素平滑地进入到后一个页面的效果就是共享元素动画。如果没有 share-element 组件，实现这样的动画效果将非常复杂。

在示例工程的 pages 文件夹下新建一组名为 shareElemetDemo 的页面文件，在 shareElemetDemo.wxml 文件中编写如下示例代码：

```
<!--pages/shareElementDemo/shareElementDemo.wxml-->
<view class="container">
    <share-element key="key" transform="{{true}}">
        <view>共享元素</view>
    </share-element>
    <button bindtap="show">展示容器</button>
</view>
<page-container show="{{pageContainerShow}}" close-on-slideDown="{{true}}">
    <view>容器内部的内容</view>
    <share-element key="key" transform="{{true}}">
        <view>共享元素</view>
    </share-element>
    <button bindtap="show">隐藏容器</button>
</page-container>
```

关于 page-container 组件应该并不陌生，页面容器组件前面介绍过，简单实现一下 shareElemetDemo.js 文件如下：

```
// pages/shareElementDemo/shareElementDemo.js
Page({
    data: {
        pageContainerShow:false
    },
```

```
    show: function() {
        this.setData({
            pageContainerShow : !this.data.pageContainerShow
        });
        console.log(this.data.pageContainerShow)
    }
})
```

需要注意，share-element 组件需要和 page-container 组件组合使用。page-container 组件可以作为一个独立的页面被渲染，也可以作为页面中的一个弹窗被渲染，无论哪种场景我们都可以控制共享元素在原页面与新的页面容器组件之间移动。

运行上述代码，当 page-container 弹出与隐藏时，可以看到共享元素在两个页面间动画移动。share-element 组件的 key 属性非常重要，其通过这个属性的值来检索两个页面中对应的共享元素进行匹配动画。share-element 组件可配置的属性如表 3-9 所示。

表 3-9　share-element 组件的属性

属性名	类型	意义
key	字符串	作为共享元素的匹配标记
transform	布尔值	设置是否进行动画
duration	数值	设置动画的时长，默认为 300ms
easing-function	字符串	设置动画的执行效果，默认为 ease-out

3.6　组件的布局

目前为止，已经接触了不少容器组件，这些容器组件本身非常简单，掌握起来也很容易。但是对于任意一个小程序页面的开发工作，你真能够游刃有余地完成么？页面开发的最大挑战是能够让组件完全按照开发者的意愿布局在正确的位置以及渲染出正确的尺寸，定位和尺寸的控制是页面开发中最重要的技能。

本节将综合介绍 WXSS 中支持的布局方式，如这些布局方式是如何使用的、布局原理是怎样的。本节的内容对于页面开发来说至关重要，相信通过本节的学习，以后面对任何复杂的小程序页面你都会有清晰的布局思路。

3.6.1　布局的两个重要概念

定位和尺寸是布局技术中的两个重要概念。定位决定了一个元素应该出现在哪里，尺寸决定了一个元素的大小。

谈到定位，首先需要了解的就是样式表中的 position 属性。position 属性的值可以设置为 static、relative、absolute、fixed、sticky 和 inherit。其中，除了 inherit 表示继承父元素的 position 属性外，其他 5 个值各表示了一种不同的定位模型：

- static 意为静态定位，组件将正常的生成元素框作为文档流的一部分。

- relative 意为相对定位，元素框会相对正常文档流中的位置发生偏移。
- absolute 意为绝对定位，元素框不再占有文档流中的位置，将相对于页面进行绝对定位。
- fixed 意为固定定位，元素框不再占有文档流中的位置，将相对于窗口进行绝对定位，与 absolute 的区别就在于不会随着页面滚动。
- sticky 意为黏性定位，即可以设置一个阈值，正常情况下定位方式类似于 relative，一旦超过阈值将变为 fixed。

使用文字描述定位方式会有些抽象，后面会通过具体的示例来帮助读者理解。

除了 position 属性，float 和 display 属性也是影响定位的关键属性，其中 float 属性可以控制元素脱离文档流变成浮动元素，但由于其有很多局限性，当下已经很少使用。display 属性用来设置元素生成的元素框的类型，在布局中最常用的 flex 弹性盒模型就需要将 display 属性的值设置为 flex。

搞定了元素的定位后，另一件重要的事就是设置元素的尺寸了。元素的尺寸设置可以采用百分比的方式设置，也可以采用绝对数值的方式设置，一个完整的元素框的尺寸会包含外边距、边框、内边距和内容，理解了盒模型的布局原理后，我们才能精准地控制元素的尺寸。后面，我们也会对布局盒模型做详细的介绍。

3.6.2 几种常用的定位方式

首先在示例工程的 pages 文件夹下新建一组名为 positionDemo 的页面文件，在其中编写本节的测试代码。

static 是默认的 position 属性的值，将元素块设置为静态定位，例如编写下面的 WXML 代码：

```
<!--pages/positionDemo/positionDemo.wxml-->
<view class="view1">视图 1</view>
<view class="view2">视图 2</view>
<view class="view3">视图 3</view>
<view class="view4">视图 4</view>
```

对应样式表代码如下：

```
/* pages/positionDemo/positionDemo.wxss */
.view1 {
   background-color: red;
   width:100px;
   height: 30px;
   color: white;
}
.view2 {
   background-color: blue;
   width: 200px;
   height: 60px;
   color: white;
}
.view3 {
   background-color: orange;
```

```
    width: 300px;
    height: 80px;
    color: white;
}
.view4 {
    background-color: green;
    width: 100%;
    height: 100px;
    color: white;
}
```

运行代码，效果如图 3-5 所示。

可以看到，对于静态定位，其位置是固定在文档流中的，对于块级元素来说，在布局上每个元素会单独占据一行，可以通过 width 和 height 属性来设置其渲染的宽度和高度。由于其定位方式是静态的，因此设置 top、left 等偏移量是无效的。

relative 是相对定位，相比较其他定位方式，在实际开发中 relative 的使用会更多一些。其相对是指相对于其在文档流中的原始位置发生偏移，具体的偏移量可以使用 top、left、right 和 bottom 来设置，发生相对偏移的时候，其本身占据的文档流中的空间并不会发生变化，因此可能会覆盖其他视图。例如修改 view2 的样式表如下：

```
.view2 {
    background-color: blue;
    width: 200px;
    height: 60px;
    color: white;
    top: 10px;
    position: relative;
}
```

运行代码，效果如图 3-6 所示。

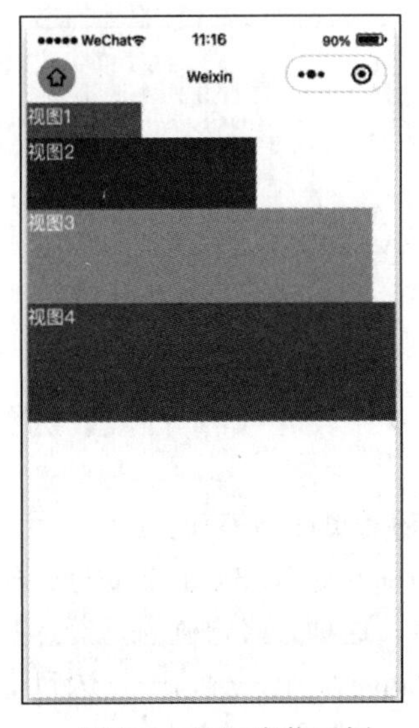

图 3-5　static 定位示例

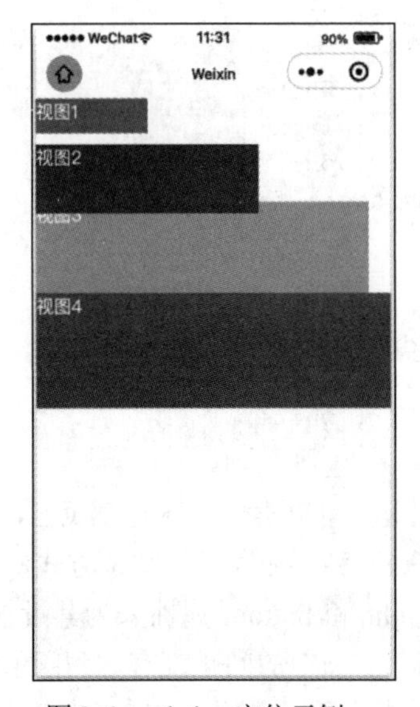

图 3-6　relative 定位示例

在图 3-6 中，可以看到视图 2 最终的渲染效果会覆盖在视图 3 上，这是因为添加了 relative 定位后，其会被添加一个 z-index 层级，比默认的 static 定位的层级要高。

absolute 绝对定位会使当前元素不再占据文档流的空间，并且可以通过 top、left、right 和 bottom 属性来设置偏移量，需要注意此偏移量是相对于其最近一层 position 不为 static 的父元素的，对于我们的示例代码来说，其实就是相对于当前页面的。修改 view2 样式代码如下：

```
.view2 {
    background-color: blue;
    width: 200px;
    height: 60px;
    color: white;
    right: 10px;
    top: 10px;
    position: absolute;
}
```

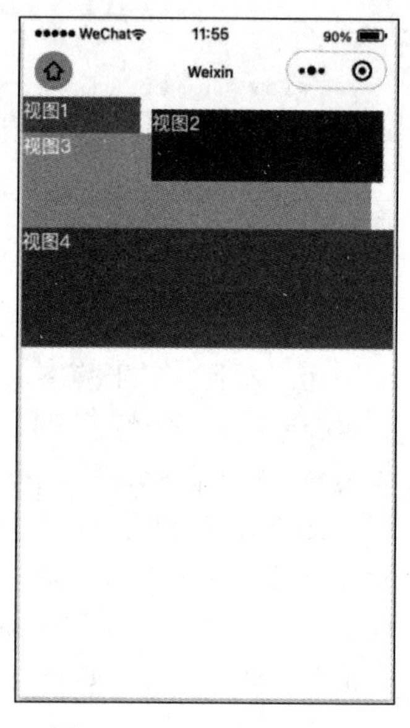

图 3-7　absolute 定位示例

效果如图 3-7 所示。

可以看到，视图 2 已经不再占用文档流中的空间，视图 3 会直接连续布局在视图 1 之后。需要注意，absolute 定位只是相对于父元素的，不是相对于窗口的，因此如果页面内容过高，在滚动的时候绝对定位的元素是会随着页面滚动的，要实现小浮窗效果的话，需要使用 fixed 定位。

fixed 定位与 absolute 定位最大的不同在于，其定位的偏移是相对于窗口的，fixed 定位的元素也不会占据文档流中的空间，例如修改 view2 和 view3 样式表代码如下：

```
.view2 {
    background-color: blue;
    width: 200px;
    height: 60px;
    color: white;
    right: 10px;
    top: 10px;
    position: fixed;
}
.view3 {
    background-color: orange;
    width: 300px;
    height: 800px;
    color: white;
}
```

运行代码，可以尝试一下滑动页面，发现视图 2 不会随着页面而滚动。

sticky 是一种更加高级的定位方式，其效果类似于是 relative 和 fixed 定位的混合。可以通过 top、left、right 和 bottom 属性来为其设置 4 个方向的阈值，这种方式定位的元素会占据文档流中的位置，在其与窗口的间距没有达到阈值时，其效果与 relative 完全一致，一旦达到阈值，其效果又与 fixed 定位一致。因此，sticky 定位方式非常适用于某些组件吸顶的效果中。

3.6.3 display 属性使用详解

理解了如何使用 position 控制定位属性外，你会发现某些页面的布局依然很难实现，比如同一行内并排渲染多个元素，这时就需要通过 display 属性来修改元素框的生成模式。display 属性的常用可选值如表 3-10 所示。

表 3-10　display 属性的常用可选值

值	意义
none	此元素不生成元素框，不会被显示
block	此元素为块级元素
inline	此元素为行内元素
inline-block	此元素为行内块元素
flex	此元素为弹性盒元素

下面分别介绍这几种属性的使用场景和方法。

将 display 属性设置为 none 后，此元素不会生成任何元素框，也不会占据文档流的空间，页面效果上感知不到此元素的存在，因此常用于隐藏某些元素的时候使用。

block 会将此元素设置为块级元素，如果不设置 display 属性，默认生成的元素都是块级元素，块级元素的特点如下：

- 空间上会占据一整行。
- 可以设置宽度和高度，并且可以通过 margin 和 padding 设置各个方向的内外边距。
- 块级元素中可以容纳其他块级元素或行内元素。

inline 会将此元素设置为行内元素，行内元素不会自己占据一行，它占据的空间只会与其自身内容的宽高决定，同级的行内元素可以共处一行。需要注意，行内元素不能设置 width 和 height 属性，其宽高由内容撑起，并且行内元素只能通过 margin-left、margin-right、padding-left 和 padding-right 来设置左右的内外边距，不能设置上下的内外边距。例如编写如下 WXML 测试代码：

```
<view class="view5">视图 5</view>
<view class="view6">视图 6</view>
<view class="view7">视图 7</view>
<view class="view8">视图 8</view>
```

编写 WXSS 代码如下：

```
.view5 {
    background-color: red;
    display: inline;
    margin-left: 10px;
    color: white;
}
.view6 {
    background-color: red;
    display: inline;
    margin-left: 10px;
    color: white;
```

```
}
.view7 {
    background-color: red;
    display: inline;
    margin-left: 10px;
    color: white;
}
.view8 {
    background-color: red;
    display: inline;
    margin-left: 10px;
    color: white;
}
```

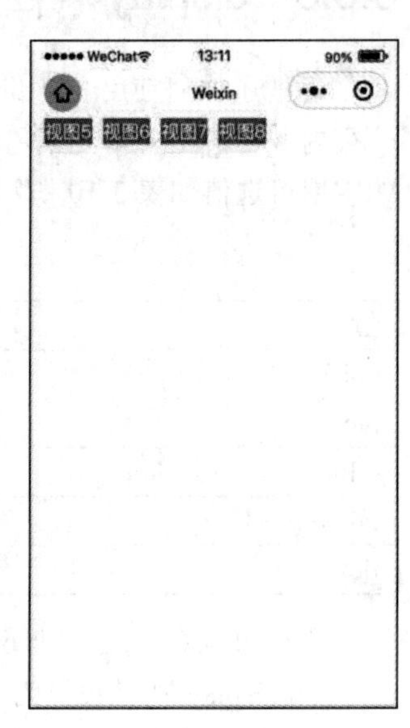

图 3-8 inline 元素示例

运行代码效果如图 3-8 所示。

虽然行内元素可以实现同一行内排列多个元素，但是使用起来依然不太方便，因为不能随意地设置元素的尺寸和边距，inline-block 行内块级元素则可以很好地融合块级元素和行内元素的优势。修改 view5 样式如下：

```
.view5 {
    background-color: red;
    display: inline-block;
    width: 100px;
    height: 50px;
    margin-top: 60px;
    margin-left: 10px;
    color: white;
}
```

效果如图 3-9 所示。

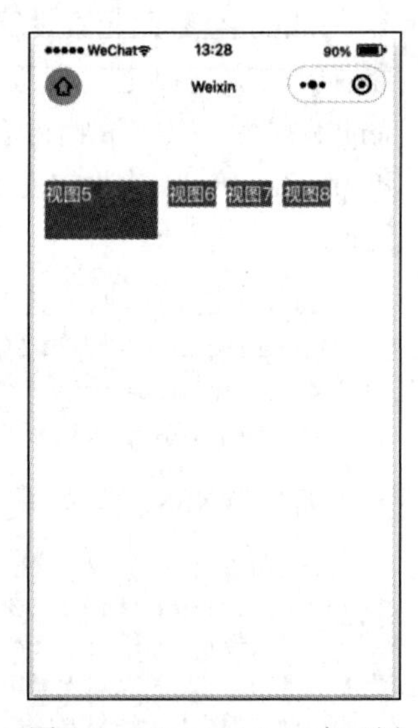

图 3-9 inline-block 元素示例

flex 是一种更加灵活的布局方式，当我们将 display 属性设置为 flex 后，会生成弹性盒类型的元素框。flex 弹性盒容器在布局时可控制的属性较多，这里先通过一个简单的例子来看一下。编写 WXML 代码如下：

```
<view class="root">
    <view class="view9">视图 9</view>
    <view class="view10">视图 10</view>
    <view class="view11">视图 11</view>
    <view class="view12">视图 12</view>
</view>
```

编写 WXSS 代码如下：

```
.root {
    display: flex;
    flex-direction: row;
    flex-wrap: wrap;
    border: blue 1px solid;
    height: 150px;
    justify-content: center;
    align-items: center;
```

```
    align-content: flex-start;
  }
  .view9 {
    background-color: red;
    color: white;
    height: 50px;
    width: 80px;
    margin: 10px;
  }
  .view10 {
    background-color: red;
    color: white;
    height: 50px;
    width: 80px;
    margin: 10px;
  }
  .view11 {
    background-color: red;
    color: white;
    height: 50px;
    width: 80px;
    margin: 10px;
  }
  .view12 {
    background-color: red;
    color: white;
    height: 50px;
    width: 80px;
    margin: 10px;
  }
```

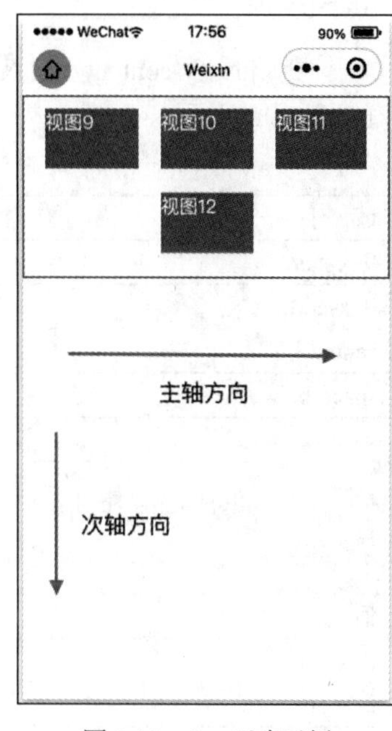

图 3-10　flex 元素示例

运行代码，效果如图 3-10 所示。

在图 3-10 中，flex 布局中的弹性盒是针对父容器而言的，如果不对其宽高进行设置，则其默认会通过内容撑开，同时盒模型也支持强制设置宽高。

先来看一下在 flex 布局中父容器需要设置的 WXSS 属性，display 需要设置为 flex，之后相关的 flex 属性才会生效。

（1）flex-direction 属性：该属性用于设置布局的主轴方向，在上述代码中，将这个属性设置为 row 表示以横轴为主轴进行布局，即横向布局，其所支持设置的值如表 3-11 所示。

表 3-11　flex-direction 属性可设置的值

值	意义
row	以横轴为主轴进行从左向右布局
row-reverse	以横轴为主轴进行从右向左布局
column	以纵轴为主轴进行从上到下布局
column-reverse	以纵轴为主轴进行从下到上布局

在 flex 布局时，首先需要确定主轴，之后与其垂直的方向即为次轴。

（2）flex-wrap 属性：该属性用于设置换行/列方式，在布局时，当一行或一列不足以容纳下一个元素时，则可以进行换行或换列，其可设置的值如表 3-12 所示。

表 3-12　flex-wrap 属性可设置的值

值	意义
nowrap	不换行/列
wrap	换行/列，且顺着次轴方向换行/列
wrap-reverse	换行/列，且逆着次轴方向换行/列

（3）justify-content 属性：该属性非常重要，用来设置元素在主轴上的对齐方式，可设置的值如表 3-13 所示。

表 3-13　justify-content 属性可设置的值

值	意义
flex-start	左对齐/上对齐
flex-end	右对齐/下对齐
center	居中对齐
space-between	两端对齐，元素间的间隔相等，首尾无间距
space-around	每个元素两侧的间距相等，首尾也会有间距

（4）align-items 属性：该属性用来定义元素在次轴上的对齐方式，可设置的值如表 3-14 所示。

表 3-14　align-items 属性可设置的值

值	意义
flex-start	上对齐/左对齐
flex-end	下对齐/右对齐
center	居中对齐
stretch	如果元素未设置次轴方向上的尺寸，则会充满容器
baseline	元素的第一行文字基线对齐

（5）align-content 属性：该属性用来定义多行/列元素时整体内容的对齐方式，如果元素只有一行或一列，则此属性是没有效果的，可设置的值如表 3-15 所示。

表 3-15　align-content 属性可设置的值

值	意义
flex-start	左对齐/上对齐
flex-end	右对齐/下对齐
center	居中对齐
stretch	如果元素未设置次轴方向上的尺寸，则会充满容器
space-between	次轴方向上两端对齐，且间距相当
space-around	每行/列两侧的间距相等，首尾也会有间距

对于 flex 弹性盒容器内的元素，其设置的 float、clear 和 vertical-align 属性都将失效，但是也有一些与 flex 布局相关的属性可以设置，常用的有如下几个：

（1）order 属性：该属性用于设置元素的排序，默认的排序方式是以 WXML 代码中元素的添加顺序一致的，但也可以通过这个属性强制重排元素，例如修改上面的示例代码如下：

```
.view9 {
```

```
    background-color: red;
    color: white;
    height: 50px;
    width: 80px;
    margin: 10px;
    order: 2;
}
.view10 {
    background-color: red;
    color: white;
    height: 50px;
    width: 80px;
    margin: 10px;
    order: 1;
}
.view11 {
    background-color: red;
    color: white;
    height: 50px;
    width: 80px;
    margin: 10px;
    order: 4;
}
.view12 {
    background-color: red;
    color: white;
    height: 50px;
    width: 80px;
    margin: 10px;
    order: 3;
}
```

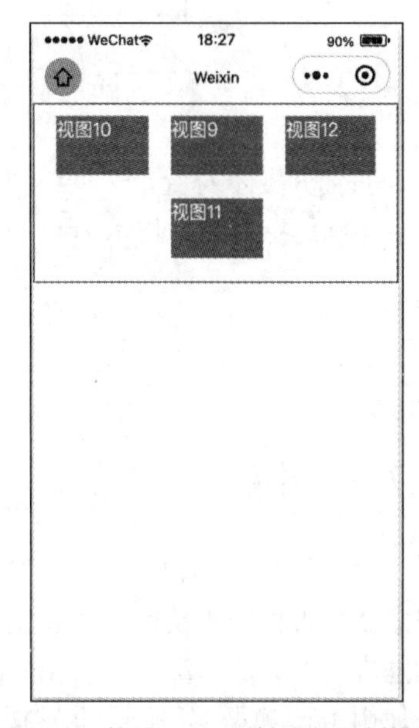

图 3-11　使用 order 属性进行强制排序

排序后的效果如图 3-11 所示。

（2）flex-grow 属性：用来设置当前元素在主轴上的放大权重，如果设置了这个属性且在主轴方向上没有设置元素尺寸，则会通过这个属性的配置来按配重比例进行充满放大。

（3）flex-shrink 属性：用来设置当前匀速在主轴上的缩小权重，如果设置了这个属性且主轴空间不足时，则会以这个属性的配置来按配重比例进行缩小。

（4）align-self 属性：该属性的作用与容器上配置的 align-items 一样，只是其可以单独地控制某个元素在次轴上的对齐方式。

flex 布局模型的控制属性较多，因此其使用起来非常灵活，对于水平或竖直居中的布局要求非常容易实现，要掌握它最好的方式就是不断地进行练习。

3.6.4　控制元素尺寸的标准盒模型

现在，还剩下页面布局中最后的一部分内容需要掌握了，即元素尺寸的控制。

图 3-12 描述了一个元素的完整尺寸是由多部分组成的。可以看到，外边距、边框宽度、内边距和内容共同构成了一个完整的元素，我们设置的 width 和 height 属性实际上就是设置元素中 content 部分的宽度和高度。只要理解了元素在布局时的这个标准模型，再根据设计稿来开发页面布局时才能够按照自己的意图来控制元素的尺寸。

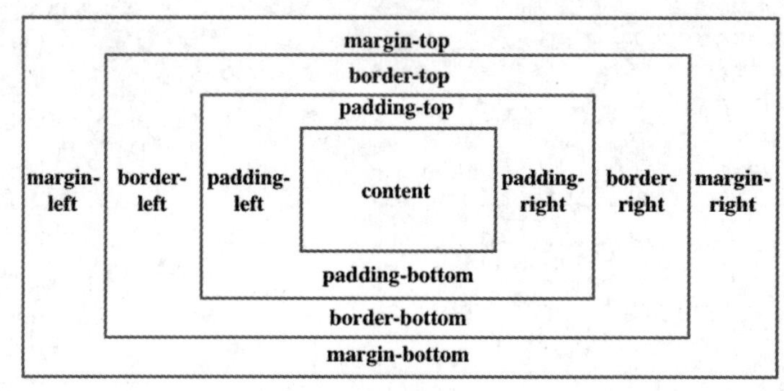

图 3-12　标准和模型

页面开发本身就是一件细致的事情，掌握布局技术也并非只需要理论即可，后面会通过实战项目不断地练习布局技术。

3.7　小结与练习

3.7.1　小结

本章介绍了小程序开发中常用的容器布局组件，这些容器布局组件本身比较简单，但是可以帮助我们根据需求快速地搭建出页面整体结构。本章内容最重要的是布局技术，布局是开发页面的基础，尤其是本章介绍的 flex 布局模型，在开发实际项目时，百分之八十以上的页面布局都可以使用 flex 模型解决，因此掌握 flex 布局模型是非常重要的。在后面的章节中，我们还会介绍更多的独立 UI 组件，熟悉了这些组件后，就可以真正地开始完整页面的开发练习了。

3.7.2　练习

1. 在开发小程序页面时，容器类的组件都有哪些？它们分别适用于什么场景？

温馨提示：回忆一下 view、scroll-view、swiper、page-container、movable-view、match-media 和 share-element 这些组件的用法。

2. 常用的 position 定位方式有哪些？如何使用？

温馨提示：分析一下 static、relative、absolute、fixed、sticky 这些定位方式的用法，以及会产生怎样的效果。

3. flex 布局模型的布局思路是怎样的？

温馨提示：flex 模型也被称为弹性盒模型，支持以横向或纵向为主轴进行流式布局，并且可以通过丰富的 flex 相关的属性来控制各种布局属性，如主轴方向上的对齐方式、次轴方向上的对齐方式等。

4. 在布局模型中，哪些属性会影响到元素的尺寸？

温馨提示：外边距、边框、内边距、宽度和高度都会影响到元素的尺寸。

第 4 章

小程序中的功能组件

本章内容：

- 基础功能组件
- 提供用户交互功能的组件

上一章介绍了小程序开发框架中提供的容器类组件及布局方法。但是，对整个页面开发技术体系来说，还差一部分需要了解，即小程序中功能组件的应用。

所谓功能组件，是指为页面提供功能支持的基础组件。通过容器组件将功能组件进行包装即可扩展出更复杂的自定义组件。常用的功能类组件有文本标签、图标、进度条、按钮、选择框、选择器等，每种功能组件都有其特定的属性与 UI 样式。

4.1 基础功能组件

基础功能组件是指 UI 样式简单一般不会有太多交互功能的组件，包括 icon（图标）组件、progress（进度条）组件、text（文本）组件与 rich-text（富文本）组件。

4.1.1 icon 组件的应用

icon 即图标组件。在页面开发时，经常会使用到一些小图标例如告知用户操作成功的提示会有一个绿色的“对号”图标，告知用户操作异常的提示会有一个红色“叹号”图标。这些常用的图标在小程序开发框架中已内置，直接使用 icon 组件即可。

在示例工程中的 pages 文件夹下新建一个名为 iconDemo 的页面，在 icon.wxml 文件中编写如下示例代码：

```
<!--pages/iconDemo/iconDemo.wxml-->
<view>成功样式图标： <icon type="success" size="30"></icon></view>
<view>提示样式图标： <icon type="info" size="30"></icon></view>
<view>无圆对号样式图标： <icon type="success_no_circle" size="30"></icon></view>
<view>警告样式图标： <icon type="warn" size="30"></icon></view>
<view>等待样式图标： <icon type="waiting" size="30"></icon></view>
<view>取消样式图标： <icon type="cancel" size="30"></icon></view>
<view>下载样式图标： <icon type="download" size="30"></icon></view>
<view>搜索样式图标： <icon type="search" size="30"></icon></view>
<view>清除样式图标： <icon type="clear" size="30"></icon></view>
```

运行代码，效果如图 4-1 所示。

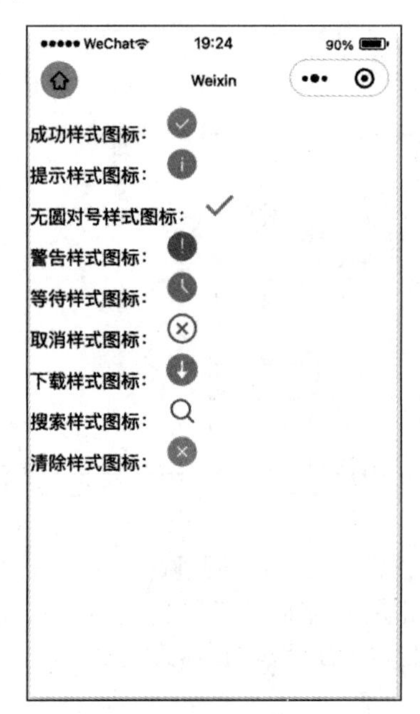

图 4-1　icon 组件示例

icon 组件可配置的属性有 3 个，如表 4-1 所示。

表 4-1　icon 组件的属性

属性名	类型	意义
type	字符串	设置图标的类型，可选值如下：success、success_no_circle、info、warn、waiting、cancel、download、search、clear
size	数值	设置图标的大小
color	字符串	设置图标的颜色

4.1.2　progress 组件的应用

progress 是一种进度条组件，在实际页面开发中，有很多场景都会使用到进度条组件。例如视频播放的进度、下载任务的进度等。progress 组件提供了许多可配置的属性，支持显示百分比进度、播放进度动画等。

在 pages 文件夹下新建一个名为 progressDemo 的页面，在 progressDemo.wxml 文件中编写如下代码：

```
    <!--pages/porgressDemo/progressDemo.wxml-->
    <view><progress percent="20" show-info stroke-
width="3"/></view>
    <view><progress percent="40" active stroke-
width="6" show-info/></view>
    <view><progress percent="60" active stroke-
width="9" show-info /></view>
    <view><progress percent="80" color="blue" active
stroke-width="12" show-info border-radius="6" /></view>
```

运行代码，效果如图 4-2 所示。

可以发现，在页面渲染时，进度条会以动画的方式前进到指定的进度。相比 icon 组件，progress 组件的可配置属性较多，如表 4-2 所示。

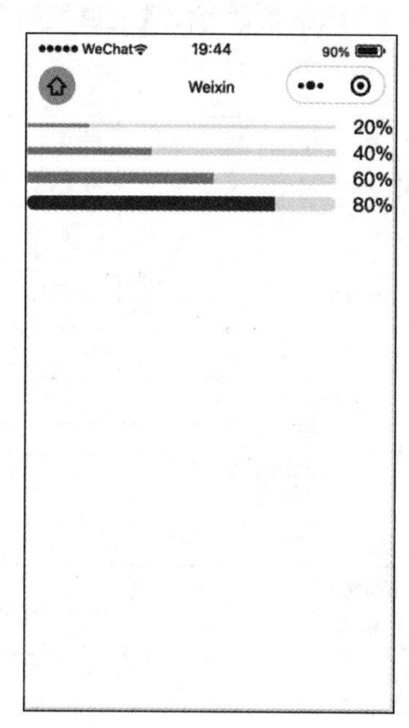

图 4-2　progress 组件示例

表 4-2　progress 组件的属性

属性名	类型	意义
percent	数值	当前进度条的百分比
show-info	布尔值	设置在进度条右侧是否显示百分比
border-radius	数值或字符串	设置进度条的圆角大小
font-size	数值或字符串	设置进度条右侧百分比数字的字体大小
stroke-width	数值或字符串	设置进度条线的宽度
color	字符串	设置进度条的颜色
activeColor	字符串	设置进度条激活部分的颜色
backgroundColor	字符串	未激活部分的进度条颜色
active	布尔值	设置是否展示进度条从左到右的进度动画
active-mode	字符串	设置动画的播放类型，包括以下两种类型： · backwards：动画从头播放 · forwards：动画从上次结束的地方播放
duration	数值	设置进度增加 1%动画需要的时间，默认为 30ms
bindactiveend	函数	设置动画播放完成的回调

4.1.3　text 组件的应用

text 是一种用来展示文本的组件。其本身使用非常简单，当我们新建一个页面时，默认生成的模板中就带一个 text 组件，如下所示：

```
<!--pages/textDemo/textDemo.wxml-->
<text user-select>文本示例</text>
```

text 组件可配置的属性如表 4-3 所示。

表 4-3　text 组件的属性

属性名	类型	意义
user-select	布尔值	文本是否支持选中
space	字符串	设置空格字符的大小，可设置为： · ensp：半角空格 · emsp：全角空格 · nbsp：半角不断行的空格
docode	布尔值	设置是否对文本解码

decode 属性用来设置是否对文本进行解码操作，支持解码的字符如表 4-4 所示。

表 4-4　decode 属性支持的解码字符

字符	意义
	半角不断行空格符
<	小于号
>	大于号
&	“&” 符号
'	“'” 符号
	半角空格
	全角空格

还有一点需要注意，text 组件内部只允许嵌套 text 组件。

4.1.4　rich-text 组件的应用

rich-text 被称为富文本组件。其实，rich-text 组件也提供了一种动态化的页面开发方式。使用它可以将 HTML 字符串或描述 node 节点的对象直接渲染成富文本，使得页面具有更强的动态性并可以方便地进行存储与恢复。

新建一个名为 textDemo 的页面，在 textDemo.wxml 中编写如下测试代码：

```
<!--pages/textDemo/textDemo.wxml-->
<rich-text nodes="{{html}}"></rich-text>
```

html 是我们定义好的一个字符串，在 textDemo.js 文件中定义如下：

```
// pages/textDemo/textDemo.js
Page({
    data: {
        html:
        `<div>
          <h1>标题</h1>
```

```
            <p class="p">
              正文段落<i>协议</i>
              <b>粗体</b>.
            </p>
          </div>`
    }
})
```

图 4-3　rich-text 组件示例

运行代码，效果如图 4-3 所示。

也可以使用描述 Node 节点的对象来渲染富文本，修改 textDemo.wxml 代码如下：

```
<rich-text nodes="{{nodes}}"></rich-text>
```

修改 textDemo.js 文件如下：

```
Page({
    data: {
        nodes:
            [{
                name: 'h1',
                attrs: {
                  style: 'line-height: 60px; color: 
#1AAD19;'
                },
                children: [{
                  type: 'text',
                  text: '标题'
                }]
              },
              {
                name: 'p',
                children: [{
                  type: 'text',
                  text: '正文段落'
                }]
              }]
    }
})
```

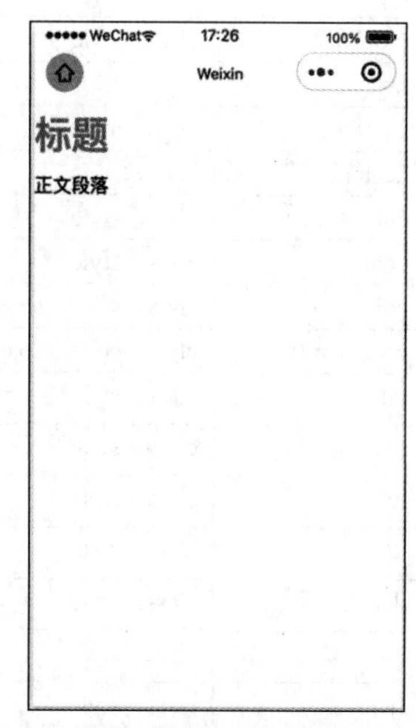

图 4-4　使用 node 节点渲染的富文本

运行代码，效果如图 4-4 所示。

在使用 node 对象渲染富文本时，需要传一组 node 节点对象，node 节点对象可配置的属性如表 4-5 所示。

相比较于网页浏览器，小程序框架中的 rich-text 组件能力有限。并非所有的 HTML 标签其都支持，也并非 HTML 标签中所支持的属性 rich-text 都能支持，表 4-6 列出了所有支持的标签及其属性。

表 4-5　node 节点对象的属性

属性名	类型	意义
name	字符串	标签名
attrs	对象	当前标签元素的属性
children	数组	子节点数组
type	字符串	节点类型，可设置为： · node：标签节点 · text：文本节点
text	字符串	文本，只有 text 节点可以设置此值

表 4-6　rich-text 支持的标签及属性

标签名	支持的属性	意义
a	class，style	超链接标签
abbr	class，style	缩写标签
address	class，style	文档联系人信息标签
article	class，style	独立内容标签
aside	class，style	侧边栏标签
b	class，style	粗体标签
bdi	class，style	bidi 隔离标签
bdo	class，style，dir	bidi 覆盖标签
big	class，style	大号字体文本标签
blockquote	class，style	引用标签
br		换行标签
caption	class，style	表格标题标签
center	class，style	文本居中标签
cite	class，style	作品标题标签
code	class，style	代码文本标签
col	class，style，span，width	定义 colgroup 内每一列的列属性
colgroup	class，style，span，width	对表格中的列进行组合
dd	class，style	列表项标签
del	class，style	文本删除标签
div	class，style	块标签
dl	class，style	列表标签
dt	class，style	列表项标签
em	class，style	文本强调标签
fieldset	class，style	表单分组标签
font	class，style	字体配置标签
footer	class，style	页脚标签
h1	class，style	标题标签
h2	class，style	标题标签

（续表）

标签名	支持的属性	意义
h3	class，style	标题标签
h4	class，style	标题标签
h5	class，style	标题标签
h6	class，style	标题标签
header	class，style	页头标签
hr		水平分割线标签
i	class，style	文本斜体标签
img	class，style，alt，src，height，width	图片标签
Ins	class，style	文本插入标签
label	class，style	标注标签
legend	class，style	fieldset 中的标题标签
li	class，style	列表项标签
mark	class，style	文本记号标签
nav	class，style	导航标签
ol	class，style，start，type	有序列表标签
p	class，style	段落标签
pre	class，style	文本预格式化标签
q	class，style	文本引用标签
rt	class，style	注音标签
ruby	class，style	定义注音，与 rt 和 rp 标签一起使用
s	class，style	定义不正确文本的标签
section	class，style	区域标签
small	class，style	小号字体标签
span	class，style	行内元素标签
strong	class，style	文本加粗标签
sub	class，style	下标文本标签
sup	class，style	上标文本标签
table	class，style，width	表格标签
tbody	class，style	主体内容标签
td	class，style，colspan，height，rowspan，width	表格中的单元格标签
tfoot	class，style	表格页脚标签
th	class，style，colspan，height，rowspan，width	表头单元格标签
thead	class，style	表头内容标签
tr	class，style，colspan，height，rowspan，width	表格行标签

（续表）

标签名	支持的属性	意义
tt	class，style	打字机文本标签
u	class，style	下划线文本标签
ul	class，style	无序列表标签

在 rich-text 渲染时，其中大部分标签的用法都与 HTML 原标签的用法一致。但是有些也有区别，比如富文本中的 img 标签只能支持网络图片资源。如果使用了非上面列表列出的标签，则会被自动移除掉。

4.2　提供用户交互功能的组件

小程序开发框架中也默认提供了许多有交互功能的组件。例如按钮组件、选择框组件、输入框组件、选择器组件、滑块组件等，本节将介绍这些组件的使用方法。

4.2.1　button（按钮）组件及应用

按钮应该是页面开发中最常用的一种交互组件。小程序框架中提供的 button 组件可配置的属性众多，可以通过实际的代码演示来体验这些属性的效果。在 pages 文件夹下新建一组为 buttonDemo 的页面文件，在 buttonDemo.wxml 文件中编写如下代码：

```
<!--pages/buttonDemo/buttonDemo.wxml-->
<view>
    <button type="primary">Normal</button>
    <button type="primary" loading="true">Loading</button>
    <button type="primary" disabled="true">Disabled</button>
    <button type="default">default</button>
    <button type="warn">Warn</button>
    <button type="primary" plain="true">Plain</button>
    <button type="primary" disabled="true" plain="true">Plain Disabled</button>
    <button class="mini-btn" type="primary" size="mini">Mini Primary</button>
</view>
```

在 buttonDemo.wxss 文件中为 button 组件添加一些边距样式，如下所示：

```
/* pages/buttonDemo/buttonDemo.wxss */
button {
    margin: 20px;
}
```

运行代码，效果如图 4-5 所示。

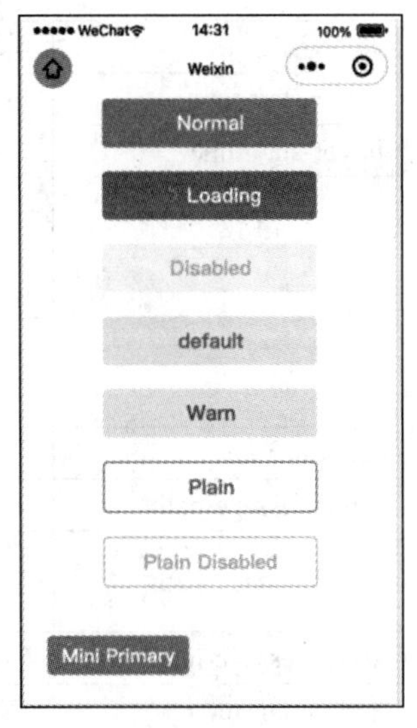

图 4-5　按钮样式示例

可以看到，默认的按钮组件样式简洁美观，很多时候我们的小程序的风格应尽量与微信应用程序整体上保持协调，使用框架默认的样式就是很好的一种选择。表 4-7 所示为 button 组件可配置的属性。

button 组件非常强大的一个功能点在于它集成了很多微信开放能力。例如要接入微信的分享能力，只需要如下设置：

```
<button class="mini-btn" type="primary" size="mini"
open-type="share">Mini Primary</button>
```

表 4-7　button 组件的属性

属性名	类型	意义
size	字符串	设置按钮的尺寸类型，可选值为： · default：默认大小 · mini：小尺寸
type	字符串	设置按钮样式类型，可选值为： · primary：主色调按钮（绿色） · default：默认色调按钮（白色） · warn：警告色调按钮（红色）
plain	布尔值	设置是否为镂空的描边按钮
disabled	布尔值	设置是否禁用按钮
loading	布尔值	设置是否带 loading 状态
form-type	字符串	用于表单组件内，点击会触发表单的 submit 事件
open-type	字符串	关联的微信开放能力，可选值为： · contact：打开客服会话 · share：触发用户转发 · getPhoneNumber：获取用户手机号 · getUserInfo：获取用户信息 · launchApp：打开 App · openSetting：打开授权设置页 · feedback：打开意见反馈页面 · chooseAvatar：获取用户头像
hover-stop-propagation	布尔值	设置是否阻止本节点的祖先节点出现点击状态
hover-class	字符串	设置按钮高亮时的样式类

（续表）

属性名	类型	意义
hover-start-time	数值	设置按住按钮多久后出现点击态，默认为 20ms
hover-stay-time	数值	设置松开按钮后点击态保持的时间，默认为 70ms
lang	字符串	当按钮有特殊的微信开放能力时（例如获取用户信息），指定返回用户信息的语言，可选值为： · en：英文 · zh_CN：简体中文 · zh_TW：繁体中文
session-from	字符串	设置会话来源，当 open-type 为 contact 时有效
send-message-path	字符串	设置会话内的消息卡片标题，当 open-type 为 contact 时有效
send-message-path	字符串	设置会话内消息卡片点击的跳转小程序路径，当 open-type 为 contact 时有效
send-message-img	字符串	设置会话内消息卡片的图片，当 open-type 为 contact 时有效
app-parameter	字符串	设置打开 App 时传递的参数，当 open-type 为 launchApp 时有效
show-message-card	布尔值	设置是否显示会话内的消息卡片，当 open-type 为 contact 时有效
bindgetuserinfo	函数	设置获取用户信息后的回调事件，当 open-type 为 getUserInfo 时有效
bindcontact	函数	客服消息回调，当 open-type 为 contact 时有效
bindgetphonenumber	函数	设置获取用户手机号后的回调，当 open-type 为 getPhoneNumber 时有效
binderror	函数	设置使用微信开放能力出错时的回调，当 open-type 为 launchApp 时有效
bindopensetting	函数	设置打开授权管理页后的回调，当 open-type 为 openSetting 时有效
bindlaunchapp	函数	设置打开 App 完成后的回调，当 open-type 为 launchApp 时有效
bindchooseavatar	函数	设置获取用户头像的回调，当 open-type 为 chooseAvatar 时有效

点击此按钮后，将会直接调出分享页面，如图 4-6 所示。

图 4-6　小程序分享功能

4.2.2　switch（开关）组件及应用

switch 组件是一类特殊的按钮，它有开和关两种状态。在很多应用的设置页面，都会有类似的开关，比如控制是否有消息提示音，是否接收推荐消息等。在 pages 文件夹下新建一组名为 switchDemo 的页面文件，在 switchDemo.wxml 文件中编写如下代码：

```
<!--pages/switchDemo/switchDemo.wxml-->
开关按钮
<switch checked="{{switchData}}" bindchange="switchChange"/>
<view style="margin: 20px;"></view>
选择按钮
<switch type="checkbox" checked="{{checkData}}" bindchange="checkChange"/>
```

上述代码中，使用了两个 switch 组件，其中一个设置为开关类型，另一个设置为选择按钮类型。在 switchDemo.js 文件中配套编写如下逻辑代码：

```
// pages/switchDemo/switchDemo.js
Page({
    data: {
        switchData:false,
        checkData:false
    },
    switchChange: function(data) {
        console.log(data.detail)
    },
    checkChange: function(data) {
        console.log(data.detail)
    }
})
```

图 4-7　switch 组件示例

当用户切换了开关按钮的状态时，会触发绑定的回调函数，在传递进来的参数中有 detail 属性表示当前开关的状态。

运行上述代码，效果如图 4-7 所示。

swich 组件支持的属性如表 4-8 所示。

表 4-8　swich 组件的属性

属性名	类型	意义
checked	布尔值	当前开关是否开启或选中
disabled	布尔值	设置按钮是否禁用
type	字符串	设置按钮的类型，可选值为： · switch：开关类型 · checkbob：选择框类型
color	字符串	设置按钮的颜色
bindchange	函数	设置开关状态改变时回调的函数

4.2.3　checkbox 组件与 checkbox-group 组件及应用

当 switch 组件的 type 属性设置为 checkbox 时，其会渲染出一个选择框样式的按钮。其实在小程序开发框架中，专门提供了 checkbox 与 checkbox-group 组件来处理需要使用选择框的场景，checkbox-group 组件内部可以定义一组 checkbox 组件，我们只需要在 checkbox-group 组件上绑定用户选择改变的事件即可。

在 pages 文件夹下新建一组名为 checkboxDemo 的页面文件，在 checkboxDemo.wxml 文件中编写如下代码：

```
<!--pages/checkboxDemo/checkboxDemo.wxml-->
<checkbox-group bindchange="change">
    <checkbox value="足球"></checkbox>足球
    <checkbox value="篮球"></checkbox>篮球
    <checkbox value="乒乓球"></checkbox>乒乓球
</checkbox-group>
```

在 checkboxDemo.js 文件中实现绑定的回调事件函数如下：

```
// pages/checkboxDemo/checkboxDemo.js
Page({
    change: function(data) {
        console.log(data.detail.value)
    }
})
```

图 4-8　checkbox-group 示例

运行代码，页面上会显示一组选择框，当这一组选择框中的任意一个选中状态发生了变化时，都会调用回调函数，在其传递的参数中会包装一个数组对象，数组中存放的是所有选中状态的 checkbox 的 value 值。上面代码的运行效果如图 4-8 所示。

checkbox-group 组件的作用是只包装一组 checkbox 组件，其本身并没有与 UI 相关的配置属性，只有一个 bindchange 属性可设置。

checkbox 组件可配置的属性如表 4-9 所示。

表 4-9　checkbox 组件的属性

属性名	类型	意义
value	字符串	选择框的标识，触发 checkbox-group 组件的 bindchange 回调时，参数会携带所有选中的 checkbox 的 value 值
disabled	布尔值	设置是否禁用
checked	布尔值	设置选择框是否选中
color	字符串	设置选择框的颜色

4.2.4　radio 组件与 radio-group 组件及应用

通过 checkbox 与 checkbox-group 组合使用，相当于创建了一组支持多选的选择框组。有些场景下，同样需要一组选择框，只是这些选择框互相之间是有约束关系的，即只能进行单选。这时候就需要使用 radio 和 radio-group 组件。

在 pages 文件夹下新建一组名为 radioDemo 的页面文件，在 radioDemo.wxml 文件中编写如下示例代码：

```
<!--pages/radioDemo/radioDemo.wxml-->
```

```
<radio-group bindchange="radioChange">
    <radio value="男"></radio>男
    <view style="margin: 20px;"></view>
    <radio value="女"></radio>女
    <view style="margin: 20px;"></view>
    <radio value="保密"></radio>保密
</radio-group>
```

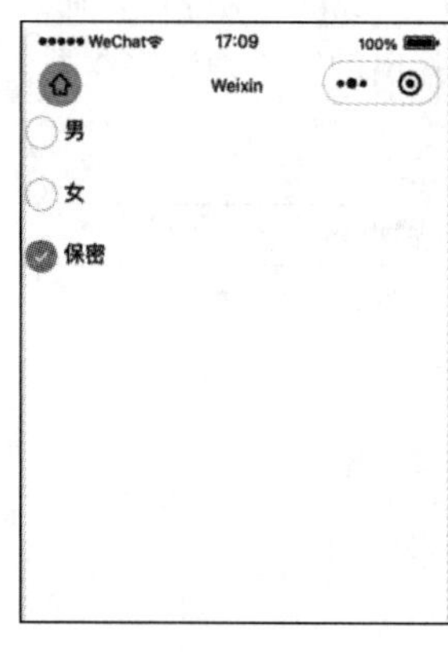

图 4-9　radio 组件示例

在 radioDemo.js 文件中实现回调函数如下：

```
// pages/radioDemo/radioDemo.js
Page({
    radioChange:function(data) {
        console.log(data.detail)
    }
})
```

需要注意，由于 radio 组件通常要求一组选项中只能选择一个，也就是说选项间是互斥的，因此在开发中，要将互斥的选项放入同一个 radio-group 组件中。运行上述代码，效果如图 4-9 所示。

radio-group 组件与 checkbox-group 组件类似，其只提供了一个 bindchange 属性用来绑定回调事件。

radio 组件中可配置的属性如表 4-10 所示。

表 4-10　radio 组件的属性

属性名	类型	意义
value	字符串	单选框的标识，触发 radio-group 组件的 bindchange 回调时，参数会携带选中的 radio 的 value 值
checked	布尔值	设置当前选择框是否选中，一个选中后会将其他互斥的取消选中
disabled	布尔值	设置是否禁用
color	字符串	设置选择框的颜色

4.2.5　input 组件与 textarea 组件及应用

input 是一种单行文本输入组件，在需要接收用户输入的场景常常会使用到，例如登录注册界面。新建一组名为 inputDemo 的页面文件，在 inputDemo.wxml 文件中编写如下示例代码：

```
<!--pages/inputDemo/inputDemo.wxml-->
<input style="border: 2px red solid;" placeholder="文本
输入框" type="text" />
<view style="margin: 20px;"></view>
<input style="border: 2px red solid;" placeholder="数字
输入框" type="number" />
<view style="margin: 20px;"></view>
<input style="border: 2px red solid;" placeholder="密码
输入框" password />
<view style="margin: 20px;"></view>
<input style="border: 2px red solid;" placeholder="输入
框文本长度限制为 10" maxlength="10" />
```

运行代码，效果如图 4-10 所示。

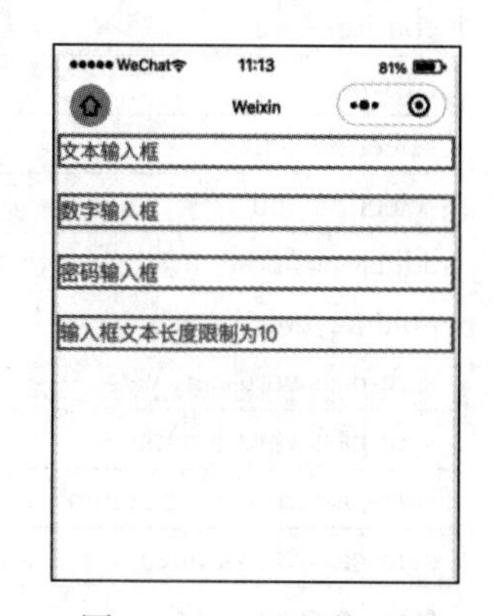

图 4-10　input 组件示例

input 组件可以通过 type 属性设置弹出键盘的类型，例如对于输入手机号的场景，可以设置弹出的键盘为数字类型。input 组件所支持的属性较多，如表 4-11 所示。

表 4-11　input 组件的属性

属性名	类型	意义
value	字符串	输入框中的内容
type	字符串	设置输入框弹出键盘的类型，可选值为： • text：文本输入键盘 • number：数字输入键盘 • idcard：身份证输入键盘 • digit：带小数点的数字键盘 • safe-password：密码安全输入键盘 • nickname：昵称输入键盘
password	布尔值	设置是否为加密输入框，输入的文本会被处理成星号
placeholder	字符串	设置输入框未输入文本时的占位文案
placeholder-style	字符串	设置占位文案的样式表
placeholder-class	字符串	设置占位文案的样式表类
disabled	布尔值	设置是否禁用
Maxlength	数值	设置输入框可以接收的最大文本长度，设置为-1，为不限制文本长度
cursor-spacing	数值	设置光标与键盘间的间距
auto-focus	布尔值	设置是否自动获取焦点
focus	布尔值	是否获取焦点
confirm-type	字符串	设置键盘中确认按钮的文案，可选值为： • send：发送 • search：搜索 • next：下一个 • go：前往 • done：完成
always-embed	布尔值	强制设置 input 组件保持同层状态，默认当 input 组件获取焦点时会切换到非同层状态
confirm-hold	布尔值	设置点击键盘中的确认按钮后是否保持键盘不收起
cursor	数值	设置光标所在的位置
selection-start	数值	设置选中文本的起始位置
selection-end	数值	设置选中文本的结束位置
adjust-position	布尔值	设置是否自适应位置，即键盘弹出时是否自动上推输入框
hold-keyboard	布尔值	设置当键盘弹出时，点击页面是否保持键盘不收起
safe-password-cert-path	字符串	设置安全键盘加密锁所使用的公钥的路径
safe-password-length	数值	设置安全键盘输入的密码长度
safe-password-time-stamp	数值	设置安全键盘加密时间戳
safe-password-nonce	字符串	设置安全键盘加密盐值
safe-password-salt	字符串	设置安全键盘计算 hash 盐值

（续表）

属性名	类型	意义
safe-password-custom-hash	字符串	设置安全键盘计算 hash 的算法表达式
bindinput	函数	设置键盘输入时触发的回调
bindfocus	函数	设置输入框获得焦点时触发的回调
bindblur	函数	设置输入框失去焦点时触发的回调
bindconfirm	函数	设置点击键盘上完成按钮触发的回调
bindkeyboardheightchange	函数	设置键盘高度发生变化时触发的回调

input 组件只支持单行文本的输入，对于需要输入大量文本的场景，需要使用另一个组件：textarea。textarea 为输入区域组件，其用法与 input 组件非常类似，示例代码如下：

```
<textarea placeholder="文本区域" style="height: 300px;
border: red 1px solid;"></textarea>
```

运行代码，可以尝试在文本输入区域中点击换行按钮来输入多行文本，如图 4-11 所示。

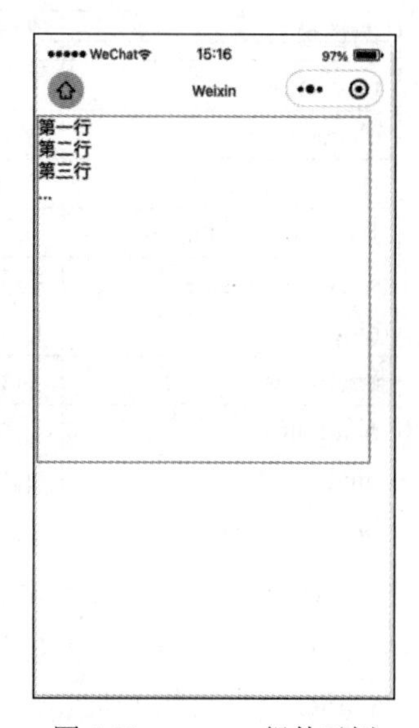

图 4-11　textarea 组件示例

4.2.6　editor 组件及应用

前面小节中，我们学习了富文本渲染组件 rich-text。有时候，用户不止需要浏览富文本内容，甚至也需要生产富文本内容。小程序开发框架中提供了 editor 组件来支持富文本的输入，其使用非常简单，且能够支持大部分富文本输入场景。

首先在 pages 文件夹下新建一组名为 editorDemo 的页面文件，在 editorDemo.wxml 文件中编写如下代码：

```
<!--pages/editorDemo/editorDemo.wxml-->
<view>
粗体：<switch bindchange="formatBold"></switch>
斜体：<switch bindchange="formatItalic"></switch>
</view>
<view>
上标：<switch bindchange="formatSuper"></switch>
下标：<switch bindchange="formatSub"></switch>
</view>
<view>
红色文字：<switch bindchange="formatColor"></switch>
黄色背景：<switch bindchange="formatBG"></switch>
</view>
<view>
<button type="primary" size="mini" bindtap="insertImg">图片</button>
<button type="primary" size="mini" bindtap="insertDivider">分割线</button>
<button type="primary" size="mini" bindtap="undo">撤回</button>
<button type="primary" size="mini" bindtap="redo">恢复</button>
<button type="primary" size="mini" bindtap="log">Log</button>
```

```
</view>
<editor style="height: 300px; border: red 1px solid;"
placeholder="富文本编辑器" id="editor" show-img-toolbar="{{true}}"
show-img-size="{{true}}" show-img-resize="{{true}}"
bindready="onEditorReady"></editor>
```

上述代码中，添加了很多控制富文本格式的按钮，例如字体加粗、斜体字体、文字添加颜色、文字添加背景、插入图片和分割线等。上面使用的 switch 和 button 组件都学习过，editor 组件是本节学习的重点。表 4-12 所示为 editor 组件可设置的属性。

表 4-12　editor 组件的属性

属性名	类型	意义
read-only	布尔值	设置编辑器是否为只读
placeholder	字符串	设置内容文本为空时的提示文案
show-img-size	布尔值	设置点击内容中的图片时，是否展示图片的尺寸信息
show-img-toolbar	布尔值	设置点击内容中的图片时，是否展示图片的工具栏
show-img-resize	布尔值	设置点击内容中的图片时，是否可以修改图片的尺寸
bindready	函数	设置编辑器初始化完成时触发的回调
bindfocus	函数	设置编辑器获取焦点时触发的回调
bindblur	函数	设置编辑器失去焦点时触发的回调
bindinput	函数	设置编辑器内容发生改变时触发的回调
bindstatuschange	函数	设置编辑器中使用的样式发生变化时触发的回调

可以看到，editor 组件本身可设置的属性并不多，读者可能感到奇怪，editor 组件是怎么控制富文本的样式的，又是如何设置富文本内容或者让用户输入富文本内容的。这些工作就要靠 JavaScript 逻辑代码来完成了。

在 editorDemo.js 文件中编写如下逻辑代码：

```
// pages/editorDemo/editorDemo.js
Page({
    // 富文本组件准备完成后，通过 JS 来获取富文本实例
    onEditorReady: function() {
        wx.createSelectorQuery().select('#editor').context((result)=>{
            this.editorContext = result.context;
        }).exec()
    },
    // 插入分割线
    insertDivider:function() {
        this.editorContext.insertDivider()
    },
    // 撤回
    undo:function() {
        this.editorContext.undo()
    },
    // 恢复
    redo:function() {
        this.editorContext.redo()
    },
    // 粗体
```

```
    formatBold:function(event) {
        this.editorContext.format('bold')
    },
    // 斜体
    formatItalic:function() {
        this.editorContext.format('italic')
    },
    // 上标
    formatSuper:function() {
        this.editorContext.format('script', 'super')
    },
    // 下标
    formatSub:function() {
        this.editorContext.format('script', 'sub')
    },
    // 颜色
    formatColor:function() {
        this.editorContext.format('color','#ff0000')
    },
    // 背景色
    formatBG:function() {
        this.editorContext.format('backgroundColor','#fdf4d7')
    },
    // 打印富文本内容
    log:function() {
        this.editorContext.getContents().then((res)=>{
            console.log(res)
        })
    },
    // 插入图片
    insertImg:function() {
        this.editorContext.insertImage({
            src:"http://huishao.cc/img/head-img.png"
        })
    }
})
```

在 JavaScript 逻辑代码中，所有的富文本编辑器逻辑都是通过富文本编辑器上下文对象实现的，可以在 onEditorReady 回调中拿到富文本编辑器上下文对象，使用如下方法：

```
wx.createSelectorQuery().select('#editor').context((result)=>{
    this.editorContext = result.context;
}).exec()
```

wx.createSelectorQuery 用来生成一个选择器对象，调用其 select 方法可以获取到页面中定义的组件 JavaScript 实例，editor 实例调用 context 方法可以获得其上下文对象。需要注意，此 context 方法是一个异步函数，调用 exec 执行后，可以在设置的 context 回调参数中拿到上下文对象，将其保存即可。

使用 EditorContext 上下文对象可以实现对富文本编辑器的样式管理、内容导入导出、图片插入等功能。EditorContext 对象中提供的方法如表 4-13 所示。

表 4-13　EditorContext 对象的方法

方法名	参数	意义
format	String name：要设置的样式名 String value：要设置的样式值，此参数可选	富文本编辑器的核心方法，调用此方法来改变某个样式，再次设置相同的样式会取消此样式的使用，设置样式后，用户再输入的文本将使用最新的样式

insertDivider	Object object：
	{
	Function success：成功后的回调
	Function fail：失败后的回调
	Function complete：完成后的回调
	}
		向编辑器中当前光标的位置插入分割线

insertImage	Object object：
	{
	String src：图片的路径
	String alt：图片加载失败的代替文本
	Number width：图片的宽度
	Number height：图片的高度
	Object extClass：添加到 img 标签上的类名
	Object data：设置为对象，会被挂载到 data-custom 属性上
	Function success：插入图片成功后的回调
	Function fail：插入图片失败的回调
	Function complete：插入图片完成的回调
	}
		向编辑器中当前光标位置插入图片

insertText	Object object：
	{
	String text：插入的文本
	Function success：插入文本成功后的回调
	Function fail：插入文本失败后的回调
	Function complete：插入文本完成后的回调
	}
		向编辑器中当前光标位置插入文本

setContents	Object object：
	{
	String html：html 格式的富文本内容
	Object delta：使用对象描述的富文本内容
	Function success：成功后的回调
	Function fail：失败后的回调
	Function complete：完成后的回调
	}
		设置编辑器中的内容

（续表）

方法名	参数	意义

getContents	Object object：
	{
	Function success：成功后的回调
	Function fail：失败后的回调
	Function complete：完成后的回调
	}
		获取编辑器中的内容

clear	参数同上	清空编辑器中的内容
removeFormat	参数同上	清空当前编辑器设置的样式
undo	参数同上	撤销操作
redo	参数同上	恢复操作
blur	参数同上	使编辑器失去焦点，收起键盘
scrollIntoView	无	使光标滚动到窗口的可视区域内

getSelectionText	Object object：
	{
	Function success：成功后的回调
	Function fail：失败后的回调
	Function complete：完成后的回调
	}
		获取当前选中区域的文本

上面列举的方法中，format 方法是控制样式的核心方法，当我们需要设置用户即将输入的文本的样式时，调用这个方法设置即可。这个方法有两个参数，name 和 value，富文本组件支持的样式 name 及其对应的 value 值如表 4-14 所示。

表 4-14　富文本组件支持的 format 方法的 name 及 value 值

format 方法的 name 参数	对应的 value 参数	解释
bold	无	设置粗体样式，如果当前已经是粗体样式，再次设置会清除粗体
italic	无	设置斜体样式，如果当前已经是斜体样式，再次设置会清除斜体
underline	无	设置下划线样式，如果当前已经是下划线样式，再次设置会清除下划线
strike	无	设置删除线样式，如果当前已经是删除线样式，再次设置会清除删除线
ins	无	设置插入文本样式，如果当前已经是插入文本样式，再次设置会清除插入文本样式
script	sub：下标 super：上标	设置下标或上标样式

（续表）

format 方法的 name 参数	对应的 value 参数	解释
header	H1：一号标题 H2：二号标题 H3：三号标题 H4：四号标题 H5：五号标题 H6：六号标题	设置标题样式
align	left：左对齐 center：中间对齐 right：右对齐 justify：两端对齐	设置对齐样式
direction	rtl：从右到左	设置字序
indent	-1/+1	设置缩进
list	ordered：有序列表 bullet：无序列表 check：带选择框的列表	设置列表样式
color	十六进制颜色字符串	设置文本颜色样式
backgroundColor	十六进制颜色字符串	设置文本背景颜色样式
margin（包括marginTop/marginBottom/marginLeft/marginRight）	与 CSS 可设置值一致	设置外边距
padding（包括paddingTop/paddingBottom/paddingLeft/paddingRight）	与 CSS 可设置值一致	设置内边距
font（包括 fontSize/fontStyle/fontVariant/fontWeight/fontFamily）	与 CSS 可设置值一致	设置字体相关样式
lineHeight	与 CSS 可设置值一致	设置行高样式
letterSpacing	与 CSS 可设置值一致	设置字符间距
textDecoration	与 CSS 可设置值一致	设置文本样式
textIndent	与 CSS 可设置值一致	设置文本缩进
wordWrap	与 CSS 可设置值一致	设置换行模式
wordBreak	与 CSS 可设置值一致	设置截断模式
whiteSpace	与 CSS 可设置值一致	设置空格样式

运行示例代码，可以尝试向编辑器中输入一些带格式的文本，效果如图 4-12 所示。

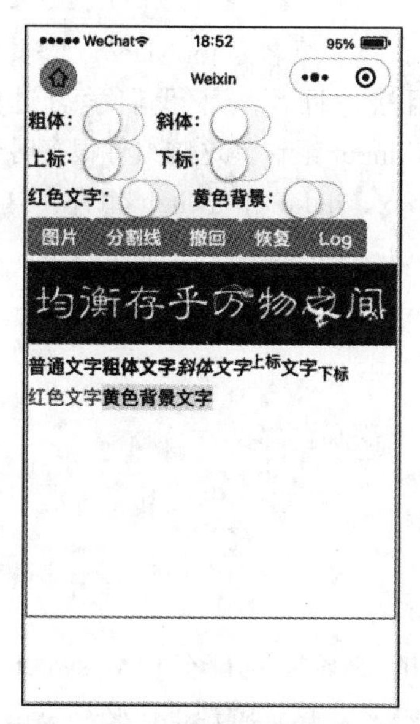

图 4-12　editor 组件示例

当点击页面中的 Log 按钮时，会输出编辑器中的富文本内容，如图 4-13 所示。

```
                                                                                                   editorDemo.js:43
{errMsg: "ok", html: "<p><img src="http://huishao.cc/img/head-img.png"><…und-color: rgb(253, 244, 215);">黄色背景文字</span></p>", text: "↵普通文字粗体文字斜体文字上标文字下标↵红色文字
黄色背景文字↵", delta: {…}}
  delta:
    ops: Array(11)
      0:
        insert: {image: "http://huishao.cc/img/head-img.png"}
        __proto__: Object
      1: {insert: "↵普通文字"}
      2:
        attributes: {bold: "strong"}
        insert: "粗体文字"
        __proto__: Object
      3: {attributes: {…}, insert: "斜体文字"}
      4: {attributes: {…}, insert: "上标"}
      5: {insert: "文字"}
      6: {attributes: {…}, insert: "下标"}
      7: {insert: "↵"}
      8: {attributes: {…}, insert: "红色文字"}
      9: {attributes: {…}, insert: "黄色背景文字"}
      10: {insert: "↵"}
      length: 11
      nv_length: (...)
      __proto__: Array(0)
    __proto__: Object
  errMsg: "ok"
  html: "<p><img src="http://huishao.cc/img/head-img.png"></p><p>普通文字<strong>粗体文字</strong><em>斜体文字</em><sup>上标</sup>文字<sub>下标</sub></p><p><span style="color: rgb(2…
  text: "↵普通文字粗体文字斜体文字上标文字下标↵红色文字黄色背景文字↵"
  __proto__: Object
```

图 4-13　富文本编辑器中的内容

可以看到，控制台打印的富文本内容对象中有 3 部分数据：text 为内容的纯文本数据；html 为内容的 html 格式的富文本数据，可以将其保存，在任意的浏览器中进行渲染；delta 为富文本内容的对象描述形式，其清晰地记录富文本中每一块内容的样式属性等数据，也可以将其保存后再次使用 editor 组件渲染。

4.2.7　label 组件、keyboard-accessory 组件与 form 组件及应用

本节将介绍的 3 个组件都是功能增强型组件。label 组件用来扩展其绑定的组件的可响应区域；keyboard-accessory 组件用来设置可随键盘调整位置的工具栏视图；form 组件用来组合一组可交互组件的值一起提交，对于开发表单提交类的页面非常方便。

在示例工程的 pages 文件夹下新建一组名为 toolsDemo 的页面文件。首先来看 label 组件的用法，回想一下我们学习过的 button、checkbox、radio、switch 和 input 组件，这些组件很多时候都不是单独出现的，尤其是 checkbox、radio 和 switch 组件。这 3 个组件本身没有描述信息，只是提供开关或选择功能，通常需要为其配备描述文本，例如下面的代码所示：

```
<!--pages/toolsDemo/toolsDemo.wxml-->
<switch></switch>开关
<view style="margin: 20px;"></view>
<checkbox></checkbox>选择框
<view style="margin: 20px;"></view>
<radio></radio>单选
```

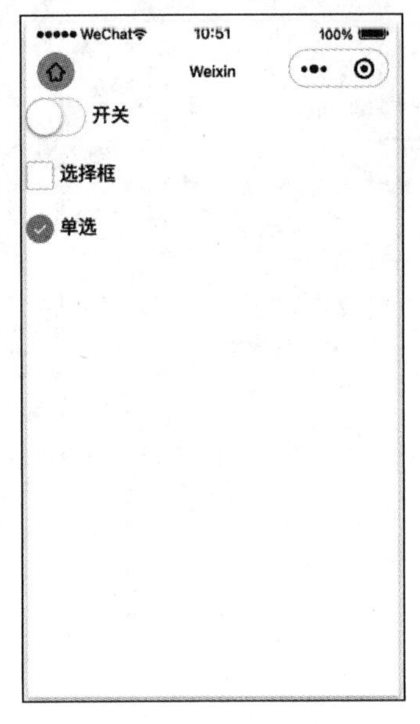

图 4-14　组件示例

运行上述代码，效果如图 4-14 所示。

我们发现，当点击页面中的文案描述部分时，switch、checkbox 和 radio 组件并不会改变状态。这也就是说，必须点击这些交互组件本身才会触发组件的交互事件，这对用户来说体验并不太友好，尤其是在移动端设备上，设备的屏幕尺寸有限，用户手指操作的灵敏度也有局限性，这就要求组件有足够大的交互响应区域，可以将交互组件和文本同时包装进 label 组件中，这样当用户点击文本时，也能触发同一 label 组件内的交互组件的事件。修改上述代码如下：

```
<!--pages/toolsDemo/toolsDemo.wxml-->
<label><switch></switch>开关</label>
<view style="margin: 20px;"></view>
<label><checkbox></checkbox>选择框</label>
<view style="margin: 20px;"></view>
<label><radio></radio>单选</label>
```

再次编译代码，点击交互组件旁的文本，可以看到交互组件也可以正常响应了。

keyboard-accessory 组件需要配合能够弹出键盘的输入类组件进行使用。很多时候，输入框会配套工具栏进行使用，例如对于富文本编辑器来说，工具栏上可以放置文本格式控制按钮。当键盘弹出或收起时，工具栏也需要做同步的位置变动，此时使用 keyboard-accessory 组件就非常方便。编写如下示例代码：

```
<!--pages/toolsDemo/toolsDemo.wxml-->
<textarea>
<keyboard-accessory>
    <cover-view>工具栏</cover-view>
</keyboard-accessory>
</textarea>
```

需要注意，上述代码只能在真机中进行测试，模拟器本身没有键盘弹出。还有，在 keyboard-accessory 组件内部编写工具栏时，一定要使用 cover-view 组件，这是一个覆盖在原生组件上的视图容器组件，直接使用 view 组件不能实现预期的效果。

最后，我们再来看一下 form 组件。本章中向大家介绍的 switch、input、checkbox 等交互组件在接收到用户的输入后，这些输入数据一般都是要向服务端进行提交保存的，例如编写如下的示例代码：

```
<label><switch></switch>开关</label>
<view style="margin: 20px;"></view>
<checkbox-group>
    <label><checkbox value="1"></checkbox>选择框 1</label>
    <label><checkbox value="2"></checkbox>选择框 2</label>
</checkbox-group>
<view style="margin: 20px;"></view>
<radio-group>
    <label><radio value="1"></radio>单选 1</label>
    <label><radio value="2"></radio>单选 2</label>
</radio-group>
<button>提交</button>
```

可以为页面中的 button 组件添加一个点击事件，当用户点击提交按钮后，将页面上的组件的输入状态进行提交，但这样操作起来非常烦琐，首先要为每一个交互组件添加状态改变的事件处理函数，在处理函数中根据用户输入来存储对应的变量，当用户点击提交按钮时，将存储的变量的值进行提交。

也可以直接使用 form 组件将需要提交数据的交互组件进行包装，在使用 form 组件时，将要进行数据提交的交互组件放入 form 组件内，并且为 form 组件本身添加 report-submit 属性绑定提交事件。在 form 内部的交互组件需要添加 name 属性来为其设置 key，form 组件中的 button 组件上设置 form-type 属性为 submit 来实现提交功能。在触发的提交处理函数中，会将 form 内部所有交互组件的值作为参数传递。示例代码如下：

```
<form bindsubmit="submit">
    <label><switch name="switch"></switch>开关</label>
    <view style="margin: 20px;"></view>
    <checkbox-group  name="checkbox">
        <label><checkbox value="1"></checkbox>选择框 1</label>
        <label><checkbox value="2"></checkbox>选择框 2</label>
    </checkbox-group>
    <view style="margin: 20px;"></view>
    <radio-group name="radio">
        <label><radio value="1"></radio>单选 1</label>
        <label><radio value="2"></radio>单选 2</label>
    </radio-group>
    <button form-type="submit">提交</button>
</form>
```

实现 submit 处理函数如下：

```
Page({
    submit:function(data) {
        console.log(data.detail.value)
    }
})
```

运行代码，改变一下页面中各个按钮和选择框的状态，点击提交按钮后，观察控制台的输出，可以看到 form 组件已经将要提交的数据进行了聚合，使用非常方便。

4.2.8　slider（滑块）组件及应用

slider 组件提供了一种范围内数据取值的方式，常用在音量调节、亮度调节等场景中。在示例工程的 pages 文件夹下新建一组名为 sliderDemo 的页面文件，在 sliderDemo.wxml 文件中编写如下代码：

```
<!--pages/sliderDemo/sliderDemo.wxml-->
<slider min="{{0}}" max="{{50}}" step="{{2}}"
value="{{value}}"
backgroundColor="#ff0000" activeColor="#00ff00"
show-value bindchanging="sliderChange"></slider>
<text>进度{{value}}</text>
```

图 4-15　slider 组件示例

上述代码中，定义了一个 slider 组件，并使用 text 组件来实时地显示滑块组件的值。在 sliderDemo.js 文件中实现逻辑代码如下：

```
// pages/sliderDemo/sliderDemo.js
Page({
    data: {
        value:10
    },
    sliderChange:function(event) {
        this.setData({
            value:event.detail.value
        })
    }
})
```

运行代码，效果如图 4-15 所示。

slider 组件本身也有许多属性可配置，如表 4-15 所示。

表 4-15　slider 组件的属性

属性名	类型	意义
min	数值	设置滑块组件的最小值
max	数值	设置滑块组件的最大值
step	数值	设置滑块组件的步长，即控制的精度，需要能够被（max-min）整除
disabled	布尔值	设置组件是否禁用
value	数值	滑块组件当前的值
backgroundColor	字符串	设置滑块组件背景条的颜色
activeColor	字符串	设置滑块组件已激活部分的背景条颜色
block-size	数值	设置滑块的大小，取值范围为 12~28
block-color	字符串	设置滑块的颜色
show-value	布尔值	设置在组件右侧是否显示当前的值
bindchange	函数	完成一次滑块拖曳操作后回调的函数
bingchanging	函数	滑块在滑动过程中产生值变化回调的函数

4.2.9　picker 组件及应用

在应用开发中，经常会遇到一些需要用户从列表中选择一项出来的需求，例如选择生日、选择收获地址等。picker 组件是小程序开发框架中提供的一个标准的选择器组件。通过设置 picker 组件的 mode 属性，可以选择使用的选择器的类型。

在 pages 文件夹下新建一组名为 pickerDemo 的页面文件来编写文本的示例代码。首先可以尝试一下时间选择器的使用，在 pickerDemo.wxml 文件中编写如下代码：

```
<!--pages/pickerDemo/pickerDemo.wxml-->
<picker mode="time">点击选择时间</picker>
```

运行代码后，页面上会显示一行文本：点击选择时间。也可以使用自定义的视图来代替此文本，当用户点击文本时，会从页面底部弹出选择器列表，如图 4-16 所示。

时间选择器列表分为两列，左侧一列用来选择“时”，右侧一列用来选择“分”。时的选择范围为 0~23，分的选择范围为 0~59。当 picker 组件的 mode 为 time 时，其有一些特殊的属性可以用来设置，如表 4-16 所示。

表 4-16　picker 组件的 mode 为 time 时的属性

属性名	类型	意义
value	字符串	设置选中的时间，格式为“hh:mm”
start	字符串	设置可选择的时间范围起点，格式为“hh:mm”
end	字符串	设置可选择的时间范围终点，格式为“hh:mm”
bindchange	函数	设置选择器的值发生改变时的回调函数

当将 mode 设置为 date 时，表示要使用日期选择器，示例代码如下：

```
<picker mode="date">点击选择日期</picker>
```

效果如图 4-17 所示。

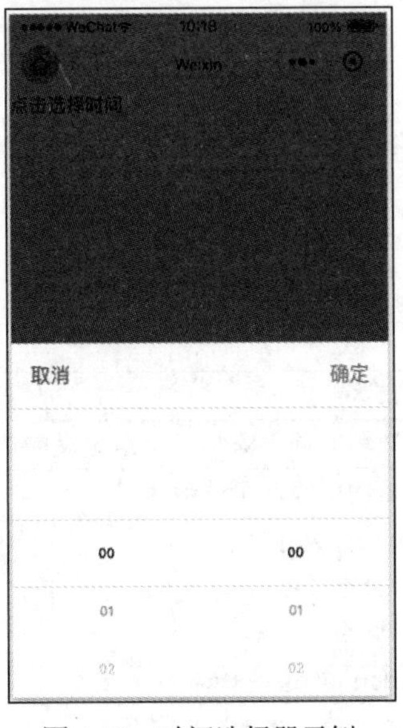

图 4-16　时间选择器示例

图 4-17　日期选择器示例

日期类型的选择器也有一些特殊的属性可以配置，如表 4-17 所示。

表 4-17　picker 组件的 mode 为 date 时的属性

属性名	类型	意义
value	字符串	设置选中的日期，格式为“YYYY-MM-DD”
start	字符串	设置可选择范围的起点，格式为“YYYY-MM-DD”
end	字符串	设置可选择范围的终点，格式为“YYYY-MM-DD”
field	字符串	设置选择器的细粒度，可选值：year，month，day
bindchange	函数	设置选择器的值发生改变时的回调函数

除了时间和日期的选择外，开发中也经常会使用到地址选择的场景。picker 组件也内置了位置（地址）选择类型，示例代码如下：

```
<picker mode="region">点击选择位置</picker>
```

效果如图 4-18 所示。

图 4-18　位置选择器示例

位置选择器可配置的属性如表 4-18 所示。

表 4-18　picker 组件的 mode 为 region 时的属性

属性名	类型	意义
value	数组	选中的省市区
custom-item	字符串	为每一列选项的顶部添加一个自定义的选项
level	字符串	设置选择器的层级，可选值为： · province：省级选择器 · city：市级选择器 · region：区级选择器 · sub-district：街道选择器
bindchange	函数	设置选择器的值发生改变时的回调函数

picker 除了提供时间、日期和位置选择器外，还提供了两种自定义的选择器，可以根据需要来使用。对于单列数据选择来说，可以使用 mode 为 selector 的 picker 组件，示例代码如下：

```
<picker mode="selector" range="{{dataArray}}" range-key="title">自定义单列选择
</picker>
```

其中，range 设置选择器列表的数据源，其需要设置为一个数组，数组中可以是任意对象，range-key 设置使用数据源数组中对象的哪个键值来渲染选择列表。在 pickerDemo.js 文件中编写如下代码来提供数据源：

```
// pages/pickerDemo/pickerDemo.js
Page({
    data: {
        dataArray:[
            {
                title:"公园",
                value:"data1"
            },{
                title:"市场",
                value:"data2"
            },{
                title:"商业楼",
                value:"data3"
            }
        ]
    }
})
```

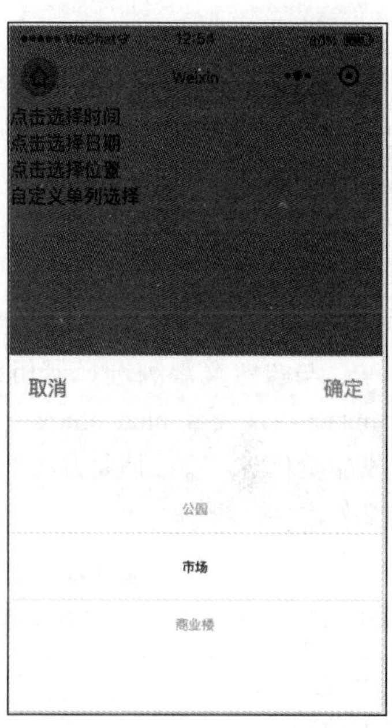

图 4-19　自定义的单列选择器

运行代码，效果如图 4-19 所示。

当 mode 为 selector 时，支持设置的属性如表 4-19 所示。

表 4-19　picker 组件的 mode 为 selector 时的属性

属性名	类型	意义
range	数组	数据源数组
range-key	字符串	设置用来展示选择器中选项的键值
value	数值	设置当前选中第几项，从 0 开始计数
bindchange	函数	设置选择器的值发生变化时的回调函数

如果需要使用自定义的多列选择器，picker 组件也是支持的，设置 mode 为 multiSelector 即可。示例代码如下：

```
<picker mode="multiSelector" range="{{multiDataArray}}" range-key="title">自定义
多列选择</picker>
```

选择器有多列，因此需要提供的数据源数组也需要是二维的，代码如下：

```
// pages/pickerDemo/pickerDemo.js
Page({
    data: {
        multiDataArray:[
            [{
                title:"1-1"
```

```
                },{
                    title:"1-2"
                }],
                [{
                    title:"2-1"
                },{
                    title:"2-2"
                }],
                [{
                    title:"3-1"
                },{
                    title:"3-2"
                }],
            ]
        }
})
```

图 4-20　自定义多列选择器

运行代码，效果如图 4-20 所示。

与自定义单列选择器相比，mode 可以为 multiSelector 的 picker 组件设置 bindcolumnchange 属性，当用户对某一列的选择发生变化时，会回调此方法。此模式下的 picker 组件可配置的属性如表 4-20 所示。

表 4-20　picker 组件的 mode 为 bindcolumnchange 时可配置的属性

属性名	类型	意义
range	二维数组	数据源数组
range-key	字符串	设置用来展示选择器中选项的键值
value	数组	数组中的每一项表示对应列的选中的第几项
bindchange	函数	选择器的值发生改变时触发的回调
bindcolumnchange	函数	某一列所选中的选项发生变化时的回调

现在，已经基本上将 picker 组件的用法介绍完了，除了上面提到的针对某个 mode 下 picker 组件支持的配置属性外，picker 组件还有一些通用的属性可用，如表 4-21 所示。

表 4-21　picker 组件的一些通用属性

属性名	类型	意义
header-text	字符串	设置选择器的标题，仅在 Android 设备下有效
mode	字符串	设置选择器的模式，可选值为： · selector：自定义单列选择器 · multiSelector：自定义多列选择器 · time：时间选择器 · date：日期选择器 · region：省市区选择器
disabled	布尔值	是否禁用
bindcancel	函数	点击选择器上的取消按钮触发的回调

4.3 动手练习：实现一个简单的小程序登录页面

我们已经学习了不少页面组件，本节将通过一个小程序登录页面练习一下这些页组件的使用。通常，服务类应用一般都包含会员功能，本节并不涉及真正的小程序用户登录服务功能，仅仅做 UI 界面上的实现。

在示例工程中新建一组名为 loginDemo 的页面文件。首先在 login.wxml 文件中编写页面的框架代码，示例如下：

```
<!--pages/loginDemo/loginDemo.wxml-->
<view class="containerView">
    <view class="herder">
        <text>登录/注册</text>
    </view>
    <view class="tip">
        <text>请输入您的账号</text>
    </view>
    <view class="input">
        <input class="accountInput" placeholder="输入账号..."
         model:value="{{account}}"/>
    </view>
    <view class="input">
        <input class="accountInput" placeholder="输入密码..." password
        model:value="{{password}}"/>
    </view>
    <view class="checkbox">
        <checkbox model:checked="{{checked}}"></checkbox>
        <text class="normal">登录/注册即表示同</text><text class="highlight"
        bindtap="nav1">《隐私协议》</text><text class="normal">与</text><text
class="highlight" bindtap="nav2">《服务协议》</text>
    </view>
    <view class="buttonView">
        <button type="primary" style="width: 100%;" disabled="{{account.length
        ==0|| password.length == 0 || !checked}}" bindtap="confirm">确认</button>
    </view>
    <view class="footer">
        <text>微信小程序学习示例代码</text>
    </view>
</view>
```

上述代码中，使用的页面组件都非常基础，在定义 input 组件和 checkbox 组件时，使用了 model:value 和 model:checked 的方式进行数据的双向绑定，即如果在 JS 文件中使用 setData 方法更新了对应的变量的值，则组件渲染对应的值也会改变，如果用户操作了组件使得组件的值发生了变化，则对应 JS 文件中定义的变量数据也会变化。请注意，双向绑定在实际开发中非常常用。

在对应的 loginDemo.js 文件实现如下逻辑代码：

```
// pages/loginDemo/loginDemo.js
Page({
```

```
    data: {
        account:"",  // 用户名
        password:"", // 密码
        checked:false, // 是否选中同意相关协议
    },
    confirm:function() {
      wx.showModal({  // 点击登录按钮后的逻辑处理
        title:"进行登录/注册",
        content:`account:${this.data.account} password:${this.data.password}`
      })
    },
    nav1:function() { // 跳转隐私协议页面的逻辑处理
        wx.showToast({
          title: '跳转隐私协议',
        })
    },
    nav2:function() {  // 跳转用户协议页面的逻辑处理
        wx.showToast({
            title: '跳转用户协议',
          })
    }
})
```

其中，wx.showToast 和 wx.showModel 是小程序开发框架中提供的弹出提示框和弹出确认框的方法，这里用它来模拟用户操作的结果。

现在如果编译运行代码，会发现页面的布局其实非常凌乱，还需要对应地编写一些样式代码，如下所示：

```
/* pages/loginDemo/loginDemo.wxss */
.herder {
    font-size: 25px;
    margin-left: 20px;
    margin-top: 15px;
    font-weight: bold;
}
.tip {
    margin-left: 20px;
    margin-top: 10px;
    font-size: 13px;
    color: #515151;
}
.input {
    margin-left: 20px;
    width: calc(100% - 40px);
    margin-top: 20px;
}
.accountInput {
    border-bottom: #919191 1px solid;
    height: 40px;
}
.checkbox {
    margin-left: 15px;
    margin-top: 10px;
}
```

```
.checkbox checkbox{
    transform: scale(0.7,0.7);
}
.normal {
    font-size: 12px;
}
.highlight{
    font-size: 12px;
    color: cornflowerblue;
}
.buttonView {
    margin-top: 50px;
    margin-left: 20px;
    width: calc(100% - 40px);
}
.footer {
    position: absolute;
    bottom: 20px;
    text-align: center;
    width: 100%;
    font-size: 14px;
    color: gray;
}
```

代码最终的运行效果如图 4-21 和图 4-22 所示。

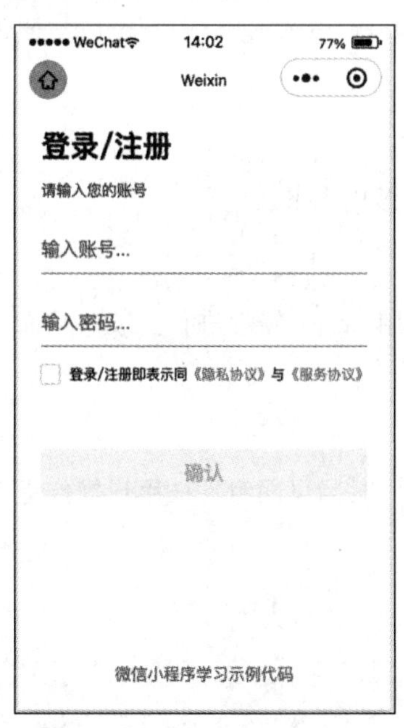

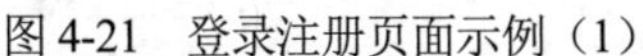

图 4-21　登录注册页面示例（1）

图 4-22　登录注册页面示例（2）

读者可以找一些流行的小程序，选择其中的几个页面进行仿写，相信只完成页面部分难度并不会很大。事实上，在项目开发中很少使用到本节所做的登录注册页面，由于微信本身就有很强的社交属性，小程序提供的开放功能中有用户授权相关的接口，小程序可以直接借助微信用户信息来构建自己的用户体系。

4.4　小结与练习

4.4.1　小结

本章介绍了小程序开发框架中常用的可交互类组件，其中有 button、radio 这类使用非常简单的，也有 picker、editor 这类略微复杂一些的。使用这些组件可以完成大部分复杂页面的开发需求。

学习编程，最重要的是动手实践，建议读者找一些略复杂的页面进行仿写练习，熟练掌握了单页面的开发后，再学习多页面的应用开发将非常容易。

从下一章开始，将介绍有关导航和多媒体相关的组件。

4.4.2　练习

1. 本章介绍了很多小程序开发框架中的可交互组件，可交互具体指的是什么？

温馨提示：在小程序开发框架中，几乎所有组件都可以通过绑定用户事件来实现用户交互。框架中提供的可交互组件只是帮助我们封装好了与用户交互相关的功能，并且可以方便地通过双向绑定来处理数据。

2. radio 组件和 checkbox 组件的区别是什么？

温馨提示：radio 组件多用于单选场景，checkbox 组件多用于多选场景。

3. form 组件适用于哪些场景？

温馨提示：当我们页面中的表单组件较多时，可以使用 form 组件进行包装，从而将提交逻辑聚合在一起。

4. 什么是双向数据绑定？

温馨提示：当数据更改时，页面会对应地发生更新，同时当页面组件被用户操作更新时，数据也会随着发生变化，这种数据绑定方式就叫双向绑定。

第 5 章

导航、多媒体与高级视图组件

本章内容：

- 导航组件与页面配置节点组件
- 多媒体组件
- 地图与画布组件
- 与微信开放能力相关的组件

前面我们学习了很多小程序页面开发必备的功能组件，但是在实际项目开发中，应用程序不会只有一个页面，有多个页面就少不了要进行页面的切换与跳转。在小程序开发框架中，提供了两种方式进行页面的切换，一种是直接调用内置的 JavaScript 方法来实现切换，前面的章节有过介绍，另一种是使用 navigator 组件来实现页面切换。

图片、音频、视频等元素也是项目中常会使用到的，使用基础的功能组件很难实现这些功能，小程序开发框架中也对应地提供了 image、audio、video 等多媒体组件，用来方便地加载多媒体资源。

对于一些特殊需求，开发框架中也提供了一些更加高级的组件，例如地图组件、画布组件、网页视图组件等，本章我们将对这些组件一一进行介绍。

5.1 导航组件与页面配置节点组件

在生活中，导航的作用是指明路途的方向，在应用程序里，多个页面的跳转过程也可以理解为组成了一条路径，导航即是管理这条页面路径的一种方式。页面配置节点组件是一种抽象的页面组件，其主要作用是对页面的展现或行为回调进行配置。

5.1.1 使用 navigator 组件

在前面章节的学习中，为了方便观察所学习组件的效果，曾使用过 navigator 组件来快速地跳转到对应的示例页面。现在，可以在示例工程的 pages 文件夹下新建一组名为 navigatorDemo 的页面文件，在 navigatorDemo.wxml 文件中编写如下示例代码：

```
<!--pages/navigatorDemo/navigatorDemo.wxml-->
<navigator url="../index/index">
    <view>
        跳转到首页
    </view>
</navigator>
```

运行上面的代码，点击页面中显示的文案时会自动跳转到示例项目的首页。navigator 组件不仅支持应用内页面的跳转，也可以实现跨应用页面跳转。navigator 组件可配置的属性如表 5-1 所示。

表 5-1 navigator 组件的属性

属性名	类型	意义
target	字符串	设置跳转的目标，可选值为： • self：当前小程序，默认为此值 • miniProgram：其他小程序
url	字符串	设置当前小程序内的跳转连接，当 target 为 self 时有效
open-type	字符串	设置跳转方式，可选值为： • navigate：入栈跳转，对应 wx.navigateTo 方法 • redirect：出栈当前页面，入栈新页面，对应 wx.redirectTo 方法 • switchTab：标签页切换，对应 wx.switchTab 方法 • reLaunch：所有页面出栈，首页入栈，对应 wx.reLaunch 方法 • navigateBack：当前页面出栈，对应 wx.navigateBack 方法 • exit：退出当前小程序，当 target 为 miniProgram 时有效
delta	数值	当 open-type 为 navigateBack 时，此属性设置要退出多少层页面
app-id	字符串	当 target 为 nimiProgram 时有效，设置要开发的小程序的 appId
path	字符串	当 target 为 nimiProgram 时有效，设置要打开的小程序的页面路径
extra-data	对象	当 target 为 nimiProgram 时有效，传递数据到要打开的小程序中，在被打开的小程序中的 App.onLaunch()和 App.onShow()方法中可以拿到这些数据

（续表）

属性名	类型	意义
Version	字符串	当 target 为 nimiProgram 时有效，设置打开的小程序的版本，可选值为： • develop：开发版 • trial：体验版 • release：正式版 此参数只对开发中的小程序有效，正式版的小程序只能打开正式版的其他小程序
short-link	字符串	当 target 为 nimiProgram 时有效，设置跳转短链，设置后，将无须再设置 app-id 和 path 属性
hover-class	字符串	自定 navigator 组件的样式
hover-stop-propagation	布尔值	设置是否阻止本节点的祖先节点出现点击态
hover-start-time	数值	设置按住多久后出现点击态，单位为毫秒
hover-stay-time	数值	设置松手后点击态的保留时长，单位为毫秒
bindsuccess	函数	当 target 为 nimiProgram 时有效，跳转其他小程序成功后的回调
bindfail	函数	当 target 为 nimiProgram 时有效，跳转其他小程序失败后的回调
bindcomplete	函数	当 target 为 nimiProgram 时有效，跳转小程序完成的回调

5.1.2　页面配置组件

读者应该已经发现了，当使用导航进行页面跳转后，页面的顶部会出现导航栏组件，导航栏上会显示当前页面的标题和返回按钮，当用户点击返回按钮后，当前页面会被退出。前面章节我们介绍过，要配置页面的导航栏，可以在页面对应的 JSON 文件中进行配置，其实也可以使用页面配置组件来进行配置。

小程序开发框架中提供了 page-meta 页面属性配置节点组件，通过这个组件，也可以对页面的属性进行配置，监听页面的一些用户事件。

在 navigatorDemo.wxml 文件的头部添加如下代码：

```
<!--pages/navigatorDemo/navigatorDemo.wxml-->
<page-meta root-background-color="#00ff00" page-font-size="20px">
</page-meta>
```

运行代码，可以看到页面的背景色和文字大小已经发生了变化。page-meta 组件的作用与页面配置文件的作用类似，但是其更加灵活，在设置配置项时，可以将其绑定为属性变量，这样就可以动态地修改页面的配置项了。page-mate 组件可配置的属性如表 5-2 所示。

表 5-2　page-mate 组件的属性

属性名	类型	意义
background-text-style	字符串	设置下拉背景的字体风格
background-color	字符串	窗口背景色

（续表）

属性名	类型	意义
background-color-top	字符串	设置窗口顶部的背景色
background-color-bottom	字符串	设置窗口底部的背景色
root-background-color	字符串	设置页面内容的背景色
scroll-top	字符串	设置页面滚动到距离顶部的位置
scroll-duration	数值	设置滚动动画的时长，单位为毫秒
page-style	字符串	设置页面根节点的样式
page-font-size	字符串	设置页面根节点的字体大小，设置为 system 时则使用微信的字体大小
page-orientation	字符串	设置页面的方向，可选值为： • auto：自动 • portrait：竖屏 • landscape：横屏
bindresize	函数	页面尺寸发生变化时触发的回调函数
bindscroll	函数	页面滚动时触发的回调函数
bindscrolldone	函数	使用 scroll-top 产生页面滚动后，滚动动画结束后触发的回调函数

需要注意，page-meta 组件没有具体的页面元素承载，可以将其理解为一个配置节点，此组件必须是页面内的第一个节点，在代码层面上，一般在 WXML 文件的顶部定义此组件。

同样，对于页面中导航栏的样式配置，可以使用 navigation-bar 组件。navigation-bar 组件也是一个配置节点，且其必须是 page-meta 中的第一个节点。示例如下：

```
<!--pages/navigatorDemo/navigatorDemo.wxml-->
<page-meta root-background-color="#00ff00" page-font-size="20px">
   <navigation-bar title="标题" front-color="red" background-color="white">
   </navigation-bar>
</page-meta>
```

navigation-bar 组件可配置的属性如表 5-3 所示。

表 5-3 navigation-bar 组件的属性

属性名	类型	意义
title	字符串	设置导航栏的标题
loading	布尔值	设置是否显示导航栏上的 loading 提示
front-color	字符串	设置导航栏前景颜色，此属性会影响按钮、标题、状态栏的颜色，只能设置为白色或黑色
background-color	字符串	设置导航栏的背景颜色
color-animation-duration	数值	设置导航栏颜色变化时产生的动画时长，默认为 0ms
color-animation-timing-func	字符串	设置导航栏颜色变化时的动画函数，可选值为： • linear：线性 • easeIn：渐入 • easeOut：渐出 • easeInOut：渐入、渐出

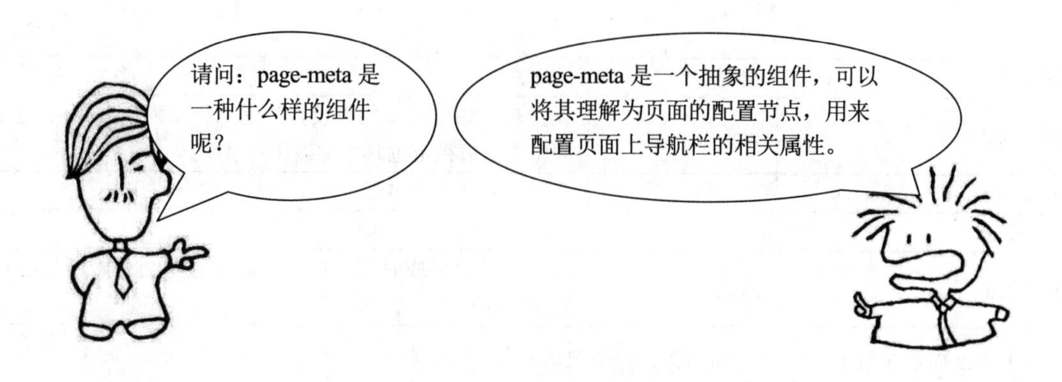

5.2　多媒体组件

所谓的多媒体，主要是指图片、音频、视频这类元素，这类多媒体元素本身涉及的技术可能比较复杂，但是在小程序中使用它们却非常简单。小程序开发框架中提供了非常多面向应用的多媒体组件对与多媒体有关的需求进行支持，包含图片、音视频、相机、直播等。

5.2.1　渲染图像的 image 组件

image 是小程序中用来渲染图像的组件，首先来看它是如何使用的。在示例工程的 pages 文件夹下新建一组命名为 imageDemo 的页面文件，在 imageDemo.wxml 中编写如下示例代码：

```
<!--pages/imageDemo/imageDemo.wxml-->
<image style="width: 100%; height: 80px;" src=
 "http://huishao.cc/img/head-img.png"></image>
```

直接运行代码，效果如图 5-1 所示。

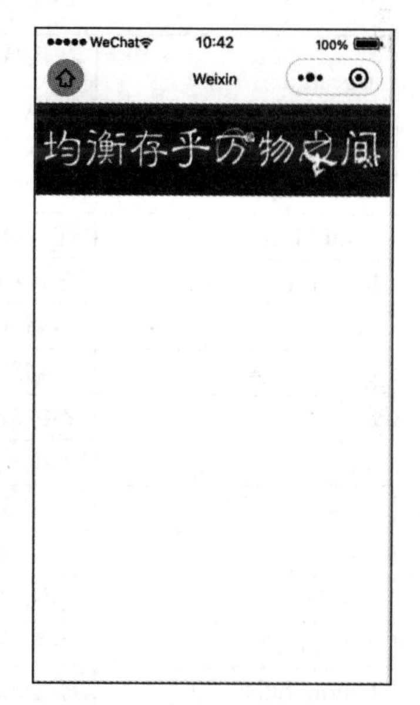

图 5-1　image 组件示例

如上代码所示，src 属性用来设置 image 组件要加载的图片资源，这里使用了网络图片，如果小程序使用了云开发技术，src 也支持使用云文件的 ID，后面介绍云开发的时候会再详细讲解。image 组件支持的图片格式有 JPG、PNG、WEBP、SVG、GIF 等。image 组件可配置的属性如表 5-4 所示。

表 5-4　image 组件的属性

属性名	类型	意义
src	字符串	设置图片资源的地址
mode	字符串	设置图片的裁剪和缩放模式
webp	布尔值	设置是否解析 WEBP 格式图片，默认为 false

（续表）

属性名	类型	意义
lazy-load	布尔值	设置是否懒加载，如果设置为懒加载，则当 image 组件即将进入可视范围时才加载图片资源
show-menu-by-longpress	布尔值	设置长按是否弹出菜单栏
binderror	函数	当图片加载发生错误时回调的方法
bindload	函数	当图片加载完成时回调的方法，参数中会传入图片的真实宽度和高度

表 5-4 列举的属性中，有两个属性需要再额外介绍一下。

第一个是 mode 属性，mode 也是 image 组件非常重要的一个属性，其用来指定图片的裁剪和缩放模式，支持设置的值如表 5-5 所示。

表 5-5 mode 属性的值

值	意义
scaleToFile	使图片拉伸缩放到 image 组件所指定的尺寸，不会裁剪图片内容，但是可能会改变原始图片的宽高比，导致图片变形
aspectFit	在保持图片宽高比不变的情况下进行缩放，使得图片能够完整地展示在 image 组件内，但是可能会使 image 组件部分区域留白
aspectFill	在保持图片宽高比不变的情况下进行缩放，使得图片能够充满整个 image 组件，由于图片的宽高比不变，图片展示的内容可能会被裁剪
widthFix	在保持图片宽高比不变的情况下，调整图片的宽度与 image 组件宽度一致
heightFix	在保持图片宽高比不变的情况下，调整图片的高度与 image 组件高度一致
top	不缩放图片，当图片尺寸超出组件尺寸时，优先显示图片的顶部区域
bottom	不缩放图片，当图片尺寸超出组件尺寸时，优先显示图片的底部区域
center	不缩放图片，当图片尺寸超出组件尺寸时，优先显示图片的中心区域
left	不缩放图片，当图片尺寸超出组件尺寸时，优先显示图片的左侧区域
right	不缩放图片，当图片尺寸超出组件尺寸时，优先显示图片的右侧区域
top left	不缩放图片，当图片尺寸超出组件尺寸时，优先显示图片的左上区域
top right	不缩放图片，当图片尺寸超出组件尺寸时，优先显示图片的右上区域
bottom left	不缩放图片，当图片尺寸超出组件尺寸时，优先显示图片的左下区域
bottom right	不缩放图片，当图片尺寸超出组件尺寸时，优先显示图片的右下区域

第二个是 show-menu-by-longress 属性，show-menu-by-longress 属性设置为 true 后，长按图片会触发图片处理菜单，这是小程序内置的一个功能，其支持对图片进行分享、收藏、保存以及识别图像中的二维码。目前支持识别的二维码仅包含微信个人码、微信群码、企业微信个人码、企业微信群码与企业微信互通群码。弹出的功能菜单如图 5-2 所示。

对于 mode 属性的这些值，读者可以尝试修改 image 组件本身的尺寸，然后通过使用不同的 mode 模式来观察图片的渲染样式，可以更好地理解这些值的用法。另外，如果不显式地设置 image 组件的宽高，则默认宽度为 320px，高度为 240px。

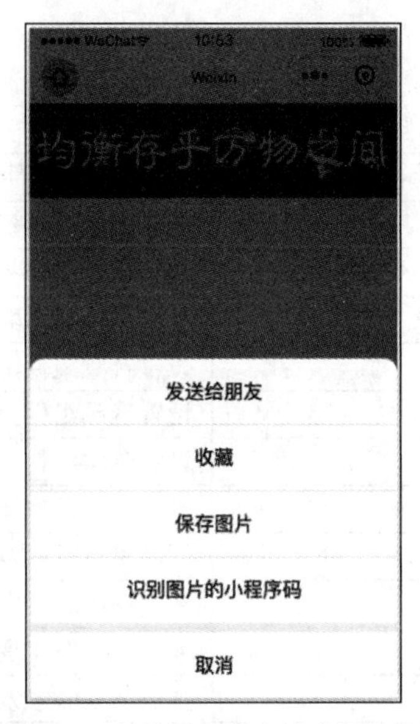

图 5-2　长按图片弹出的功能菜单

5.2.2　播放音频的 audio 组件

顾名思义，audio 组件用来为小程序添加音频播放的能力。在开发小程序时，可能需要为按钮增加点击音效反馈，也可能为某个页面增加背景音乐，或者直接开发音乐播放器相关的应用，都可以使用 audio 组件实现。

首先，在示例工程的 pages 文件夹下新建一组名为 audioDemo 的页面文件。对于音乐播放的需求，可以直接在页面中使用 audio 组件。在 audioDemo.wxml 文件中编写如下代码：

```
<!--pages/audioDemo/audioDemo.wxml-->
<audio id="audio" src="https://github.com/ZYHshao/
MyPlayer/raw/master/%E6%B8%85%E9%A3%8E%E5%BE%90%E6%9
D%A5.mp3" poster="https://img1.baidu.com/it/u=
2825714906, 1616764684&fm=253&fmt=auto&app=138&f=
JPEG?w=500&h=500" name="清风徐来" author="华语"
controls></audio>
```

运行代码，效果如图 5-3 所示。

图 5-3　audio 组件示例

点击页面中的播放按钮后，即可听到悦耳的音乐了。可以看到 audio 组件渲染出了一套默认的音频播放器样式，通过 controls 属性可以控制是否显示此默认的样式。

audio 组件可配置的属性如表 5-6 所示。

表 5-6　audio 组件的属性

属性名	类型	意义
id	字符串	设置 audio 组件的唯一标识
src	字符串	要播放的音频资源地址
loop	布尔值	设置是否循环播放
controls	布尔值	设置是否显示默认的样式
poster	字符串	设置音频组件上封面图片的资源地址
name	字符串	设置音频组件上显示的音频名字
author	字符串	设置音频组件上作者的名字
binderror	函数	音频播放发生错误时触发的回调
bindpause	函数	暂停播放时触发的回调
bindplay	函数	开始播放时触发的回调
bindtimeupdate	函数	播放进度发生变化时触发的回调
bindended	函数	播放结束时触发的回调

虽然框架默认提供了一套简洁美观的 UI 样式，但是很多时候这并不是我们需要的。更多时候，我们需要完全自定义自己的播放器页面，或者只把音频播放作为背景功能来使用，这时可通过 wx.createAudioContext 方法来获取到 audio 组件对应的 JavaScript 上下文对象，使用上下文对象来控制音频播放等行为。修改 audioDemo.wxml 中的代码如下：

```
<!--pages/audioDemo/audioDemo.wxml-->
<audio id="audio"></audio>
<button type="primary" bindtap="play">播放</button>
<view style="height: 20px;"></view>
<button type="primary" bindtap="pause">暂停</button>
<view style="height: 20px;"></view>
<button type="primary" bindtap="replay">重头播放</button>
```

在 audioDemo.js 文件中实现逻辑代码如下：

```
// pages/audioDemo/audioDemo.js
Page({
   onReady:function(e) {
      this.audioCtx = wx.createAudioContext('audio')
      this.audioCtx.setSrc("https://github.com/ZYHshao/MyPlayer/raw/master/
      %E6%B8%85%E9%A3%8E%E5%BE%90%E6%9D%A5.mp3")
   },
   play:function() {
      this.audioCtx.play()
   },
   pause:function() {
      this.audioCtx.pause()
   },
   replay:function() {
      this.audioCtx.seek(0)
   }
})
```

运行代码，页面如图 5-4 所示。

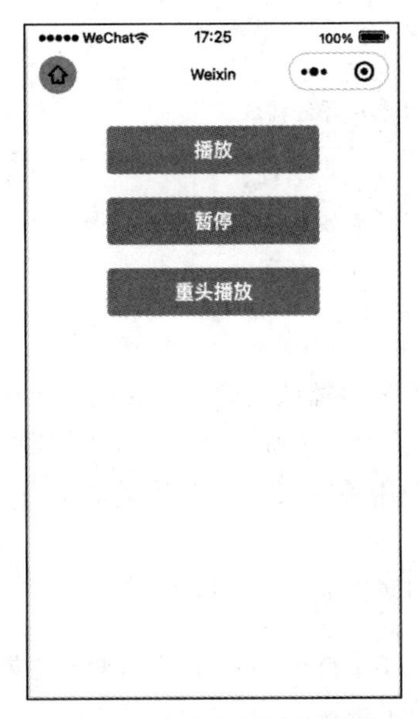

图 5-4　自定义播放器页面

点击页面上的功能按钮，发现已经可以任意地控制音频的播放、暂停等逻辑，AudioContext 对象支持的方法如表 5-7 所示。

表 5-7　AudioContext 对象支持的方法

方法名	参数	意义
setSrc	String src：音频地址	设置音频地址
play	无	播放音频
pause	无	暂停播放音频
seek	Number pos：播放位置	设置播放音频的时间位置

虽然 audio 组件有默认的样式并提供了自定义样式的方法，但在实际开发中，依然很少使用这个组件，并且小程序官方文档也明确指出，之后将不再维护 audio 组件，推荐开发者使用更加灵活高级的 InnerAudioContext 对象处理音频需求。

可以先将 audioDemo.wxml 文件中的 audio 组件删掉，只保留 3 个功能按钮。修改 audioDemo.js 文件如下：

```
// pages/audioDemo/audioDemo.js
Page({
    onReady:function(e) {
        this.audioCtx = wx.createInnerAudioContext() // 获取音频播放器上下文对象
        this.audioCtx.src = "https://github.com/ZYHshao/MyPlayer/raw/master/
        %E6%B8%85%E9%A3%8E%E5%BE%90%E6%9D%A5.mp3"; // 设置要播放的音频文件地址
        this.audioCtx.onPlay(()=>{ // 播放器开始播放的回调
            console.log("Play");
        });
        this.audioCtx.onPause(()=>{  // 播放器暂停播放的回调
            console.log("Pause");
        });
    },
    play:function() { // 手动开始播放
```

```
        this.audioCtx.play()
    },
    pause:function() {  // 手动暂停播放
        this.audioCtx.pause()
    },
    replay:function() { // 手动重头播放
        this.audioCtx.seek(0)
    }
})
```

运行代码，音频依然可以被正常地播放与暂停。wx.createInnerAudioContext 方法用来创建一个 InnerAudioContext 对象，此对象无须标签组件载体即可实现音频资源的逻辑控制，相比 audio 组件，InnerAudioContext 对象的使用更加灵活，并且提供了更加丰富的方法供我们监听音频播放的过程。

InnerAudioContext 对象提供的属性如表 5-8 所示。

表 5-8　InnerAudioContext 对象的属性

属性名	类型	意义
src	字符串	音频资源地址
startTime	数值	开始播放的位置
autoplay	布尔值	是否自动开始播放
loop	布尔值	是否循环播放
obeyMuteSwitch	布尔值	是否受到系统的静音开关的控制
volume	数值	音量，取值范围为 0~1
playbackRate	数值	设置播放速度，取值范围为 0.5~2
duration	数值	此属性只能读，不能设置，获取当前音频时长，单位为秒
currentTime	数值	此属性只能读，不能设置，获取当前音频的播放位置，单位为秒
paused	布尔值	此属性只能读，不能设置，获取当前音频是否是暂停状态
buffered	布尔值	此属性只能读，不能设置，获取当前音频已缓存到的时间点

InnerAudioContext 对象提供的方法如表 5-9 所示。

表 5-9　InnerAudioContext 对象的方法

方法名	参数	意义
play	无	播放音频
pause	无	暂停音频
stop	无	停止播放音频
seek	Number pos：位置	跳转到指定位置开始播放
destroy	无	销毁当前实例对象
onCanplay	Function callback：函数对象	监听音频进入可播放状态的事件
offCanplay	Function callback：函数对象	取消监听音频进入可播放状态事件
onPlay	Function callback：函数对象	监听音频开始播放事件
offPlay	Function callback：函数对象	取消监听音频开始播放事件
onPause	Function callback：函数对象	监听音频暂停事件
offPause	Function callback：函数对象	取消监听音频暂停事件

（续表）

方法名	参数	意义
onStop	Function callback：函数对象	监听音频停止事件
offStop	Function callback：函数对象	取消监听音频停止事件
onEnded	Function callback：函数对象	监听音频播放结束事件
offEnded	Function callback：函数对象	取消监听音频播放结束事件
onTimeUpdate	Function callback：函数对象	监听音频播放进度更新事件
offTimeUpdate	Function callback：函数对象	取消监听音频播放进度更新事件
onError	Function callback：函数对象	监听音频播放错误事件
offError	Function callback：函数对象	取消监听音频播放错误事件
onWaiting	Function callback：函数对象	监听音频播放中需要停下来加载数据的事件
offWaiting	Function callback：函数对象	取消监听音频播放中需要停下来加载数据的事件
onSeeking	Function callback：函数对象	监听音频进行跳转操作的事件
offSeeking	Function callback：函数对象	取消监听音频进行跳转操作的事件
onSeeked	Function callback：函数对象	监听音频跳转操作完成的事件
offSeeked	Function callback：函数对象	取消监听音频跳转操作完成的事件

可以看到，InnerAudioContext 对象提供了相当多的属性和方法，通过它们，开发者可以更加细致灵活地进行音频需求的开发。需要注意，在小程序中播放音频时，可能会被系统的其他事件中断，例如有电话打入、闹钟触发等，此时，可以通过 wx.onAudioInterruptionBegin 和 wx.onAudioInterruptionEnd 两个 API 接口来添加中断开始和结束的监听，进行相关逻辑的处理。

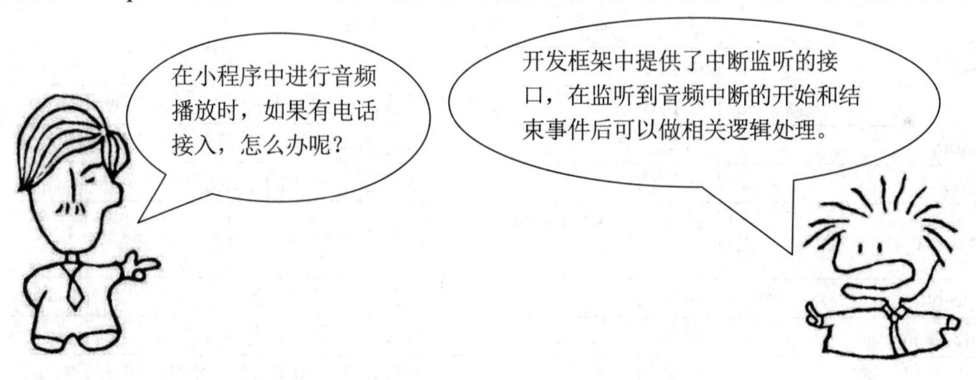

5.2.3　播放视频的 video 组件

前面介绍了播放音频的 audio 组件，对于视频播放来说，小程序开发框架中提供了 video 组件。在使用上，video 组件与 audio 组件十分类似。

在示例工程的 pages 文件夹下新建一组命名为 videoDemo 的页面文件，在 videoDemo.wxml 文件中编写如下示例代码：

```
<!--pages/videoDemo/videoDemo.wxml-->
<video id="video"
src="http://wxsnsdy.tc.qq.com/105/20210/snsdyvideodownload?filekey=302802010104
21301f0201690402534804102ca905ce620b1241b726bc41dcff44e00204012882540400&bizid=1023
```

```
&hy=SH&fileparam=302c020101042530230204136ffd93020457e3c4ff02024ef202031e8d7f02030f
42400204045a320a0201000400"
    danmu-list="{{danmu}}"
    danmu-btn
    enable-danmu
    show-fullscreen-btn
    show-play-btn
    ></video>
```

video 组件内置了弹幕功能，只要配置弹幕的数据即可，使用非常方便，在 videoDemo.js 中编写如下示例代码：

```
// pages/videoDemo/videoDemo.js
Page({
    data: {
        danmu:[{
            text: '弹幕',
            color: '#ff0000',
            time: 1
          }]
    }
})
```

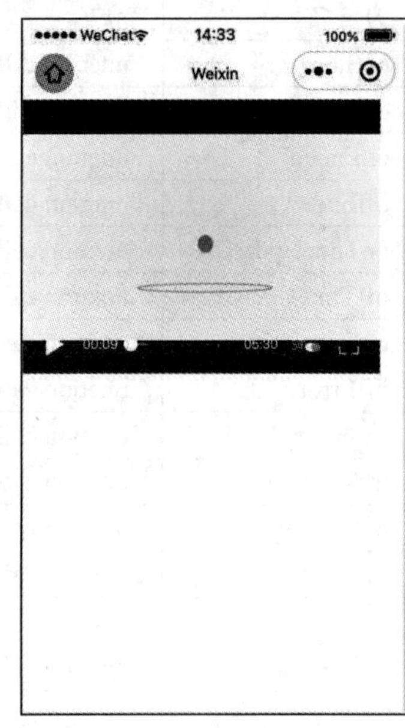

图 5-5　video 组件示例

运行代码，效果如图 5-5 所示。

由于视频播放业务本身的复杂性较高，video 组件可配置的属性也较多，具体如表 5-10 所示。

表 5-10　video 组件的属性

属性名	类型	意义
src	字符串	播放的视频资源的地址，可以使用云文件的 ID
duration	数值	指定视频时长，不设置默认解析视频文件时长
controls	布尔值	是否显示默认的播放组件
danmu-list	数组，其中存放弹幕对象	设置弹幕列表
danmu-btn	布尔值	设置是否显示弹幕按钮
enable-danmu	布尔值	设置是否显示弹幕
autoplay	布尔值	设置是否自动播放
loop	布尔值	设置是否循环播放
muted	布尔值	设置是否静音播放
initial-time	数值	设置视频播放的初始位置
page-gesture	布尔值	设置在非全屏模式下，是否开启通过手势调节亮度与音量
direction	数值	设置全屏时视频的方向，可设置为： • 0：正常竖向 • 90：屏幕逆时针渲染 90 度 • -90：屏幕顺时针渲染 90 度 不设置此属性会根据视频宽高比自适应方向

（续表）

属性名	类型	意义
show-progress	布尔值	设置是否显示视频播放进度
show-fullscreen-btn	布尔值	设置是否显示全屏切换按钮
show-play-btn	布尔值	设置是否显示播放器工具栏上的播放按钮
show-center-play-btn	布尔值	设置是否在视频播放器中间显示播放按钮
enable-progress-gesture	布尔值	设置是否开启手势控制播放进度
object-fit	字符串	设置视频与 video 容器大小不同时的填充方式，可选值为： • contain：容器包含视频 • fill：视频充满容器 • cover：视频覆盖容器
poster	字符串	设置播放器封面图的地址，可以设置为云文件的 ID
show-mute-btn	布尔值	设置是否显示静音按钮
title	字符串	指视频的标题
play-btn-position	字符串	设置控件中播放按钮的显示位置，可选值为： • bottom：在工具栏中 • center：在视频中间
enable-play-gesture	布尔值	设置是否开启手势控制播放与暂停
auto-pause-if-navigate	布尔值	设置跳转到其他页面时，是否自动停止播放
auto-pause-if-open-native	布尔值	设置跳转到微信其他页面时，是否自动停止播放
vslide-gesture	布尔值	设置在非全屏模式下，是否开启手势调节亮度与音量
vslider-gesture-in-fullscreen	布尔值	设置在全屏模式下，是否开启手势调节亮度与音量
ad-unit-id	字符串	设置视屏前置广告的 id
poster-for-crawler	字符串	设置用于搜索场景的视频封面图地址
show-casting-button	数组，其内部是字符串	设置小窗模式，数组中可加入： • push：进行路由 push 时触发小窗模式 • pop：进行路由 pop 时触发小窗模式
picture-in-picture-show-progress	布尔值	设置是否在小窗模式下显示播放进度
enable-auto-rotation	布尔值	设置设备横屏时是否自动全屏
show-screen-lock-button	布尔值	设置是否显示锁定按钮
show-snap-button	布尔值	设置在全屏时是否显示截屏按钮
show-background-playback-button	布尔值	设置是否展示后台播放按钮
background-poster	字符串	设置后台播放时通知栏小时的图标，仅在 Android 平台有效
is-drm	布尔值	设置是否为 DRM 视频源

（续表）

属性名	类型	意义
provision-url	字符串	设置 DRM 设备身份认证 url
certificate-url	字符串	DRM 获取证书信息 url
license-url	字符串	DRM 获取加密信息 url
bindplay	函数	绑定开始播放的回调事件
bindpause	函数	绑定暂停播放的回调事件
bindended	函数	绑定播放结束的回调事件
bindtimeupdate	函数	绑定播放进度变化的回调事件
bindfullscreenchange	函数	绑定进入和退出全屏的回调事件
bindwaiting	函数	绑定视频缓冲的回调事件
binderror	函数	绑定视频播放出错的回调事件
bindprogress	函数	绑定加载进度变化的回调事件
bindcontrolstoggle	函数	绑定 controls 属性变化的回调
bindenterpictureinpicture	函数	绑定进入小窗模式的回调
bindleavepictureinpicture	函数	绑定播放器退出小窗模式的回调
bindseekcomplete	函数	绑定调整进度方法 seek 完成后的回调

video 组件默认的宽度为 300px，高度为 225px。可以通过 WXSS 来手动设置其宽高。与 audio 组件类似，通过 wx.createVideoContext 方法可以获取到 video 组件对应的 JavaScript 上下文对象，例如对于上面的示例代码，可通过如下方式获取此上下文对象：

```
this.video = wx.createVideoContext('video');
```

使用此上下文对象可以直接在 JavaScript 逻辑代码中控制视频播放器的行为，VideoContext 对象中提供的方法如表 5-11 所示。

表 5-11　VideoContext 对象的方法

方法名	参数	意义
play	无	播放视频
pause	无	暂停播放
stop	无	停止播放
seek	Number pos：位置	定位到指定的位置播放

sendDanmu	Object {
	String text：弹幕文案
	String color：弹幕颜色
	}
		发送弹幕

playbackRate	Number rate：倍速	设置倍速播放

requestFullScreen	Object {
	Number direction：旋转方向
	}
		进入全屏模式，可以设置旋转方向，0 度、90 度或-90 度

exitFullScreen	无	退出全屏
showStatusBar	无	显示状态栏，仅在 iOS 平台有效

（续表）

方法名	参数	意义
hideStatusBar	无	隐藏状态栏，仅在 iOS 平台有效
exitPictureInPicture	无	关闭视频小窗
requestBackgroundPlayback	无	进入后台播放音频模式
exitBackgroundPlayback	无	退出后台音频播放模式

5.2.4　捕获影像的 camera 组件

camera 组件与硬件中的相机模块有关。通过 camera 组件可以方便地获取到用户设备摄像头捕获到的实时影像数据，当然使用此功能时会要求用户给予授权。camera 组件本身使用非常简单，在示例工程的 pages 文件夹下新建一组名为 cameraDemo 的页面文件，在 cameraDemo.wxml 文件中编写如下示例代码：

```
<!--pages/cameraDemo/cameraDemo.wxml-->
<camera device-position="back" flash="off" style="width: 100%; height: 300px;"></camera>
```

可以尝试在手机设备上运行代码，允许使用相机后，即可在页面上看到摄像头捕获到的实时影像，如图 5-6 所示。

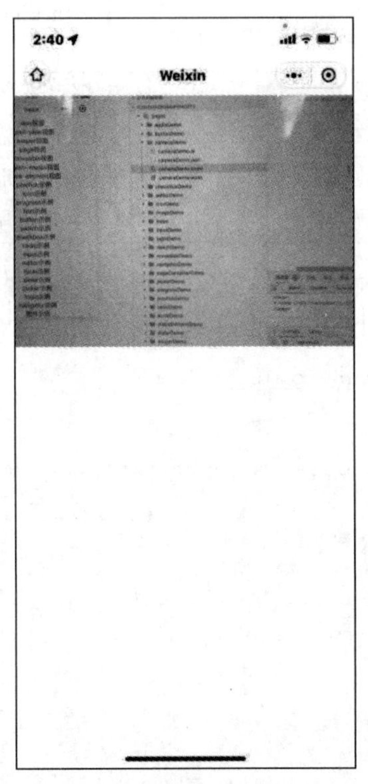

图 5-6　camera 组件示例

需要注意，同一个页面中只能存在一个 camera 组件。通过 camera 组件的属性可以根据需求对相机功能进行配置，camera 组件支持的属性如表 5-12 所示。

表 5-12　camera 组件的属性

属性名	类型	意义
mode	字符串	应用模式，可选值为： • normal：相机模式 • scanCode：扫码模式
resolution	字符串	分辨率，可选值为： • low：低分辨率 • medium：中分辨率 • high：高分辨率
device-position	字符串	设置摄像头朝向，可选值为： • front：前置 • back：后置
flash	字符串	闪光灯配置，可选值为： • auto：自动 • on：打开 • off：关闭 • torch：常亮
frame-size	字符串	设置相机帧数尺寸，可选值为： • small：小尺寸 • medium：中尺寸 • large：大尺寸
Bindstop	函数	绑定摄像头运行终止时的回调
binderror	函数	绑定出现异常时的回调
bindinitdone	函数	绑定相机初始化完成的回调
bindscancode	函数	绑定扫码识别成功时的回调

camera 组件也对应有 JavaScript 上下文对象，由于相机属于硬件功能，其本身是全局共享的，因此无须使用 id 来获取其上下文对象。在 cameraDemo.js 文件中编写如下示例代码：

```
// pages/cameraDemo/cameraDemo.js
Page({
    onReady: function(e) {
        this.camera = wx.createCameraContext(); // 获取相机上下文对象
        // 获取当前视频帧
        this.camera.takePhoto({
            quality:'high',  // 帧质量
            success:(res)=>{ // 获取成功的回调
                console.log(res.tempImagePath);
            }
        });
    }
})
```

wx.createCameraContext 方法用来获取 camera 上下文对象，如上代码所示，使用 takePhoto 方法可以进行拍照操作。CameraContext 对象提供的方法如表 5-13 所示。

表 5-13　CameraContext 对象的方法

方法名	参数	意义
onCameraFrame	Fucntion callback：回调函数	获取相机实时帧数据

takePhoto	Object {
	String quality：拍摄质量
	Function success：成功回调
	Function fail：失败回调
	Function complete：完成回调
	}
		拍摄照片，其中配置对象里的 quality 参数用来设置拍照的图片质量，可设置为：
		• high：高质量
		• normal：普通质量
		• low：低质量
		在成功的回调函数中，会将拍摄图片的临时地址以 tempImagePath 参数的形式传入

setZoom	Object {
	Number zoom：缩放比例
	Function success：成功回调
	Function fail：失败回调
	Function complete：完成回调
	}
		设置缩放级别

startRecord	Object {
	Function timeoutCallback：超时回调
	Function success：成功回调
	Function fail：失败回调
	Function complete：完成回调
	}
		开始录像，回调函数中会将露珠的视频封面和视频路径传入

stopRecord	Object {
	Boolean compressed：是否启用视频压缩
	Function success：成功回调
	Function fail：失败回调
	Function complete：完成回调
	}
		结束录像，回调函数中会将露珠的视频封面和视频路径传入

5.2.5　直播与音视频通信相关组件

我们知道，微信本身就是一款十分流行的社交应用。对于社交应用来说，实时直播和多人音视频通话是非常重要的功能，小程序中也提供了相关的组件对这类功能进行支持。

小程序中对直播和音视频功能的使用还是有一定的限制，首先只有某些指定类目下的小程序才可以使用直播和音视频功能，包括社交类、教育类、医疗类等小程序，具体的类目要求读者可以在官方文档中查询到。其次小程序符合类目要求后还需要在小程序管理后台的开发管理-接口设置中开通对应的接口权限，如图 5-7 所示。

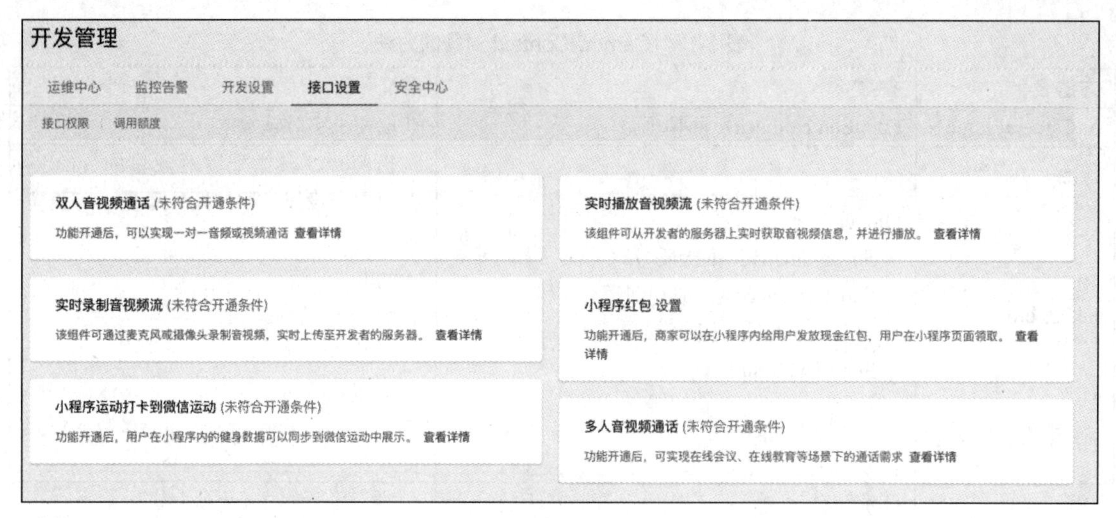

图 5-7　直播与音视频通话相关接口权限设置

在小程序开发工具中无法进行直播与音视频通话功能的相关测试，这里只向读者介绍相关组件的用法，对于直播功能来说，需要分为主播端和观众端。主播端将进行实时音视频的录制，观众端实时地渲染这些录制的数据。

直播的录制需要使用 live-pusher 组件，这个组件会将实时录制的音视频数据以数据流的方式推送出去。live-pusher 组件可配置的属性如表 5-14 所示。

表 5-14　live-pusher 组件的属性

属性名	类型	意义
url	字符串	推流地址
mode	字符串	录制模式，可选值为： • SD：标清 • HD：高清 • FHD：超清 • RTC：实时通话
autopush	布尔值	设置是否自动推流
muted	布尔值	设置是否静音
enable-camera	布尔值	设置是否开启摄像头
auto-focus	布尔值	设置是否自动聚焦
orientation	字符串	设置画面方向，可选值为： • vertical：竖直 • horizontal：水平
beauty	数值	设置美颜范围，可选值为 0~9，设置为 0 表示关闭美颜
whiteness	数值	设置美白范围，可选值为 0~9，设置为 0 表示关闭美白
aspect	字符串	设置宽高比，支持配置为“3:4”或“9:16”
min-bitrate	数值	设置最小码率
max-bitrate	数值	设置最大码率

（续表）

属性名	类型	意义
audio-quality	字符串	设置音质，可选值为： • high：高音质 • low：低音质
waiting-image	字符串	设置推流的等待画面
waiting-image-hash	字符串	等待画面资源的 MD5 值
zoom	布尔值	设置是否调整焦距
device-position	字符串	设置相机位置，可选值为： • front：前置 • back：后置
background-mute	布尔值	进入后台是否静音
mirror	布尔值	设置推流的画面是否镜像
remote-mirror	布尔值	作用同 mirror
local-mirror	字符串	设置本地预览画面是否镜像，可选值为： • auto：自动选择 • enable：前后置摄像头均镜像 • disable：前后置摄像头均不镜像
audio-reverb-type	数值	设置音频的混响类型，可选值为： • 0：关闭 • 1：KTV 风格 • 2：小房间风格 • 3：大会堂风格 • 4：低沉风格 • 5：洪亮风格 • 6：金属声风格 • 7：磁性风格
enable-mic	布尔值	开启或关闭麦克风
enable-agc	布尔值	设置是否开启音频自动增益
enable-ans	布尔值	设置是否开启音频噪声抑制
audio-volume-type	字符串	设置音量类型，可选值为： • auto：自动 • media：媒体音量 • voicecall：通话音量
video-width	数值	推流数据中的视频宽度
video-height	数值	推流数据中的视频高度
beauty-style	字符串	设置美颜类型，可选值为： • smooth：光滑美颜 • nature：自然美颜

（续表）

属性名	类型	意义
filter	字符串	设置滤镜风格，可选值为： • standard：标准 • pick：粉嫩 • nostalgia：怀旧 • blues：蓝调 • romantic：浪漫 • cool：清凉 • fresher：清新 • solor：日系 • aestheticism：唯美 • whitening：美白 • cerisered：樱红
bindstatechange	函数	绑定状态变化事件
bindnetstatus	函数	绑定网络变化事件
binderror	函数	绑定渲染错误事件
bindbgmstart	函数	绑定背景音乐开始播放事件
bindbgmprogress	函数	绑定背景音乐播放进度变化事件
bindbgmcomplete	函数	绑定背景音乐播放完成事件
bindaudiovolumenotify	函数	绑定麦克风采集音量大小事件

使用 live-pusher 组件完成主播端的推流后，观众端需要使用 live-player 组件来获取直播流数据进行播放。live-player 组件要略微简单一些，其可配置的属性如表 5-15 所示。

表 5-15　live-player 组件的属性

属性名	类型	意义
src	字符串	拉流地址
mode	字符串	模式设置，可选值为： • live：直播 • RTC：实时通话
autoplay	布尔值	设置是否自动播放
muted	布尔值	设置是否静音
orientation	字符串	设置画面方向，可选值为： • vertical：竖直 • horizontal：水平
object-fit	字符串	设置填充模式，可选值为： • contain：包含 • fillCrop：铺满
background-mute	布尔值	设置进入后台是否静音
min-cache	数值	设置最小缓存
max-cache	数值	设置最大缓存

（续表）

属性名	类型	意义
sound-mode	字符串	设置声音输出方式，可选值为： • speaker：扬声器 • ear：听筒
auto-pause-if-navigate	布尔值	设置跳转小程序中的其他页面时是否自动暂停播放
auto-pause-if-open-native	布尔值	设置跳转到微信其他页面时是否自动暂停播放
picture-in-picture-mode	字符串数组	设置小窗模式
bindstatechange	函数	绑定播放状态变化事件
bindfullscreenchage	函数	绑定全屏变化事件
bindnetstatus	函数	绑定网络状态变化事件
bindaudiovolumenotify	函数	绑定音量大小变化事件
bindenterpictureinpicture	函数	绑定进入小窗模式事件
bindleavepictureinpicture	函数	绑定离开小窗模式事件

live-player 组件本质上也是一个视频播放器，可以为其设置 id 属性，然后通过如下方法拿到组件对应的 JavaScript 上下文对象，使用上下文对象也可以方便地对播放行为进行控制。

```
wx.createLivePlayerContext(id)
```

最后，我们再来讲一下视频通话功能。这个功能比较复杂，首先需要调用 wx.joinVIPChat 方法来创建或加入一个聊天房间，创建房间完成后，服务端需要保存此房间的 groupId 值，之后需要加入此房间的用户使用 joinVIPChat 来加入即可，加入后，即可使用 voip-room 组件来展示某个房间中成员的实时影像。整体过程需要前后端协同完成，本书中不再编写测试代码。

5.3　地图与画布组件

地图和画布组件是小程序开发框架中提供的较复杂的组件。地图组件提供了在小程序中使用地图即路径导航的相关功能，画布组件则是一个可完全自定义显示内容的画板。

5.3.1　map（地图）组件及应用

map 组件提供了很强的地图相关功能，除了基础的地图展示外，也支持添加导航路径等覆盖物。在示例工程的 pages 文件夹下新建一组命名为 mapDemo 的页面文件，在 mapDemo.wxml 中编写如下示例代码：

```
<!--pages/mapDemo/mapDemo.wxml-->
<map style="width: 100%; height: 400px;"
longitude="121.5" latitude="31.2" scale="10"></map>
```

上面的代码中，longitude 和 latitude 属性分别设置地图中心位置的经纬度。运行代码，效果如图 5-8 所示。

通过 map 组件的 markers 属性，可以方便地向地图中添加一些标记，例如修改 mapDemo.wxml 文件中的代码如下：

```
<!--pages/mapDemo/mapDemo.wxml-->
<map style="width: 100%; height: 400px;"
longitude="121.5" latitude="31.2" scale="10"
markers="{{markers}}"></map>
```

在 mapDemo.js 文件中添加部分测试数据如下：

```
// pages/mapDemo/mapDemo.js
Page({
    data: {
        markers:[
            {
                id:1,  // 标记点 id
                latitude:31.2, // 纬度
                longitude:121.5, // 经度
                title:"标记点标题", // 标题
                label:{ // 选中后的弹窗配置
                    content:"中心位置",
                    color:"#ff0000",
                    bgColor:"#0000ff55",
                    fontSize:22
                }
            }
        ]
    }
})
```

运行代码，效果如图 5-9 所示。

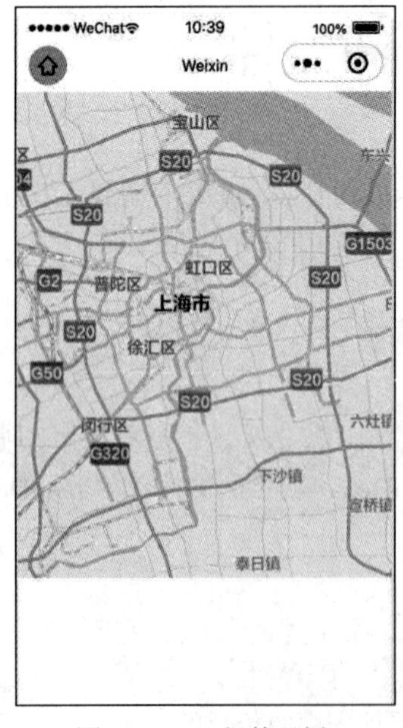

图 5-8　map 组件示例

图 5-9　向地图中添加标记物

marker 标记物实际上有 3 部分组成、中间为标记物的图标，图标下面是标记物的描述，点击标记物后，会弹出标记物的内容视图，此内容视图也支持完全自定义。

我们来总结一下 map 组件可配置的属性，如表 5-16 所示。

表 5-16 map 组件的属性

属性名	类型	意义
longitude	数值	设置中心位置的经度
latitude	数值	设置中心位置的纬度
scale	数值	设置缩放级别，范围为 3~20
min-scale	数值	设置用户可调节的最小缩放级别
max-scale	数值	设置用户可调节的最大缩放级别
markers	对象数组	设置标记点数组，其内为 Marker 对象，后面会介绍
polyline	对象数组	设置线段覆盖物数组，其内为 Polyline 对象，后面会介绍
circles	对象数组	设置圆形覆盖物数组，其内为 Circle 对象，后面会介绍
include-points	对象数组	缩放地图，使其包含列表中所有的位置，其中为 Point 坐标点对象，后面会介绍
show-location	布尔值	设置是否显示当前定位点
polygons	对象数组	设置多边形覆盖物数组，其内为 Polygon 对象，后面会介绍
subkey	字符串	个性化地图使用的 key 值
layer-style	数值	个性化地图配置的 style
rotate	数值	地图的旋转角度
skew	数值	地图的倾斜角度
enable-3D	布尔值	设置是否展示 3D 效果的楼块
show-compass	布尔值	设置是否展示指南针
show-scale	布尔值	设置是否展示比例尺
enable-overlooking	布尔值	设置是否开启俯视视角
enable-zoom	布尔值	设置是否支持用户进行缩放控制
enable-scroll	布尔值	设置地图是否支持拖动
enable-rotate	布尔值	设置地图是否支持旋转
enable-satellite	布尔值	设置是否开启卫星图
enable-traffic	布尔值	设置是否开启实时路况
enable-poi	布尔值	设置是否展示 POI 点
enable-building	布尔值	设置是否展示建筑物
setting	对象	配置项，后面会介绍
bindtap	函数	绑定点击地图时的回调
bindmarkertap	函数	绑定点击标记点时的回调
bindlabeltap	函数	绑定点击标记点上 label 的回调
bindcontroltap	函数	绑定点击地图控件的回调

（续表）

属性名	类型	意义
bindcallouttap	函数	绑定点击标记点对应内容区域的回调
bindupdated	函数	绑定地图渲染更新完成后的回调
bindregionchange	函数	绑定地图视野发生变化的回调
bindpoitap	函数	绑定点击地图中 POI 点时的回调
bindanchorpointtap	函数	绑定点击定位标记时的回调

可以看到，map 组件本身比较复杂，且提供了非常强的扩展能力。其中 setting 属性所需要提供的对象可以理解为将 map 本身的属性进行了一层包装，方便开发者进行统一设置，例如可以直接修改 mapDemo.wxml 文件中的代码如下：

```
<!--pages/mapDemo/mapDemo.wxml-->
<map style="width: 100%; height: 400px;"
setting="{{setting}}"
markers="{{markers}}"></map>
```

在 mapDemo.js 文件中提供配置数据如下：

```
setting:{
    longitude:121.5, // 经度
    latitude:31.2, // 纬度
    scale:10 // 缩放程度
}
```

修改后代码的运行效果和之前是完全一致的。

map 组件的 polyline 属性需要配置为一个列表，列表中的 Polyline 对象用来描述要添加的线段覆盖物，Polyline 对象可配置的属性如表 5-17 所示。

表 5-17　Polyline 对象的属性

属性名	类型	意义

points	列表，列表中的对象为：
	{
	latitude：纬度
	longitude：经度
	}
		通过经纬度确定线段中的每个点

color	字符串	设置线条颜色
colorList	字符串列表	设置线段的颜色为彩虹线
width	数值	设置线段的宽度
dottedLine	布尔值	设置是否使用虚线
arrowLine	布尔值	设置是否带箭头
arrowIconPath	字符串	设置线段箭头部分的图标
borderColor	字符串	设置线段边框颜色
borderWidth	数值	设置边框宽度

（续表）

属性名	类型	意义
level	字符串	设置线条的压盖关系，可选值为： • abovelabels：显示在所有的 POI 之上 • abovebuildings：显示在所有的楼块之上，POI 之下 • aboveroads：显示在道路之上，楼块之下

用来指定多边形的 Polygon 对象可配置的属性如表 5-18 所示。

表 5-18　Polygon 对象的属性

属性名	类型	意义

points	列表，列表中的对象为：
	{
	　latitude：纬度
	　longitude：经度
	}
		通过经纬度确定多边形中的每个顶点

strokeWidth	数值	设置线条宽度
strokeColor	字符串	设置线条颜色
fillColor	字符串	设置填充颜色
zIndex	数值	设置 Z 轴层级
level	字符串	同 Polyline 的 level 属性

用来指定圆形的 Circle 对象可配置的属性如表 5-19 所示。

表 5-19　Circle 对象的属性

属性名	类型	意义
latitude	数值	设置圆心所在点纬度
longitude	数值	设置圆心所在点经度
color	字符串	设置线条颜色
fillColor	字符串	设置填充颜色
radius	数值	设置圆半径
strokeWidth	数值	设置线条的宽度
level	字符串	同 Polyline 的 level 属性

向地图中添加标记物需要使用 markers 属性，每个 Marker 对象可配置的属性如表 5-20 所示。

表 5-20　Marker 对象的属性

属性名	类型	意义
id	数值	标记物的 id，点击事件会返回此 id
clusterId	数值	聚合 id
joinCluster	布尔值	设置是否参与聚合

（续表）

属性名	类型	意义
latitude	数值	设置标记物位置纬度
longitude	数值	设置标记物位置经度
title	字符串	设置标记物标题
zIndex	数值	设置 Z 轴层级
iconPath	字符串	设置自定义标记物图标的资源路径
rotate	数值	设置旋转角度
alpha	数值	设置标记物的透明度
width	数值	设置宽度
height	数值	设置高度
callout	对象	点击标记物后，弹出的内容窗口
customCallout	对象	点击标记物后，自定义弹出的内容窗口
label	对象	标记物旁边的标签
anchor	对象	标记物布局时的锚点

Marker 对象中的 callout 属性可设置点击标记物后弹出的窗口，此可配置的属性如表 5-21 所示。

表 5-21　callout 属性对象

属性名	类型	意义
content	字符串	设置内容文本
color	字符串	设置文本颜色
fontSize	数值	设置文字大小
borderRadius	数值	设置边框圆角
borderWidth	数值	设置边框宽度
borderColor	字符串	设置边框颜色
bgColor	字符串	设置背景色
padding	数值	设置文本边缘间距
display	字符串	设置显示模式，可设置为： • BYCLICK：点击显示 • ALWAYS：常显
textAlign	字符串	设置对齐模式，可设置为： • left：左对齐 • right：右对齐 • center：居中对齐
anchorX	数值	设置横向偏移量
anchorY	数值	设置纵向偏移量

Marker 对象中的 label 属性设置标记点下方的标签样式，此可配置属性如表 5-22 所示。

表 5-22　label 属性的可选项

属性名	类型	意义
content	字符串	设置文本内容
color	字符串	设置文本颜色
fontSize	数值	设置文字大小
anchorX	数值	设置标签的 X 坐标
anchor	数值	设置标签的 Y 坐标
borderWidth	数值	设置边框宽度
borderColor	字符串	设置边框颜色
borderRadius	数值	设置圆角半径
bgColor	字符串	设置标签背景色
padding	数值	设置文本边距
textAlign	字符串	设置对齐模式

map 组件中标记物的内容视图也支持完全的自定义，首先需要为 Marker 对象添加 customCallout 属性，此属性对应的可选项只有 3 个，如表 5-23 所示。

表 5-23　customCallout 属性的可选项

属性名	类型	意义
display	字符串	设置显示模式，可设置为： • BYCLICK：点击显示 • ALWAYS：常显
anchorX	数值	设置横向偏移量
anchorY	数值	设置纵向偏移量

自定义标记物的内容视图采用的是组件的插槽技术，可以修改 mapDemo.wxml 代码如下：

```
<!--pages/mapDemo/mapDemo.wxml-->
<map style="width: 100%; height: 400px;"
setting="{{setting}}"
markers="{{markers}}">
    <cover-view slot="callout">
        <cover-view marker-id="1">
            <text style="background-color: red; color: white;">自定义的内容视图
            </text>
        </cover-view>
    </cover-view>
</map>
```

其中，将 slot 属性设置为 callout 即表示要使用标记物内容视图插槽，其内可以添加任意个 cover-view 组件，将组件 marker-id 属性与 Marker 对象的 id 属性相对应即可。运行代码，效果如图 5-10 所示。

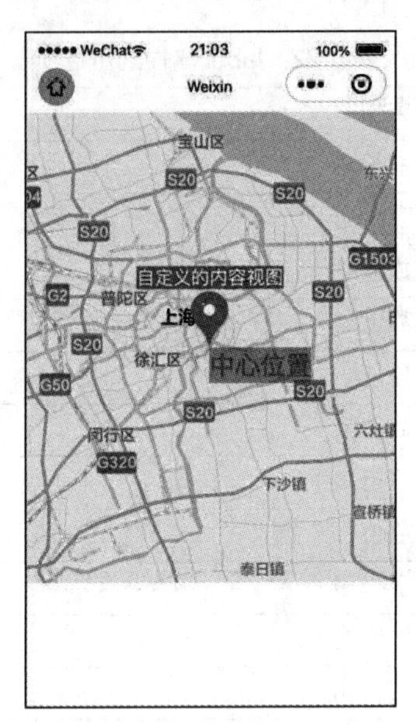

图 5-10　自定义标记物内容视图

最后，对于 map 组件，也可以使用下面的方法来获取到 JavaScript 上下文对象：

```
wx.createMapContext(id)
```

MapContext 对象中提供了操作 map 组件的方法，如表 5-24 所示列出了一些常用的方法。

表 5-24　MapContext 对象常用的操作 map 组件的方法

方法名	参数	意义

getCenterLocation	Object {
	Function success：成功回调
	Function fail：失败回调
	Function complete：完成回调
	}
		获取地图当前中心位置的经纬度

setLocalMarkerIcon	Object {
	String iconPath：图标资源路径
	Function success：成功回调
	Function fail：失败回调
	Function complete：完成回调
	}
		设置当前定位点的图标

moveToLocation	Object {
	Number longitude：经度
	Number latitude：纬度
	Function success：成功回调
	Function fail：失败回调
	Function complete：完成回调
	}
		将地图的中心位置移动到某个坐标

（续表）

方法名	参数	意义

translateMarker	Object {
	Number markerId：所移动的标记物 ID
	Object destination：{
	Number longitude：经度
	Number latitude：纬度
	}
	Boolean autoRotate：移动过程中是否自动旋转标记物
	Number rotate：标记物的旋转角度
	Boolean moveWidthRotate：移动和旋转动作同时进行
	Number duration：动画执行时长
	Function animationEnd：动画结束后的回调
	Function success：成功回调
	Function fail：失败回调
	Function complete：完成回调
	}
		对标记物进行移动，可以到动画

moveAlong	Object {
	Number markerId：所移动的标记物 Id
	Array path：路径坐标列表，其内每个对象为包含经纬度信息
	Boolean auoRotate：移动过程中是否自动旋转标记物
	Number duration：动画时长
	Function success：成功回调
	Function fail：失败回调
	Function complete：完成回调
	}
		根据设置的路径移动标记物

includePoints	Object {
	Array points：要显示在可视区域内的所有坐标点，其内每个对象为包含经纬度信息
	Array padding：包含所有坐标点的矩形距离地图视图边缘的间距，列表中需要设置 4 个数值，表示上、右、下、左间距
	Function success：成功回调
	Function fail：失败回调
	Function complete：完成回调
	}
		缩放地图视野，使设置的所有坐标点显示在可视范围内

（续表）

方法名	参数	意义

getRegion	Object {
	Function success：成功回调
	Function fail：失败回调
	Function complete：完成回调
	}
		获取当前地图的视野范围

getRotate	Object {
	Function success：成功回调
	Function fail：失败回调
	Function complete：完成回调
	}
		获取当前地图的旋转角度

getScale	Object {
	Function success：成功回调
	Function fail：失败回调
	Function complete：完成回调
	}
		获取当前地图的缩放级别

setCenterOffset	Object {
	Array offset：偏移量数组，其中需要两个数值，分别表示中心点向右和向下的偏移量
	Function success：成功回调
	Function fail：失败回调
	Function complete：完成回调
	}
		设置地图中心点的位置偏移量

removeCustomLayer	Object {
	String layerId：个性化图层的 id
	Function success：成功回调
	Function fail：失败回调
	Function complete：完成回调
	}
		移除个性化图层

addCustomLayer	Object {
	String layerId：个性化图层的 id
	Function success：成功回调
	Function fail：失败回调
	Function complete：完成回调
	}
		添加个性化图层

（续表）

方法名	参数	意义

addGroundOverlay	Object {
	String id：图片图层的 id
	String src：图片资源路径
	Object bounds：图片覆盖物的经纬度范围
	Boolean visible：是否可见
	Number zIndex：设置图层层级
	Number opacity：设置图层透明度
	Function success：成功回调
	Function fail：失败回调
	Function complete：完成回调
	}
		添加自定义图片图层

addVisualLayer	Object {
	String layerId：可视化图层的 id
	Number interval：刷新频率，单位秒
	Number zIndex：设置图层层级
	Number opacity：设置图层透明度
	Function success：成功回调
	Function fail：失败回调
	Function complete：完成回调
	}
		添加可视化图层

removeVisualLayer	Object {
	String layerId：可视化图层的 id
	Function success：成功回调
	Function fail：失败回调
	Function complete：完成回调
	}
		移除可视化图层

updateGroundOverlay	参数同 addGroundOverlay 方法	更新自定义图片图层

removeGroundOverlay	Object {
	String id：图片图层的 id
	Function success：成功回调
	Function fail：失败回调
	Function complete：完成回调
	}
		移除自定义图片图层

toScreenLocation	Object {
	Number latitude：纬度
	Number longitude：经度
	Function success：成功回调
	Function fail：失败回调
	Function complete：完成回调
	}
		将经纬度坐标转换成对应屏幕上的位置，坐标的原点是左上角

（续表）

方法名	参数	意义

openMapApp	Object {
	Number latitude：目的地纬度
	Number longitude：目的地经度
	String destination：目的地名称
	Function success：成功回调
	Function fail：失败回调
	Function complete：完成回调
	}
		拉取设备中的地图应用进行导航

addMarkers	Object {
	Array markers：标记物对象数组
	Boolean clear：是否先清空已有的标记物
	Function success：成功回调
	Function fail：失败回调
	Function complete：完成回调
	}
		动态向地图上添加标记物

removeMarkers	Object {
	Array markerIds：标记物 id 数组
	Function success：成功回调
	Function fail：失败回调
	Function complete：完成回调
	}
		移除一组地图上的标记物

initMarkerCluster	Object {
	Boolean enableDefaultStyle：是否启用默认聚合样式
	Boolean zoomOnClick：点击已经聚合的点时是否自动聚合分离
	Boolean gridSize：设置聚合距离
	Function success：成功回调
	Function fail：失败回调
	Function complete：完成回调
	}
		初始化标记点的聚合配置

通过 MapContext 对象，可以更容易地控制 map 组件的逻辑，实现业务需求。

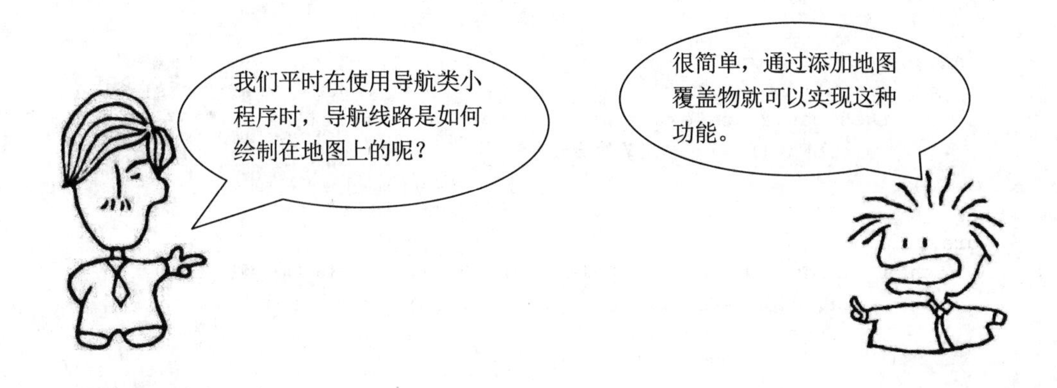

5.3.2　canvas（画布）组件及应用

虽然小程序开发框架中提供了丰富的组件，也支持进行自定义组件，但是无论框架中提供了怎样丰富的组件库，都无法百分百地满足所有的业务场景。比如，当我们需要使用自定义的图形化组件时，就需要用到 canvas 组件来进行绘制。

在示例工程的 pages 文件夹下新建一组名为 canvasDemo 的页面文件，我们来体验一下画布组件的使用。首先在 canvasDemo.wxml 中添加如下示例代码：

```
<!--pages/canvasDemo/canvasDemo.wxml-->
<canvas type="2d" id="canvas"></canvas>
```

这里定义了一个 canvas 组件，并为其指定了 type 和 id，这两个属性是必须指定的，type 用来设置使用的 canvas 类型，之后需要通过 id 来获取到 canvas 对象，通过操作 canvas 对象的渲染上下文对象就可实现自定义绘制。

canvas 组件可配置的属性如表 5-25 所示。

表 5-25　canvas 组件的属性

属性名	类型	意义
type	字符串	设置 canvas 的类型，支持： • 2d：使用 Canvas 2D 进行绘制 • webgl：使用 WebGL 进行绘制
canvas-id	字符串	唯一标识
disable-scroll	布尔值	设置当在 canvas 中移动时禁止屏幕滚动
bindtouchstart	函数	绑定手指触摸开始事件
biindtouchmove	函数	绑定手指触摸移动事件
bindtouchend	函数	绑定手指触摸结束事件
bindtouchcancel	函数	绑定手指触摸被打断事件
bindlongtap	函数	绑定手指长按事件
binderror	函数	绑定发生错误时的事件

现在页面上已经放置了一个 canvas 组件，读者可以将其理解为一个空白的画布，画布上要渲染什么完全取决于我们的操作。在 canvasDemo.js 中编写如下示例代码：

```
// pages/canvasDemo/canvasDemo.js
```

```
Page({
    onReady:function(e) {
        wx.createSelectorQuery().select("#canvas").node().exec((res)=>{
            this.canvasContext = res[0].node.getContext('2d'); // 获取绘图上下文
            this.draw(); // 自定义的绘制方法
        });
    },
    draw:function() {
        this.canvasContext.fillStyle = "red"; // 设置图形填充颜色
        this.canvasContext.fillRect(0,0,100,100) // 绘制矩形
    }
})
```

上述代码中，首先使用选择器获取到页面中的 canvas 组件实例，调用 getContext 方法可以获取到 canvas 绘图上下文。canvas 实例对象中封装的方法如表 5-26 所示。

表 5-26 canvas 示例对象中封装的方法

方法名	参数	意义
getContext	String contextType：绘制上下文的类型，支持 2D 和 WebGL	获取绘图上下文对象
createImage	无	通过当前画布上的内容生成图片，会返回图片对象
requestAnimationFrame	Function callback：回调函数	在下次重绘时执行动画，会返回动画请求 id
cancelAnimationFrame	Number requestID：动画请求 id	删除未执行的动画请求
createImageData	无	通过当前画布上的内容生成图片数据，仅支持在 2D 模式下使用
createPath2D	Path2D path：路径对象	创建 Path2D 对象
toDataURL	String type：图片格式 Number encoderOptions：图片质量	返回一个暂时图片的 URL

最终的绘制操作是由绘图上下文对象完成的，根据 canvas 类型的不同，绘图上下文对象也分为 2D 绘图上下文和 WebGL 绘图上下文，它们分别实现了 HTML Canvas 2D Context 和 WebGL1.0 中定义的属性和方法。运行上述示例代码，将在页面中的画布上渲染出一个 100×100 的红色正方形，如图 5-11 所示。

绘图上下文对象中封装了许多属性和方法用来进行绘图配置，例如设置画笔颜色、设置填充颜色、绘制矩形、原型、贝塞尔曲线，等等。在需要使用的时候，可在下面的网址查到具体的定义文档，本书中不再展开介绍：

HTML Canvas 2D Content：https://html.spec.whatwg.org/multipage/

WebGL1.0：https://www.khronos.org/registry/webgl/specs/latest/1.0/

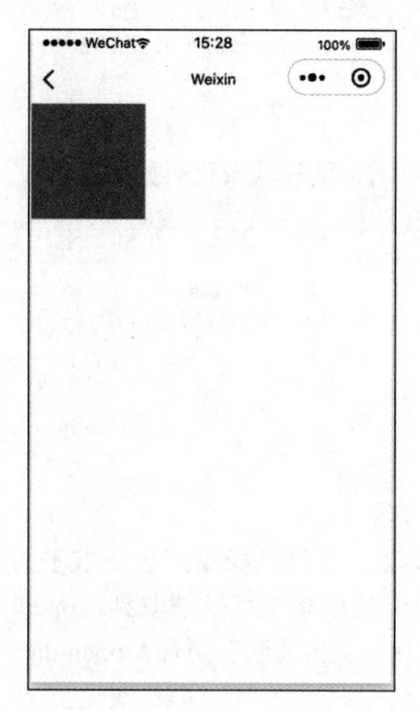

图 5-11　canvas 组件示例

5.4　与微信开放能力相关的组件

在微信小程序中，可以方便地引用到用户的开放数据，例如头像、昵称、所在地区等，本节将介绍两个与微信开放能力相关的组件：open-data 组件与 web-view 组件。

5.4.1　展示微信开放数据的 open-data 组件

open-data 组件用来显示微信中用户开放的数据，例如用户的头像、昵称、性别、所在位置等。在示例工程的 pages 文件夹下新建一组名为 openDataDemo 的页面文件，在 openDataDemo.wxml 文件中编写如下示例代码：

```
<!--pages/openDataDemo/openDataDemo.wxml-->
<view class="container">
<view style="width: 60px; height: 60px; border-radius: 50px; overflow:
hidden;">
    <open-data type="userAvatarUrl"></open-data>
</view>
</view>
<view class="container">
    用户昵称：<open-data type="userNickName"></open-data>
</view>
<view class="container">
    用户语言：<open-data type="userLanguage"></open-data>
</view>
<view class="container">
```

```
    用户性别：<open-data type="userGender" default-
text="无法获取到"></open-data>
</view>
```

在 openDataDemo.wxss 中添加对应的样式表代码如下：

```
/* pages/openDataDemo/openDataDemo.wxss */
.container {
   width: 100%;
   height: 60px;
   display: flex;
   justify-content: center;
   flex-direction: row;
}
```

运行代码，效果如图 5-12 所示。

open-data 组件分为许多种类型，不同的类型用于获取不同的用户微信开放信息，但并非所有的信息都可以获取到，open-data 也提供了获取不到信息时的默认文案的配置属性。open-data 组件的常用属性如表 5-27 所示。

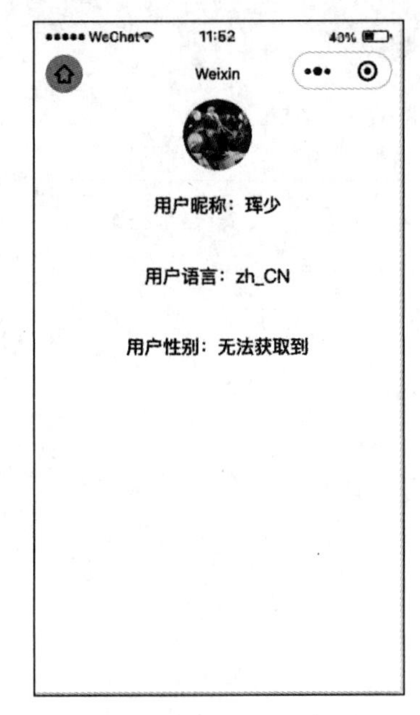

图 5-12 open-data 组件示例

表 5-27 open-data 组件的常用属性

属性名	类型	意义
type	字符串	获取开放数据的类型为： • groupName：群名称 • userNickName：用户昵称 • userAvatarUrl：用户头像 • userGender：用户性别 • userCity：用户城市信息 • userProvince：用户省份信息 • userCountry：用户国家信息 • userLanguage：用户的语言
open-gid	字符串	设置群 id，当 type 为 groupName 时此属性有效
lang	字符串	设置以哪种语言来显示用户信息，可选值为： • en：英文 • zh_CH：简体中文 • zh_TW：繁体中文
default-avatar	字符串	设置当用户头像为空时显示的默认图片
default-text	字符串	设置当数据为空时显示的默认文案
binderror	函数	绑定发生错误时的回调

5.4.2 web-view（网页视图）组件

小程序本身优化了网页视图的用户体验与运行性能，但这并不代表小程序页面能够完全代替网页，例如小程序有可能会使用到第三方提供的网页服务。在小程序中 web-view 组件可以用来渲染网页视图。

在示例工程的 pages 文件夹下新建一组名为 webViewDemo 的页面文件，在 webViewDemo.wxml 文件中编写如下示例代码：

```
<!--pages/webViewDemo/webViewDemo.wxml-->
<web-view src="http://huishao.cc"></web-view>
```

如果现在运行此代码，会发现页面并不能加载出来，页面表现如图 5-13 所示。

为了实现用户使用小程序时的安全保障，小程序中只允许打开小程序管理后台配置了的业务域名，且访问的网站必须是支持 HTTPS 的。在小程序开发者工具中，可以设置不校验域名合法性，如图 5-14 所示。

再次运行代码，页面效果如图 5-15 所示。

图 5-13　尝试打开域名未配置的网页

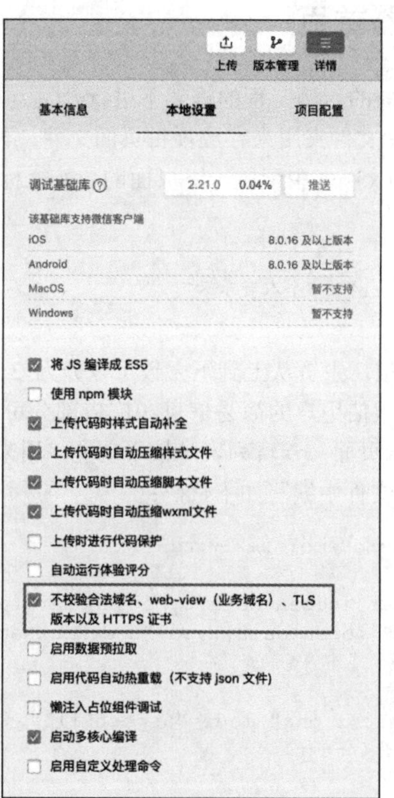

图 5-14　设置不进行域名合法性校验

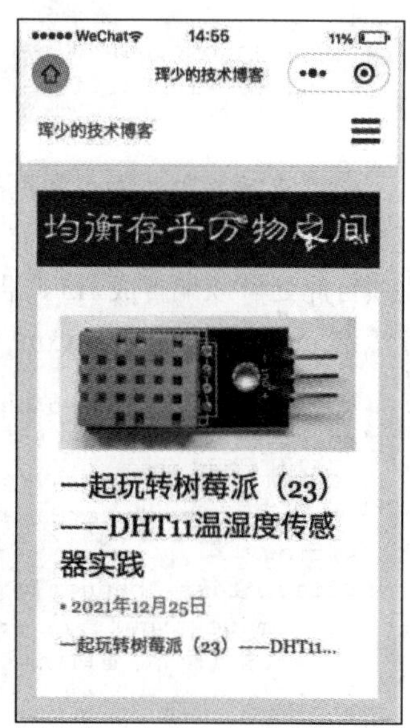

图 5-15　webView 组件示例

web-view 组件支持配置的属性如表 5-28 所示。

表 5-28　web-view 组件的属性

属性名	类型	意义
src	字符串	设置网页视图加载的地址
bindmessage	函数	绑定消息回调，网页可以向小程序发送消息
bindload	函数	绑定网页加载成功时触发的回调
binderror	函数	绑定网页加载失败时触发的回调

需要注意，web-view 组件会自动铺满整个页面，并覆盖在其他组件的上面，不能将 web-view 组件作为页面的某一部分来使用。

5.5　动手练习：开发音乐播放器软件

本节我们将尝试开发一款简单的音乐播放器软件，此小程序包含两个页面，即首页和播放页。首页用来展示一些音乐专题，用户可以选择感兴趣的收听，播放页则用来控制专题内音乐的播放，例如音乐切换、暂停等。

5.5.1　开发音乐播放器首页

对于本项目，还可以在之前的示例工程的框架下进行开发。首先在 pages 文件夹下新建一个名为 musicDemo 的文件夹，此文件夹用来存放项目页面文件。再新建一组名为 musicDemoIndex 的页面文件，在 musicDemoIndex.json 中配置一下页面的导航栏标题，代码如下：

```
{
  "usingComponents": {},
  "navigationBarTitleText": "个人音乐云"
}
```

之后来编写整体的页面框架，主页从上到下大致可以分为 3 个部分：头部、广告部分和专辑列表部分。头部用来展示当前微信用户的简易信息；广告部分可以先用一张图片占位，实际的商业项目此处可以配置成 H5 广告页面；专辑列表是核心功能，用来提供音乐专辑供用户选择。

在 musicDemoIndex.wxml 文件中编写如下代码：

```
<!--pages/musicDemo/musicDemoIndex.wxml-->
<view class="header">
 <view class="userAvatar"><open-data type="userAvatarUrl"></open-data></view>
 <view class="userName"><open-data type="userNickName"></open-data></view>
</view>
<view class="banner">
    <image src="../../src/1.png" mode="aspectFill"></image>
    <text>聆听宇宙的\n 声音</text>
</view>
<view class="topic" data-type="0" bindtap="pushToPlay">
    <view class="topicLeft1">
        <text class="text">热歌榜</text>
        <text class="time">刚刚更新</text>
    </view>
    <view class="topicRight">
        <view class="li" wx:for="{{songs[0]}}" wx:key="name">
            <text>{{index+1}}.{{item.name}}</text>
        </view>
    </view>
</view>
<view class="topic" data-type="1" bindtap="pushToPlay">
```

```
        <view class="topicLeft2">
            <text class="text">飙升榜</text>
            <text class="time">刚刚更新</text>
        </view>
        <view class="topicRight">
            <view class="li" wx:for="{{songs[1]}}" wx:key="name">
                <text>{{index+1}}.{{item.name}}</text>
            </view>
        </view>
    </view>
    <view class="topic" data-type="2" bindtap="pushToPlay">
        <view class="topicLeft3">
            <text class="text">流行榜</text>
            <text class="time">刚刚更新</text>
        </view>
        <view class="topicRight">
            <view class="li" wx:for="{{songs[2]}}" wx:key="name">
                <text>{{index+1}}.{{item.name}}</text>
            </view>
        </view>
    </view>
```

上面的示例代码没有难以理解的地方，有一点需要注意，前面没有提到过，即对于组件绑定的用户交互方法，如何为其传递当前组件的参数。其实也非常简单，只需要为组件添加 data-xxx 属性即可。在触发方法时，通过传入的事件对象可以获取到组件传递的参数的值，如下所示：

```
event.currentTarget.dataset.xxx;
```

接着，在 musicDemoIndex.js 文件中添加如下逻辑代码：

```
// pages/musicDemo/musicDemoIndex.js
Page({
    data: {
        songs:[
            [
                {
                    name:"人间",
                    url:"https://github.com/ZYHshao/MyPlayer/raw/master/
                    %E4%BA%BA%E9%97%B4.mp3"
                },
                {
                    name:"传奇",
                    url:"https://github.com/ZYHshao/MyPlayer/raw/master/
                   %E4%BC%A0%E5%A5%87.mp3"
                },
                {
                    name:"但愿人长久",
                    url:"https://github.com/ZYHshao/MyPlayer/raw/master/
                    %E4%BD%86%E6%84%BF%E4%BA%BA%E9%95%BF%E4%B9%85.mp3"
                }
            ],
            [
                {
                    name:"匆匆那年",
```

```
                url:"https://github.com/ZYHshao/MyPlayer/raw/master/
                %E5%8C%86%E5%8C%86%E9%82%A3%E5%B9%B4.mp3"
            },
            {
                name:"天空",
                url:"https://github.com/ZYHshao/MyPlayer/raw/master/
                %E5%A4%A9%E7%A9%BA.mp3"
            },
            {
                name:"影子",
                url:"https://github.com/ZYHshao/MyPlayer/raw/master/
                %E5%BD%B1%E5%AD%90.mp3"
            }
        ],
        [
            {
                name:"我愿意",
                url:"https://github.com/ZYHshao/MyPlayer/raw/master/
                %E6%88%91%E6%84%BF%E6%84%8F.mp3"
            },
            {
                name:"执迷不悟",
                url:"https://github.com/ZYHshao/MyPlayer/raw/master/
                %E6%89%A7%E8%BF%B7%E4%B8%8D%E6%82%94.mp3"
            },
            {
                name:"旋木",
                url:"https://github.com/ZYHshao/MyPlayer/raw/master/
                %E6%97%8B%E6%9C%A8.mp3"
            }
        ],
    ]
},
pushToPlay:function(event) {
    let type = event.currentTarget.dataset.type;
    let name = "未知";
    if (type == 0) {
        name = "热歌榜";
    } else if (type == 1) {
        name = "飙升榜";
    } else if (type == 2) {
        name = "流行榜";
    }
    wx.navigateTo({
      url: './musicDemoPlay?type='+name+'&info='+JSON.stringify(this. data.
      songs[type])
    })
}
})
```

为了方便演示，所使用的音频示例数据都是在代码中直接写入的，实际商业开发中这些数据是从后端服务获取的，后面的章节会介绍小程序如何从服务端获取数据展示在页面上。musicDemoPlay是后面要开发的音频播放页，暂且先不处理。

此时如果运行代码，虽然页面可以正常展示，但却不太美观，在 musicDemoIndex.wxss 文件中补充一下样式表，代码如下：

```
/* pages/musicDemo/musicDemoIndex.wxss */
.userAvatar {
   width: 34px;
   height: 34px;
   overflow: hidden;
   border-radius: 17px;
   margin-left: 20px;
}
.header {
   margin-top: 15px;
   display: flex;
   flex-direction: row;
}
.userName {
   line-height: 34px;
   font-size: 14px;
   color: #777777;
   margin-left: 10px;
}
.banner {
   margin: 10px;
   width: calc(100%-40px);
   height: 150px;
   overflow: hidden;
   border-radius: 5px;
   position: relative;
}
.banner text {
   position:absolute;
   top: 0px;
   color: white;
   font-size: 25px;
   font-weight: lighter;
   margin-top: 10px;
   margin-left: 10px;
}
.topic {
   margin-left: 10px;
   margin-bottom: 15px;
   display: flex;
   flex-direction: row;
}
.topicLeft1 {
   width: 100px;
   height: 100px;
   background-image: linear-gradient(45deg,#aa497a, #e395b9);
   border-radius: 5px;
   text-align: center;
   position: relative;
}
.topicLeft2 {
   width: 100px;
```

```
    height: 100px;
    background-image: linear-gradient(45deg,#67a8b0,#a1d9c7);
    border-radius: 5px;
    text-align: center;
    position: relative;
}
.topicLeft3 {
    width: 100px;
    height: 100px;
    background-image: linear-gradient(45deg,#c2554b, #e6a094);
    border-radius: 5px;
    text-align: center;
    position: relative;
}
.text {
    color: white;
    font-size: 20px;
    font-weight: bold;
    line-height: 100px;
}
.time {
    position:absolute;
    bottom: 5px;
    left: 5px;
    font-size: 10px;
    color: white;
}
.topicRight {
    height: 80px;
    display: flex;
    margin-top: 10px;
    flex-direction: column;
    justify-content: space-between;
    margin-left: 10px;
}
.li {
   font-size: 15px;
   color: #919191;
}
```

页面渲染效果如图 5-16 所示。

图 5-16　播放器项目首页示例

5.5.2　音频播放页面

相比首页，音频播放页面更加简单一些，只需要处理好音频的切换相关逻辑即可。在 musicDemo 文件夹下新建一组名为 musicDemoPlay 的页面文件，在 musicDemoPlay.wxml 文件中编写页面框架如下：

```
<!--pages/musicDemo/musicDemoPlay.wxml-->
<page-meta>
    <navigation-bar title="{{type}}"></navigation-bar>
</page-meta>
<view class="container">
```

```
<image class="bg"  src="../../src/2.png"></image>
<view class="header">
   <view class="title"><text>{{currentSong}}</text></view>
</view>
<view class="list">
   <view class="tip"><text>播放列表</text></view>
   <view wx:for="{{info}}" wx:key="name">
      {{item.name}}
   </view>
</view>
<view class="control">
   <button bindtap="previous" type="primary" plain="true" size="mini"
   style="color: white; border-color: white;">上一曲</button>
   <button bindtap="next" type="primary" plain="true" size="mini" style="color:
    white; border-color: white;">下一曲</button>
   <button bindtap="play" type="primary" plain="true" size="mini" style="color:
   white; border-color: white;">{{isPlayed?"暂停":"播放"}}</button>
</view>
</view>
```

对应配套的 musicDemoPlay.wxss 中的代码如下：

```
/* pages/musicDemo/musicDemoPlay.wxss */
.bg {
   position: fixed;
   width: 100%;
   height: 100%;
   z-index: -1;
}
.container {
   position: relative;
   display: flex;
   flex-direction: column;
   align-items: flex-start;
}
.header {
   width: 100%;
   text-align: center;
   color: white;
}
.title {
   font-size: 20px;
   margin-top: 15px;
}
.header image {
   width: 200px;
   height: 200px;
   overflow: hidden;
   border-radius: 10px;
   margin-top: 20px;
   opacity: 0.7;
}
.list {
   color: white;
   margin: 20px;
```

```
    text-align: left;
}
.tip {
    font-size: 18px;
}
.control {
    width: 100%;
    display: flex;
    flex-direction: row;
    justify-items: space-between;
    margin-top: 60px;
}
```

音频播放页的核心流程在于音频播放流程的控制，主要包括上一曲、下一曲功能，以及音频播放完成后自动播放下一曲的功能。在 musicDemoPlay.js 文件中实现核心的控制逻辑如下：

```
// pages/musicDemo/musicDemoPlay.js
Page({
    data: {
        currentSong:"暂无播放", // 当前播放的音频标题
        currentIndex:0, // 当前播放的音频索引
        isPlayed:true // 当前是否正在播放
    },
    onLoad: function (options) {
        let info =  JSON.parse(options.info); // 解析参数
        this.setData({
            info:info,
            type:options.type,
            currentSong:info[0].name
        })
    },
    onReady:function() {
        this.audio = wx.createInnerAudioContext(); // 获取音频播放器上下文
        this.audio.src = this.data.info[0].url; // 设置音频资源地址
        this.audio.loop = true; // 设置循环播放
        this.audio.play(); // 开始播放
        this.audio.onEnded(()=>{ // 播放完当前音频后，自动播放下一曲
            this.next();
        });
    },
    previous:function() { // 播放上一曲
        if (this.data.currentIndex > 0) {
            // 设置资源地址
            this.audio.src = this.data.info[this.data.currentIndex-1].url;
            this.audio.play(); // 播放
            this.setData({ // 重设页面相关字段
                currentSong:this.data.info[this.data.currentIndex-1].name,
                currentIndex:this.data.currentIndex-1
                });
        } else { // 如果当前已经是第一曲，则播放最后一曲
            // 设置资源地址
            this.audio.src = this.data.info[this.data.info.length-1].url;
            this.audio.play(); // 播放
            this.setData({ // 重设页面相关字段
                currentSong:this.data.info[this.data.info.length-1].name,
                currentIndex:this.data.info.length-1
```

```
            });
        }
    },
    next:function() { // 播放下一曲
        // 如果已经是最后一曲，则播放第一曲
        if (this.data.currentIndex >= this.data.info.length-1) {
            this.audio.src = this.data.info[0].url; // 设置资源地址
            this.audio.play(); // 播放
            this.setData({ // 重设页面相关字段
                currentSong:this.data.info[0].name,
                currentIndex:0
                });
        } else {
            // 设置资源地址
            this.audio.src = this.data.info[this.data.currentIndex+1].url;
            this.audio.play(); // 播放
            this.setData({ // 重设页面相关字段
                currentSong:this.data.info[this.data.currentIndex+1].name,
                currentIndex:this.data.currentIndex+1
            });
        }
    },
    play:function() { // 播放方法
        if (this.data.isPlayed) { // 如果正在播放，则停止
            this.audio.stop();
            this.setData({
                isPlayed: false
            });
        } else {
            this.audio.play();
            this.setData({
                isPlayed: true
            });
        }
    }
})
```

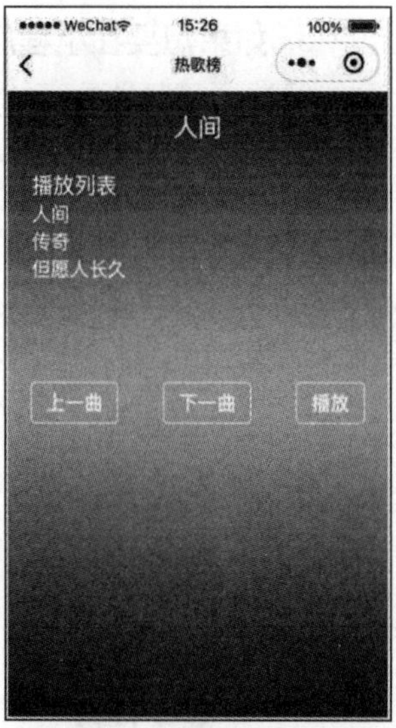

运行代码，播放页效果如图 5-17 所示。

现在，学习之余，听听音乐放松一下吧！

图 5-17　音频播放页示例

读者可能发现，项目中用到的图片素材是直接放入工程根目录的 src 文件夹下的，这其实不是一种好的开发实践，因为，大多数需要加载的是网络资源而不是本地的静态资源。这是因为小程序本身的代码下载也是需要时间的，文件越大下载会越慢，而图片资源是增大资源文件体积的主要原因。

5.6　小结与练习

5.6.1　小结

本章介绍了小程序开发框架中提供的略复杂的一些功能组件。包括导航组件、多媒体组件、

地图组件、画布组件等。这些组件不一定所有应用都会使用到，但是在某些需求场景下，它们确实可以帮助开发者极大地节省开发时间。在章节的最后，又通过一个音乐播放器小应用来对导航、音频控制等组件的使用进行了练习。其实，只要有好的想法，目前的知识已经可以支持你进行应用的主流程开发，读者可以参考其他小程序，尝试编写一些有趣的应用，例如地图导航应用、画图小游戏应用等，以锻炼自己的开发技能。

5.6.2　练习

1. 对于小程序页面中的导航栏，有哪些方式可以对其进行配置？

温馨提示：可以在页面的 JSON 配置文件中的导航栏进行配置，也可以使用页面配置节点 navigation-bar 进行配置，还可以通过开发框架中提供的 API 接口进行配置。

2. 小程序开发中常用的多媒体相关组件包括哪些，都是怎样使用的？

温馨提示：从 image、audio、video 及 camera 这些组件的使用上进行分析。

3. 如果想要在小程序的 map 组件上展示出一条完整的导航路径，应该怎么做？

温馨提示：小程序的 map 组件非常强大，提供了非常灵活的接口供开发者进行覆盖物的设置，可以通过覆盖物向地图中添加完整的导航路径来实现。

第 6 章

WeUI 组件库

本章内容：

- 体验 WeUI 基础组件
- WeUI 表单类组件
- WeUI 库中的弹窗和提示类组件
- WeUI 库中的导航栏与搜索栏组件

目前，我们已经将小程序开发框架中默认提供的常用组件都进行了介绍，开发常规的功能应该是不在话下，但是，若要追求极致的用户体验，在页面设计上，往往要保持和微信原生一致的视觉交互体验，这时通常要自定义一些组件。随着业务的扩展，我们可能会有多个小程序产品，这些小程序将产生大量的重复组件和样式表，为了避免重复开发，通常会将一些通用的组件封装成插件——在公司内部维护一套组件库。也是在这样的背景下，微信开发团队在 H5 版本的 WeUI 库的基础上，开发了小程序版本的 WeUI 库，并且开放源代码，供外部开发者使用。

WeUI 组件库为微信小程序量身设计，统一用户的使用感知，并可以非常快速方便地集成使用。

6.1 体验 WeUI 基础组件

WeUI 库并非将所有的组件都进行了封装，对于基础类的组件，其只封装了徽章、图标等这类常用的且通常需要自定义的组件。

6.1.1　使用 WeUI 组件库

WeUI 可以通过扩展库的方式引入，不占用小程序包的体积。不知读者是否还记得，之前在介绍小程序项目的全局配置文件 app.json 时，介绍了一个名为 useExtendedLib 的选项，这个选项可用来设置要引入的扩展库，WeUI 就是框架本身支持的一种扩展库。

在示例工程的 app.json 文件中添加如下配置项：

```
"useExtendedLib": {
    "weui": true
}
```

现在已经可以使用 WeUI 库中提供的组件了。需要注意，示例代码使用的小程序的基础库版本是 2.19.6。建议读者在学习时，使用和本书一样的小程序基础库版本，这样可以避免一些兼容性造成的问题。

在示例工程的 pages 文件夹下新建一组名为 weuiDemo 的页面文件，在 weuiDemo.json 文件中引入要使用的组件，如下所示：

```
{
  "usingComponents": {
    "mp-badge": "weui-miniprogram/badge/badge"
  }
}
```

我们引入了 WeUI 库中的一个 badge 组件，这个组件用来显示按钮或文本旁边的徽章。之后在页面中即可以直接使用 mp-badge 这个组件了，在 weuiDemo.wxml 文件中编写如下示例代码：

```
<!--pages/weuiDemo/weuiDemo.wxml-->
<button size="mini" type="primary" style=
"margin-top: 20px;">徽章示例</button>
<mp-badge content="new" style="position:
 absolute; left: 70px; top: 10px;">
</mp-badge>
```

运行代码，效果如图 6-1 所示。使用 WeUI 组件库就是这么简单。

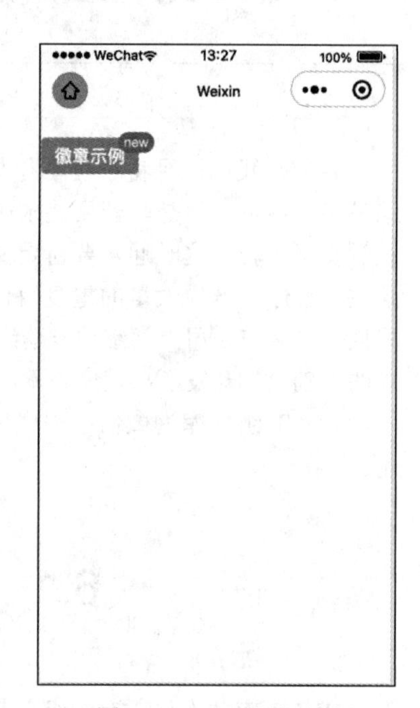

图 6-1　badge 组件示例

6.1.2　关于 badge 组件

badge 被称为徽章组件，其在项目开发中使用的非常多。它表现为出现在按钮、文本或图标附近的数字或状态标记，在有产品功能上新提示、消息未读数提示等场景中经常使用。在上一小节中，我们体验 WeUI 库时就使用了 badge 组件，本节就不再过多演示。

badge 组件的引入路径如下：

```
"weui-miniprogram/badge/badge"
```

它有两个额外的属性可供开发者自定义，如表 6-1 所示。

表 6-1　badge 组件的属性

属性名	类型	意义
extClass	字符串	设置组件的 class 类名
content	字符串	设置组件显示的内容，不设置时，将会渲染成一个红点

6.1.3　体验 gallery 组件

gallery 组件用来对多张图片进行预览，其引入的路径如下：

```
"weui-miniprogram/gallery/gallery"
```

可以在页面的 JSON 配置文件中对其进行引入，如下所示：

```
{
  "usingComponents": {
    "mp-gallery": "weui-miniprogram/gallery/
    gallery"
  }
}
```

在对应的在 WXML 文件中编写如下示例代码：

```
<mp-gallery showDelete="{{true}}" imgUrls=
 "{{images}}"></mp-gallery>
```

其中，images 的配置如下：

```
images:[
    "http://huishao.cc/img/head-img.png",
    "http://huishao.cc/img/head-img.png",
    "http://huishao.cc/img/head-img.png"
]
```

图 6-2　gallery 组件示例

运行代码，效果如图 6-2 所示。

gallery 组件可配置的属性如表 6-2 所示。

表 6-2　gallery 组件的属性

属性名	类型	意义
extClass	字符串	设置组件的 class 类名
show	布尔值	设置组件的展示和隐藏
imgUrls	数组	设置组件要展示的图片集
current	数值	设置当前展示的图片，下标从 0 开始
showDelete	布尔值	设置是否显示删除按钮
hideOnClick	布尔值	设置点击图片的时候是否自动隐藏组件
onchange	函数	绑定切换图片的回调事件
ondelete	函数	绑定点击删除按钮的回调事件
onhide	函数	绑定组件被隐藏时的回调事件

6.1.4　体验 loading 组件

在加载过程中使用 loading 组件是优化用户体验的一种有效方式。loading 组件可以让用户明确地感知到当前的加载状态，避免用户在使用过程中产生卡顿或假死的错觉。WeUI 库中也提供了 loading 组件，引入路径如下：

```
"weui-miniprogram/loading/loading"
```

其本身的使用也比较简单，示例如下：

```
<mp-loading show="{{true}}"
animated="{{true}}"
type="circle" tips="开始加载"></mp-
loading>
```

运行代码，效果如图 6-3 所示。

loading 组件可配置的属性如表 6-3 所示。

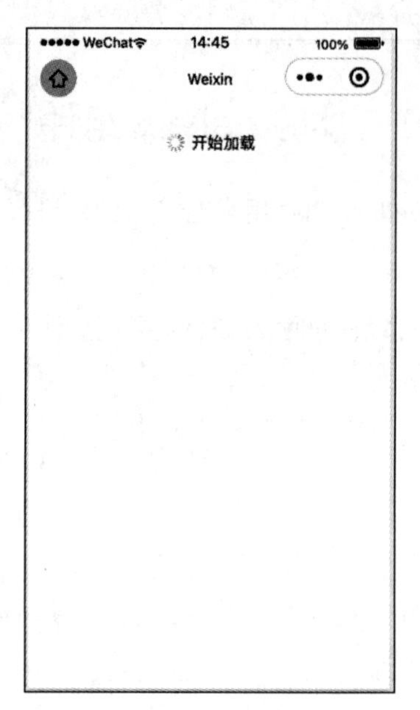

图 6-3　loading 组件示例

表 6-3　loading 组件的属性

属性名	类型	意义
extClass	字符串	设置组件的 class 类名
show	布尔值	设置组件展示与隐藏
animated	布尔值	设置组件动画是否开始
duration	数值	设置组件过渡动画时间，单位为毫秒
type	字符串	设置组件类型，可选值为： • dot-white • dot-gray • circle
tips	字符串	设置组件显示的文案，当 type 为 circle 时有效

6.1.5　体验 icon 组件

icon 组件用来提供常用的简单图标。在小程序开发框架中默认也提供了 icon 组件，只是框架中自带的 icon 组件所能支持的场景非常有限，WeUI 中提供了更全面的、适用于更多场景的图标库。

icon 组件的引入路径如下：

```
"weui-miniprogram/icon/icon"
```

编写示例代码如下：

```
<mp-icon type="field" icon="add" color="black"
size="{{55}}"></mp-icon>
<mp-icon type="outline" icon="at" color="red"
size="{{55}}"></mp-icon>
<mp-icon type="field" icon="copy" color="blue"
size="{{55}}"></mp-icon>
<mp-icon type="outline" icon="me" color="green"
size="{{55}}"></mp-icon>
<mp-icon type="field" icon="share" color="gray"
size="{{55}}"></mp-icon>
<mp-icon type="outline" icon="shop"
color="orange" size="{{55}}"></mp-icon>
<mp-icon type="field" icon="time" color="purple"
size="{{55}}"></mp-icon>
```

运行代码效果如图 6-4 所示。

icon 组件可配置的属性如表 6-4 所示。

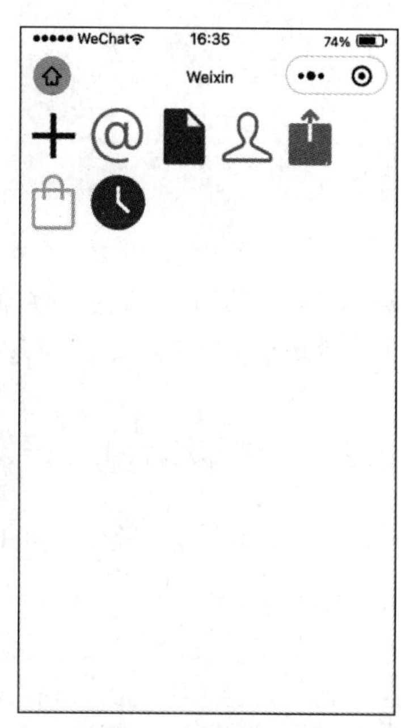

图 6-4　icon 组件示例

表 6-4　icon 组件的属性

属性名	类型	意义
extClass	字符串	设置组件的 class 类名
type	字符串	设置图标类型，可选值为： • outline：描边 • field：填充
icon	字符串	图标的名称
size	数值	图标的尺寸，单位为 px
color	字符串	图标的颜色

以下是 icon 组件支持的所有图标名称。

add-friends	add	add2	album	arrow	at	clip
close	close2	comment	contacts	copy	download	email
error	eyes-off	eyes-on	folder	like	link	location
lock	max-window	me	music-off	music	note	pad
pause	pencil	refresh	report-problem	search	sending	setting
share	transfer-text	transfer2	translate	tv	video-call	voice
back	back2	bellring-off	bellring-on	camera	cellphone	delete-on
delete	discover	display	done	done2	group-detail	help
home	imac	info	keyboard	mike	mike2	mobile-contacts
more	more2	mosaic	photo-wall	play	play2	previous
previous2	qr-code	shop	star	sticker	tag	text
time	volume-down	volume-off	volume-up			

6.2 WeUI 表单类组件介绍

表单类组件是 WeUI 中提供的非常实用的一系列组件，通常在项目开发中，免不了会出现需要用户输入的场景，而有用户输入就伴随着用户数据信息的校验与整合，表单组件帮开发者将这些功能进行了封装，使用非常方便。

6.2.1 体验 WeUI 开发的表单页面

首先，我们来体验一下 WeUI 中提供的表单类组件，在页面配置文件中引入如下自定义组件：

```
"mp-form-page": "weui-miniprogram/form-page/form-page",
"mp-form": "weui-miniprogram/form/form",
"mp-cells": "weui-miniprogram/cells/cells",
"mp-cell": "weui-miniprogram/cell/cell",
"mp-checkbox-group": "weui-miniprogram/checkbox-group/checkbox-group",
"mp-checkbox": "weui-miniprogram/checkbox/checkbox",
"mp-slideview": "weui-miniprogram/slideview/slideview",
"mp-uploader": "weui-miniprogram/uploader/uploader"
```

关于这些组件的具体意义后面会详细介绍，在对应的 WXML 文件中编写如下示例代码：

```
<mp-form-page title="完善信息" subtitle="请填写您的基本信息">
    <mp-form>
        <mp-cells title="带说明的列表项">
            <mp-cell>
                <view>内容</view>
                <view slot="title">标题</view>
            </mp-cell>
        </mp-cells>
        <mp-cells title="单选列表项">
            <mp-checkbox-group multi="{{false}}">
                <mp-checkbox value="0" label="男"></mp-checkbox>
                <mp-checkbox value="1" label="女"></mp-checkbox>
            </mp-checkbox-group>
        </mp-cells>
        <mp-cells title="复选列表项">
            <mp-checkbox-group multi="{{true}}">
                <mp-checkbox value="0" label="足球"></mp-checkbox>
                <mp-checkbox value="1" label="篮球"></mp-checkbox>
            </mp-checkbox-group>
        </mp-cells>
        <mp-slideview buttons="{{[{text:'删除',type:'warn'}]}}">
            <mp-cell value="内容内容内容内容内容内容内容内容内容"></mp-cell>
        </mp-slideview>
        <view style="margin-left: 20px;"><mp-uploader></mp-uploader></view>
    </mp-form>
    <view slot="tips">
```

```
            <view>
                <checkbox/>
                阅读并同意<label style="color: blue;">
              《相关条款》</label>
            </view>
        </view>
        <view slot="button">
            <button class="weui-btn" type="primary"
           bindtap="submitForm">确定</button>
        </view>
        <view slot="suffixtips">
            附加内容区域
        </view>
        <view slot="footer">
            页脚内容区域
        </view>
    </mp-form-page>
```

上述代码中 FormPage 组件定义了表单页面的整体结构，Form 组件是表单项的容器组件，Cells 和 Cell 组件用来定义表单中的一行数据，Checkbox-group 和 Checkbox 用来定义单选或多选项，Slideview 定义支持左滑的表单项，Uploader 组件用来实现上传文件功能。

运行代码，效果如图 6-5 所示。

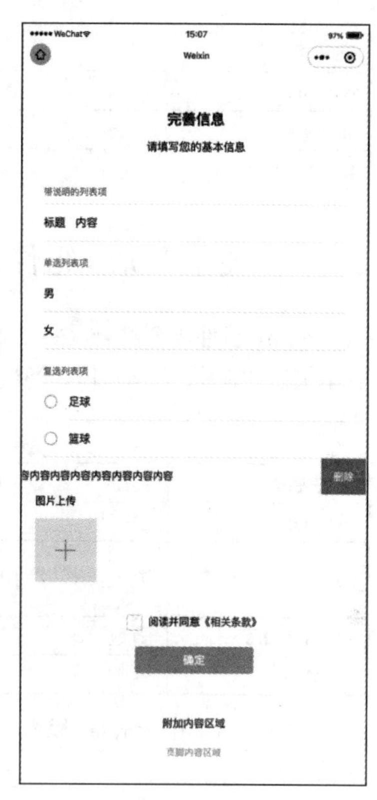

图 6-5　表单相关组件示例

总体看来，WeUI 中的这些表单组件基本足够满足需要用户提供信息的相关需求，下面我们会依次对这些组件做具体的介绍。

6.2.2　关于 FormPage 组件

FormPage 组件被称为表单页面组件，其作为其他表单组件的容器定义了整个页面的结构，该组件有两个属性可设置，如表 6-5 所示。

表 6-5　FormPage 组件的属性

属性名	类型	意义
title	字符串	设置标题，如果设置了 title 插槽，则与此属性互斥
subtitle	字符串	设置副标题

FormPage 组件规范了表单页中不同的内容所在的区域，其通过自定义组件的插槽技术实现，关于自定义组件，我们会在第 7 章进行介绍，现在只需要了解组件内部的子组件可以通过插槽的方式来定义即可。FormPage 组件支持的插槽如表 6-6 所示。

表 6-6　FormPage 组件支持的插槽

插槽名	意义
title	标题区域
tips	底部提交按钮前的提示区域

（续表）

插槽名	意义
button	底部的提交按钮区域
suffixtips	提交按钮下面的提示区域
footer	页脚的内容区域

6.2.3 关于 Form 组件

Form 组件需要结合 Cell、Cells、Checkbox、Checkbox-group 等组件一起使用，其为内部的表单类组件提供了有效性校验功能。Form 组件支持的属性如表 6-7 所示。

表 6-7 Form 组件的属性

属性名	类型	意义
ext-class	字符串	设置组件的 class 类名
rules	数组，其内为规则对象	设置表单的校验规则列表，其内对象的具体可配置属性后面介绍
bindsuccess	函数	绑定表单数据校验成功的回调事件
bindfail	函数	绑定表单数据校验失败的回调事件

对于表 6-7 中的 rules 属性，其可以设置为一个规则列表，列表中为规则对象，规则对象的属性如表 6-8 所示。

表 6-8 rules 规则对象的属性

属性名	类型	意义
name	字符串	要校验的字段名，与要校验组件的 prop 属性对应

rules	数组或对象
	对象结构为：
	{
	String message：校验失败时的提示
	Function validator：自定义校验函数
	List rules：内置校验规则
	}
		设置为数组或对象，多个校验规则可以设置为数组

可使用的内置校验规则有是否必填、最小长度与最大长度等，所有支持的内置校验规则如表 6-9 所示。

表 6-9 内置校验规则

规则名	值	意义
required	布尔值	此数据是否必填
minlength	数值	校验最小长度
Maxlength	数值	校验最大长度
rangelength	2 个元素的数组	校验长度范围

（续表）

规则名	值	意义
bytelength	数值	校验字节长度
range	2 个元素的数组	校验数字的大小范围
min	数值	校验数字最小值
max	数值	校验数字最大值
mobile	布尔值	校验手机号
email	布尔值	校验邮箱
url	布尔值	校验 URL
equalTo	字符串	相等校验

6.2.4　关于 Cell 与 Cells 组件

Cell 可以理解为是表单中的一项，在一个表单页中，每一个要填的项目都可以是一个 Cell，而 Cells 组件则用来封装一组 Cell 组件。这两个组件都比较简单，Cells 组件支持的属性如表 6-10 所示。

表 6-10　Cells 组件的属性

属性名	类型	意义
ext-class	字符串	设置组件的 class 类名
title	字符串	设置此 Cells 组件的标题
footer	字符串	设置此 Cells 组件的底部文案

Cells 组件的默认插槽，即其内容组件。

Cell 组件可配置的属性如表 6-11 所示。

表 6-11　Cell 组件的属性

属性名	类型	意义
ext-class	字符串	设置组件的 class 类名
icon	字符串	设置左侧的图标，本地资源路径
title	字符串	设置左侧标题
hover	布尔值	设置是否有点中效果
link	布尔值	设置右侧是否显示跳转箭头
value	字符串	设置内容文案
show-error	布尔值	设置当校验出错时，是否将当前 Cell 标记为警告状态
prop	字符串	Form 组件校验时对应的字段名
footer	字符串	设置右侧区域的内容
inline	布尔值	设置在 Form 组件中，表单项是左右排列还是上下排列

Cell 组件支持的插槽如表 6-12 所示。

表 6-12　Cell 组件支持的插槽

插槽名	意义
icon	左侧图标插槽
title	标题插槽
默认	内容插槽
footer	右侧区域插槽

6.2.5　关于 Checkbox-group 与 Checkbox 组件

选项列表是表单页常用的组件。选项列表可以分为单选和多选，在 WeUI 库中，单选和多选列表都通过 Checkbox 组件实现。请注意，Checkbox 组件需要与 Checkbox-group 组件配套进行使用。

Checkbox-group 组件支持配置的属性如表 6-13 所示。

表 6-13　Checkbox-group 组件的属性

属性名	类型	意义
ext-class	字符串	设置组件的 class 类名
multi	布尔值	设置单选还是多选
prop	字符串	设置用来表单校验的字段名
bindchange	函数	绑定选择的选项发生变化时的回调事件

Checkbox-group 组件内部需要的是 Checkbox 组件，Checkbox 组件可配置的属性如表 6-14 所示。

表 6-14　Checkbox 组件的属性

属性名	类型	意义
ext-class	字符串	设置组件的 class 类名
multi	布尔值	设置单选还是多选
checked	布尔值	设置是否选中
value	字符串	选项的值
label	字符串	选项显示的文案
bindchange	函数	绑定选中状态发生变化时的回调事件

6.2.6　关于 Slideview 组件

Slideview 组件是一种支持左滑操作的表单项，左滑后右侧会出现预设的功能按钮。Slideview 组件支持的属性如表 6-15 所示。

表 6-15　Slideview 组件的属性

属性名	类型	意义
ext-class	字符串	设置组件的 class 类名
disable	布尔值	设置是否禁用当前组件
buttons	数组，其中为按钮对象	设置左滑后的功能按钮

（续表）

属性名	类型	意义
icon	布尔值	设置按钮是否是图标
show	布尔值	设置当前组件右侧功能按钮的显示隐藏
duration	数值	设置当前组件功能组件显示隐藏动画的时长，单位为毫秒
throttle	数值	设置手指移动距离超过一定阈值后拉出按钮
bindbuttontap	函数	绑定点击功能按钮后的回调事件
bindhide	函数	绑定隐藏功能按钮后的回调事件
bindshow	函数	绑定显示功能按钮后的回调事件

Slideview 可以配置一组功能按钮，定义功能按钮对象的属性如表 6-16 所示。

表 6-16　Slideview 可定义功能按钮对象的属性

属性名	类型	意义
ext-class	字符串	设置组件的 class 类名
type	字符串	设置按钮的类型，可选值为： • default：默认风格 • warn：警告风格
text	字符串	按钮的标题
src	字符串	如果按钮为图标类型的，此属性设置图标的资源路径
data	任意类型	点击按钮时回传给触发事件参数的数据

6.2.7　关于 Uploader 组件

Uploader 组件是 WeUI 中封装的图片上传组件，表单页面有时需要用户上传图片、音频等文件，这时就可以直接使用 Uploader 组件。

Uploader 组件可配置的属性如表 6-17 所示。

表 6-17　Uploader 组件的属性

属性名	类型	意义
ext-class	字符串	设置组件的 class 类名
title	字符串	设置组件的标题
tips	字符串	设置组件的提示文案
delete	布尔值	设置是否显示删除按钮
size-type	数组	选择文件尺寸参数
source-type	数组	选择文件来源参数
max-size	数值	设置支持的文件最大尺寸限制
max-count	数值	设置支持的最大文件个数
files	数组	当前文件列表
select	函数	设置选择文件时的过滤函数
upload	函数	设置文件上传的函数

（续表）

属性名	类型	意义
Bindselect	函数	绑定选择文件后触发的回调事件
bindcancel	函数	绑定取消选择后触发的回调事件
bindsuccess	函数	绑定上传成功后触发的回调事件
bindfail	函数	绑定上传失败后触发的回调事件
binddelete	函数	绑定删除文件后触发的回调事件

对于上面列举的 files 属性，其内存放的文件对象包含的信息如表 6-18 所示。

表 6-18　files 属性其内存放的文件对象包含的信息

属性名	类型	意义
url	字符串	文件的链接
loading	布尔值	文件是否正在上传中
error	布尔值	如果上传失败，存放异常信息

6.3　WeUI 库中的弹窗和提示类组件

我们在使用微信的过程中，经常会遇到各种各样的弹窗，通常，在需要用户二次确认的操作场景都会遇到弹窗，实际开发中就需要使用到弹窗组件。WeUI 库中提供了一套与微信风格一致的弹窗和消息提示组件，使用方便，并且可以带给用户一致的交互体验。

6.3.1　Dialog 弹窗组件

Dialog 弹窗组件的引入路径如下：

```
"weui-miniprogram/dialog/dialog"
```

可以在 WXML 页面文件中编写如下示例代码：

```
<mp-dialog show="{{true}}" title="弹窗的标题"
buttons="{{[{text:'确定'},{text:'取消'}]}}">
</mp-dialog>
```

运行代码后，效果如图 6-6 所示。

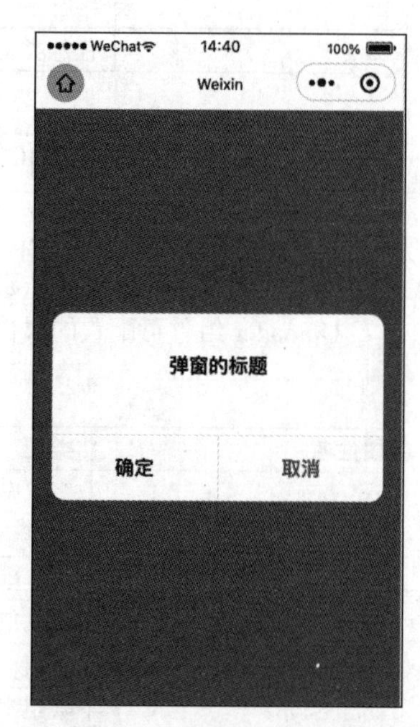

图 6-6　Dialog 组件示例

Dialog 组件内部也可以添加插槽，用来定义弹窗的内容。Dialog 组件可设置的属性如表 6-19 所示。

表 6-19　Dialog 组件的属性

属性名	类型	意义
ext-class	字符串	设置组件的 class 类名
title	字符串	设置弹窗的标题

buttons	数组，数组中的元素结构为：
	{
	String extClass：类名
	String text：按钮文本
	}
		设置弹窗按钮

mask	布尔值	设置是否显示遮罩蒙层
mask-closable	布尔值	设置点击蒙层的时候是否关闭弹窗
show	布尔值	设置弹窗是否显示
bindclose	函数	绑定关闭弹窗时的回调事件
bindbuttontap	函数	绑定点击弹窗中的按钮后的回调事件

6.3.2　HalfScreenDialog 半屏弹窗组件

Dialog 组件显示时会出现在页面的中央，WeUI 库中还提供了另一种弹窗组件，其出现时会从页面的底部弹出，即 HalfScreenDialog 组件。

HalfScreenDialog 组件的引入路径如下：

```
"weui-miniprogram/half-screen-dialog/half-screen-dialog"
```

编写如下示例代码：

```
<mp-half-screen-dialog
  show="{{true}}"
  title="弹窗的标题"
  subTitle="弹窗的副标题"
  desc="弹窗的内容文案"
  tips="弹窗的提示文案"
  buttons="{{[{text:'确认', type:
'default'},{text:'取消', type:
'default'}]}}"
></mp-half-screen-dialog>
```

上述代码的运行效果如图 6-7 所示。

HalfScreenDialog 组件支持的属性如表 6-20 所示。

图 6-7　HalfScreenDialog 组件示例

表 6-20　HalfScreenDialog 组件的属性

属性名	类型	意义
extClass	字符串	设置组件的 class 类名
closabled	布尔值	设置是否展示关闭按钮

（续表）

属性名	类型	意义
title	字符串	设置组件标题
subTitle	字符串	设置组件副标题
desc	字符串	设置组件的描述内容
tips	字符串	设置组件的提示文案内容
maskClosable	布尔值	设置点击遮罩层时是否关闭弹窗
mask	布尔值	设置是否展示遮罩层
show	布尔值	设置弹窗出现和隐藏
buttons	数组	设置弹窗中的功能按钮
bindbuttontap	函数	绑定点击功能按钮后的回调事件
bindclose	函数	绑定弹窗关闭时的回调事件

HalfScreenDialog 也支持通过插槽来定制部分内容，支持的插槽如表 6-21 所示。

表 6-21　HalfScreenDialog 组件支持的插槽

插槽名	意义
title	组件标题区域插槽
desc	组件内容描述区域插槽
footer	组件尾部区域插槽

6.3.3　ActionSheet 抽屉视图组件

ActionSheet 组件与 HalfScreenDialog 非常类似，其都是从页面底部向上弹出。

引入 ActionSheet 组件的路径如下：

```
"weui-miniprogram/actionsheet/actionsheet"
```

编写示例代码如下：

```
<mp-actionSheet show="{{true}}" actions=
"{{[{text:'第一项', type: 'default'},{text:
'第二项', type: 'default'}]}}" title="弹窗标题">
</mp-actionSheet>
```

代码运行效果如图 6-8 所示。

ActionSheet 组件通常用于用户从一组选项中选择一个的场景，支持配置的属性如表 6-22 所示。

图 6-8　ActionSheet 组件示例

表 6-22　ActionSheet 组件的属性

属性名	类型	意义
title	字符串	设置弹窗标题
show-cancel	布尔值	设置是否显示取消按钮
mask-class	字符串	设置背景蒙层的样式类名
ext-class	字符串	设置组件的 class 类名
mask-closable	布尔值	设置点击背景蒙层后是否关闭弹窗
mask	布尔值	设置是否显示背景蒙层
show	布尔值	控制弹窗的显示隐藏
actions	数组	配置组件中的功能按钮
bindclose	函数	绑定弹窗关闭的回调事件
bindactiontap	函数	绑定点击弹窗中功能按钮的回调事件

ActionSheet 仅支持对标题区域通过 title 插槽进行配置。

6.3.4　Msg 组件与 TopTips 组件

1. Msg 组件

在微信中，当我们尝试访问一个已经被删除了的资源时，通常会出现一个警告页面，告诉你资源已经不存在了。Msg 组件的作用便在于此，其提供了用户操作成功或失败的标准确认页面。

Msg 组件的引入路径如下：

```
"weui-miniprogram/msg/msg"
```

编写如下示例代码：

```
<mp-msg type="warn" title="出错啦" desc="你访问的资源不存在">
    <view slot="extend">额外信息区域</view>
    <button slot="handle" type="primary">操作按钮区域</button>
    <view slot="footer">底部区域</view>
</mp-msg>
```

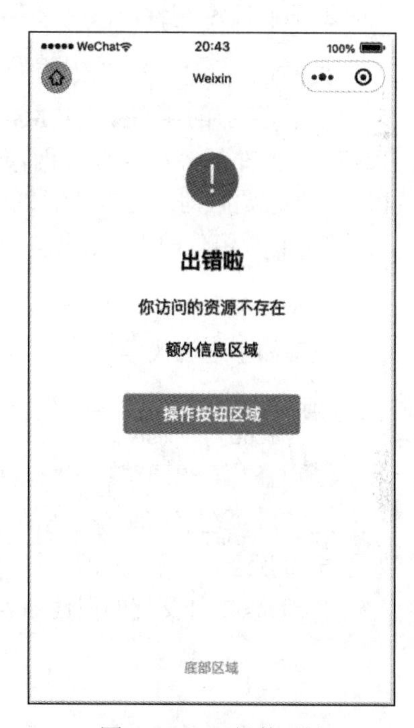

图 6-9　Msg 组件示例

运行代码，效果如图 6-9 所示。

Msg 组件支持的属性如表 6-23 所示。

表 6-23　Msg 组件的属性

属性名	类型	意义
ext-class	字符串	设置组件的 class 类名
type	字符串	设置顶部图标的类型，与小程序框架中的 icon 组件的 type 用法一致
size	数值	设置顶部图标的尺寸，与小程序框架中的 icon 组件的 size 用法一致
icon	字符串	自定义顶部图标的资源路径

（续表）

属性名	类型	意义
title	字符串	设置标题
desc	字符串	设置描述文案

Msg 组件内部也可以比较灵活地进行定制，所支持的插槽如表 6-24 所示。

表 6-24　Msg 组件支持的插槽

插槽名	意义
desc	描述区域插槽
extend	描述区域下面的扩展区域插槽
handle	操作按钮部分的插槽
footer	底部插槽

2. TopTips 组件

TopTips 也是一种用来对用户的操作进行成功或失败进行提示的组件。与 Msg 组件不同的是，TopTips 组件只会在当前页面渲染出一个顶部提示栏，显示一定时间后会自动消失。

TopTips 组件的引入路径如下：

```
"weui-miniprogram/toptips/toptips"
```

编写如下示例代码：

```
<mp-toptips type="success"
show="{{true}}" msg=
"操作成功" delay="{{3000}}"></mp-toptips>
```

运行后，在页面顶部会出现 3 秒的文字提示，如图 6-10 所示。

TopTips 组件支持的属性如表 6-25 所示。

图 6-10　TopTips 组件示例

表 6-25　TopTips 组件的属性

属性名	类型	意义
ext-class	字符串	设置组件的 class 类名
type	字符串	设置提示类型，会影响到提示栏的颜色，可选值为： • info：普通提示 • error：异常提示 • success：成功提示
show	布尔值	设置提示栏是否显示

（续表）

属性名	类型	意义
msg	字符串	设置提示内容
delay	数值	设置提示栏显示的时长，单位为毫秒
bindhide	函数	设置提示栏隐藏时的回调事件

6.4　WeUI 库中的导航栏与搜索栏组件

之前在介绍页面导航时，提到过在页面的配置选项中有一个 navigationStyle 选项，当设置为 custom 时表示不使用默认的导航栏，而是需要开发者自己配置导航栏，此时就可以使用 WeUI 框架中的导航栏组件，即 NavigationBar 组件。同样，WeUI 库中还提供了供自定义标签栏的 Tabbar 组件和搜索栏组件。

6.4.1　NavigationBar 组件

NavigationBar 组件用来自定义导航栏。在使用之前，我们需要设置一下页面的导航风格，如下所示：

```
"navigationStyle": "custom"
```

之后，运行代码进入此页面，会发现页面中的默认导航栏已经消失了。

引入 NavigationBar 组件的路径如下：

```
"weui-miniprogram/navigation-bar/navigation-bar"
```

编写如下测试代码：

```
<mp-navigation-bar title="导航栏标题" back="{{true}}"
show="{{true}}"></mp-navigation-bar>
```

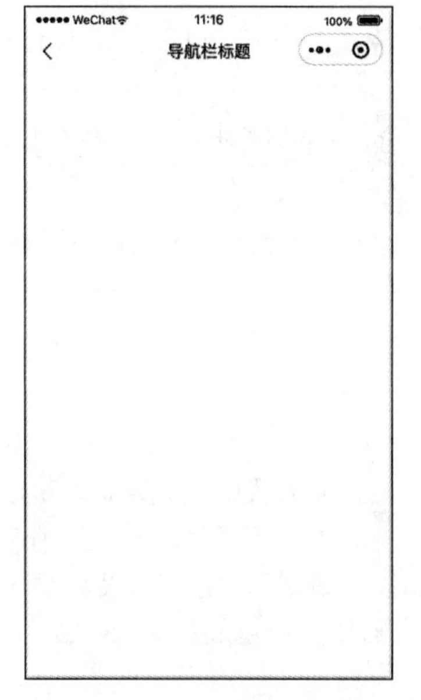

图 6-11　自定义导航栏示例

运行代码，效果如图 6-11 所示。

NavigationBar 组件支持的属性如表 6-26 所示。

表 6-26　NavigationBar 组件的属性

属性名	类型	意义
ext-class	字符串	设置组件的 class 类名
title	字符串	设置导航栏的标题
back	布尔值	设置是否显示默认的返回按钮
delta	数值	当 back 属性设置为 true 时，设置返回的页面层数，默认为 1
background	字符串	设置导航栏的背景色
color	字符串	设置导航栏上的文字等颜色
loading	布尔值	设置是否在标题左侧显示 loading

（续表）

属性名	类型	意义
show	布尔值	设置导航栏是否展示
animated	布尔值	设置导航栏在展示和隐藏过程中是否展示动画效果
bindback	函数	绑定用户点击默认的返回按钮后的回调事件

NavigationBar 也支持通过插槽对某些部分进行定制，这些插槽如表 6-27 所示。

表 6-27　NavigationBar 支持的定制插槽

插槽名	意义
left	导航栏左侧区域插槽，与导航栏的 back 属性冲突，不能同时使用
center	导航栏中间区域插槽，与导航栏的 title 属性冲突，不能同时使用
right	导航栏右侧区域插槽

6.4.2　Tabbar 组件

Tabbar 组件是自定义的标签栏组件，其引入路径如下：

```
"weui-miniprogram/tabbar/tabbar"
```

编写如下示例代码：

```
<mp-tabbar list="{{[{text:'栏目
1'},{text:'栏目
2',badge:'3'}]}}"></mp-tabbar>
```

运行代码，效果如图 6-12 所示。

在标签栏中，也可以为每一个标签设置不同的图标，每个标签也可以设置徽章文案。Tabbar 组件支持配置的属性如表 6-28 所示。

图 6-12　自定义标签栏示例

表 6-28　Tabbar 组件的属性

属性名	类型	意义
ext-class	字符串	设置组件的 class 类名
list	数组	设置标签栏中的每个标签
current	数值	设置当前选中的标签
bindchange	函数	绑定选中的标签发生变化的回调事件

Tabbar 上的每个标签上的对象都是按表 6-29 所示的属性配置的。

表 6-29　Tabbar 组件标签上的对象的属性

属性名	类型	意义
text	字符串	配置标签的标题
icoPath	字符串	设置标签上图标的资源路径
selectedIconPath	字符串	设置标签选中时其显示的图标的资源路径
badge	字符串	设置标签上显示的徽章文案

6.4.3　Searchbar 组件

一般有大量列表数据的应用都会提供检索功能，检索则离不开搜索栏，WeUI 中提供了搜索栏组件，即 Searchbar 组件。

Searchbar 组件的引入路径如下：

```
"weui-miniprogram/searchbar/
searchbar"
```

编写示例代码如下：

```
<mp-searchbar placeholder="查找朋友
"></mp-
searchbar>
```

运行代码，效果如图 6-13 所示。

Searchbar 组件可配置的属性如表 6-30 所示。

图 6-13　Searchbar 组件示例

表 6-30　Searchbar 组件的属性

属性名	类型	意义
ext-class	字符串	设置组件的 class 类名
focus	布尔值	设置初始化后是否处于激活状态
placeholder	字符串	设置搜索框中的提示文案
value	字符串	设置搜索框中的默认文案
search	函数	输入过程中，此回调函数会被不停地调用
throttle	数值	设置 search 函数的调用最小间隔时间，单位为毫秒
cancelText	字符串	设置取消按钮的标题
cancel	布尔值	设置是否显示取消按钮

（续表）

属性名	类型	意义
bindfocus	函数	绑定搜索框激活的回调事件
bindblur	函数	绑定搜索框失活的回调事件
bindclear	函数	绑定清除按钮点击的回调事件
bindinput	函数	绑定在搜索框输入过程中的回调事件
bindselectreault	函数	绑定选择搜索结果时的回调事件

6.5　小结与练习

6.5.1　小结

本章介绍了一个实际项目开发中常用的组件库 WeUI，实际上，WeUI 组件库中提供的所有组件我们都可以将其理解为一个自定义组件。读者也能逐渐意识到，在开发过程中，随着项目的迭代和增多，通用组件会越来越多，将其封装为自定义组件是一个非常好的选择，积累的自定义组件多了，就可以作为一个完整的组件库在多个小程序项目中使用。下一章，将介绍如何开发自定义组件。

6.5.1　练习

1. WeUI 是一个什么样的扩展库？

温馨提示：功能上 WeUI 提供了一套与微信原生应用风格一致的自定义页面组件，通过使用这些组件，开发者可以快速地开发出为微信本身保持一致体验的小程序。也可以从易用性、便捷性和可扩展性方面进行分析。

2. 如何引入 WeUI 扩展库？

温馨提示：由于 WeUI 是微信团队内部维护的一个组件扩展库，因此小程序通过在工程的 JSON 文件中进行配置即可引入使用，且不会增大小程序本身的包体积。其实 WeUI 也支持通过 npm 的方式引入，读者可以尝试使用这种方式引入 WeUI 库进行使用。

第 7 章

自定义组件

本章内容：

- 自定义组件基础
- 关于自定义组件的高级用法

我们前面所使用的 WeUI 库中的组件，其本质都是自定义组件，实际上，也可以根据需要定制自己的自定义组件。将页面中的通用功能抽象成自定义的组件好处很多，首先其可以在不同的页面中重复使用，利于代码的复用性；其次，将复杂的页面拆分成多个低耦合的模块也非常有利于代码的维护；最后，当我们积累了足够多的自定义组件后，它本身就变成了一个高效的组件库，再开发新的小程序时可以直接使用。

本章将介绍自定义组件的创建方法，以及如何通过小程序框架提供的相关自定义组件技术来增强组件的扩展性和定制性。通过本章的学习，相信读者不仅能够开发出小程序页面，也能够优雅地开发出复杂的小程序页面。

7.1 自定义组件基础

在小程序开发框架中提供了非常丰富的内置组件，很多时候，自定义组件也是在这些内置组件的基础上进行组合和扩展而来的。本节将通过简单的示例来演示自定义组件的基础用法。

7.1.1　创建一个自定义组件

首先在示例工程的根目录中新建一个名为 component 的文件夹，用来存放我们创建的自定义组件。在 pages 文件夹下新建一组名为 customComponent 的页面文件，作为自定义组件的演示页面。

自定义组件与页面类似，也是由 JSON、WXML、WXSS 和 JavaScript 这 4 个文件组成，各个文件对应的功能也没有太多的变化，JSON 负责组件的配置，WXML 负责组件的模板，WXSS 负责组件的样式，JavaScript 负责组件的数据和逻辑。

现在，可以尝试在 component 文件夹下新建一组名为 component1 的自定义组件文件，无须对每个文件单独进行创建，微信开发者工具提供了对应的创建工具，和创建页面类似，在对应文件夹内右击后，选择弹出的菜单中的“新建 Component”选项即可。

创建完成后，可以先观察一下 component1.json 文件中默认生成的代码，如下所示：

```
{
    "component": true,
    "usingComponents": {}
}
```

可以看到，在此 JSON 配置文件中，component 选项被配置为了 true，正是这个字段标明了这一组文件为一个自定义组件。

下面可以在 component1.wxml 文件中编写一些代码，如下所示：

```
<!--component/component1/component1.wxml-->
<view>
    <view style="text-align: center;">{{title}}</view>
    <slot></slot>
</view>
```

其中，slot 是自定义组件的插槽，在使用此自定义组件时，标签内部的元素都被放入插槽所在的位置。上面的 WXML 代码很简单，除了定义了一个标题文本外，就剩下一个暴露给调用方设置的内容插槽了。但是还有一点需要注意，标题的文案是可以动态配置的，因此需要将 title 定位为自定义组件的外部属性。在 component1.js 文件中编写如下代码：

```
// component/component1/component1.js
Component({
    properties: {
        title: {
            type:String,
            value:"自定义组件的标题"
        }
    }
})
```

上面代码中的 Component 是一个组件构造器，其中提供了各种用来构造组件的配置项，先看 properties 选项，这个选项用来定义组件所使用到的外部属性，目前我们只定义了一个外部属性，即 title。title 属性的类型为字符串类型，并且默认值为“自定义组件的标题”。

要使用此自定义组件也非常容易，修改 customComponent.json 文件如下：

```
{
```

```
  "usingComponents": {
    "component1":"../../component/component1/
     component1"
  }
}
```

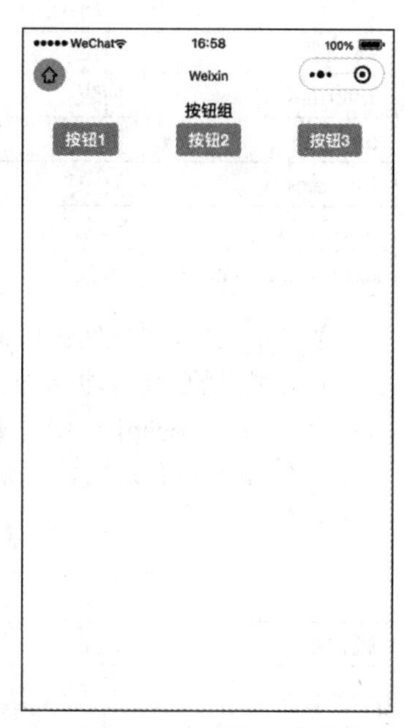

图 7-1　自定义组件示例

在页面中使用自定义组件前，必须先在 JSON 配置文件中引入，需要注意引入的组件路径一定要正确。修改 customComponent.wxml 文件如下：

```
<!--pages/customComponent/customComponent.wxml-->
<component1 title="按钮组">
   <view style="display: flex; flex-direction: row;
    justify-content: space-between;">
       <button type="primary" size="mini">按钮 1
       </button>
       <button type="primary" size="mini">按钮 2
       </button>
       <button type="primary" size="mini">按钮 3
       </button>
   </view>
</component1>
```

运行代码，体验一下我们创建的自定义组件的效果吧，如图 7-1 所示。

7.1.2　关于 Component 组件构造器

在开发页面时，页面的数据和方法都是通过 Page 页面构造器配置的，自定义组件也类似，其通过 Component 构造器来进行配置。本小节，我们将简单地介绍 Component 构造器中传入对象的可配置的属性，以及其内部封装好的一些方法，在组件的内部，可以通过 this 关键字直接调用这些方法。

Component 构造器参数对象的属性如表 7-1 所示。

表 7-1　Component 构造器参数对象的属性

属性名	类型	意义
properties	对象	配置组件所支持的外部属性，在配置时可以指定类型和默认值
data	对象	设置组件内部所使用到的数据
observers	对象	组件数据监听器，可以对 properties 和 data 定义的数据进行监听
methods	对象	组件的方法列表
behaviors	列表	设置混入到组件中的行为
created	函数	组件的生命周期方法
attached	函数	组件的生命周期方法
ready	函数	组件的生命周期方法
moved	函数	组件的生命周期方法
detached	函数	组件的生命周期方法
relations	对象	定义组件间关系

（续表）

属性名	类型	意义
externalClasses	列表	定义组件接受的外部样式
options	对象	定义组件选项
lifetimes	对象	组件的生命周期声明对象
pageLifetimes	对象	组件所在页面的生命周期声明对象
definitionFilter	函数	定义过滤器，用于组件扩展

表 7-1 列举的配置项中，properties 是非常重要的一个。我们知道，自定义组件存在的意义就在于其有很强的封装和扩展性，因此，一般组件都会提供非常丰富的属性供使用者进行配置，也可以理解为，properties 中配置的属性就是页面或父组件传递到当前组件的数据。在 properties 中，每个属性都可以设置一个配置对象，用来约束属性的类型、默认值等。此配置对象的定义如表 7-2 所示。

表 7-2　properties 属性的配置对象

属性名	类型	意义
type	String、Number、Boolean、Object 等	属性的类型
optionalTypes	列表	使用此字段，属性可以指定多个类型
value	任意类型	属性的初始值
observer	函数	属性值变化时的回调函数

Component 构造器生成的组件实例可以在组件的方法、生命周期函数以及监听回调中使用 this 关键字访问到，组件实例对象可访问的属性和可调用的方法如表 7-3 和表 7-4 所示。

表 7-3　Component 组件实例对象可访问的属性

属性名	类型	意义
is	字符串	获取组件的文件路径
id	字符串	节点的标识
dataset	字符串	节点的 dataset 数据
data	对象	组件的数据
properties	对象	组件的外部属性
Router	对象	路由对象
pageRouter	对象	组件所在页面的路由对象

表 7-4　Component 组件实例对象可调用的方法

方法名	参数	意义
setData	Object data：设置的数据对象	设置组件的 data 数据并触发视图层的渲染
hasBehavior	Object behavior：行为对象	检查组件是否引入 behavior
triggerEvent	String name：事件名 Object detail：详细信息 Object options：选项信息	用来触发组件的自定义事件，后面章节会介绍

（续表）

方法名	参数	意义
createSelectorQuery	无	创建一个选择器对象，用来获取组件实例内的对象
IntersectionObserver	无	创建一个 IntersectionObserver 对象，用来判断某些节点是否可见
MediaQueryObserver	无	创建一个 MediaQueryObserver 对象，用来监听 media query 状态的变化
selectComponent	String selector：选择器	使用选择器选择组件实例节点，会返回匹配到的第一个实例
selectAllComponents	String selector：选择器	使用选择器选择组件实例节点，会返回匹配到的所有实例
selectOwnerComponent	无	选取当前组件的拥有者的实例
getRelationNodes	String relationKey：关系键值	获取指定关系所对应的所有关联节点
groupSetData	Function callback：回调函数	将 callback 中的多次 setData 进行合并，不会重复进行页面的绘制
getTabBar	无	获取当前页面的标签栏实例
getPageId	无	获取当前页面的页面标识符
animate	String selector：选择器 Array keyframes：关键帧 Number duration：时长 Function callback：回调函数	执行关键帧动画，关于动画的内容后面章节会介绍
clearAnimation	String selector：选择器 Object options：选项 Function callback：回调函数	清除关键帧动画
setUpdatePerformanceListener	Object options：选项 Function listener：监听函数	清除关键帧动画

需要注意，在组件内部使用 this.data 可以直接获取内部数据，但是对它的修改不会同步更新到页面上，需要使用 setData 方法来进行修改。

7.1.3　组件的生命周期

小程序的页面有对应的生命周期钩子方法，这些方法会在页面从创建到销毁过程中的关键节点进行调用。组件也类似，与页面不同的是，组件除了拥有本身的生命周期方法外，还可以感知到部分页面的生命周期方法回调。

组件本身所支持的所有生命周期方法如表 7-5 所示。

表 7-5　组件本身所支持的所有生命周期方法

方法名	意义
created	组件实例被创建时执行的回调
attached	组件实例被挂载到页面时的回调

（续表）

方法名	意义
ready	组件在视图层布局完成后的回调
moved	组件在节点树中的位置移动时的回调
detached	组件被从页面节点树移除时的回调
error	组件发生错误的回调

表 7-5 列举的方法中，created 被调用时组件刚刚创建，其数据并没有准备好，因此不能在其中调用 setData 方法。

对于一些页面的生命周期方法，有时组件内部也需要感知到，以便来处理某些组件逻辑，这些生命周期方法可以在组件的 papeLifetimes 选项中定义，如表 7-6 所示。

表 7-6　使用 papeLifetimes 选项定义页面的生命周期方法

方法名	意义
show	组件所在页面被展示时的回调
hide	组件所在页面被隐藏时的回调
resize	组件所在页面尺寸发生变化时的回调

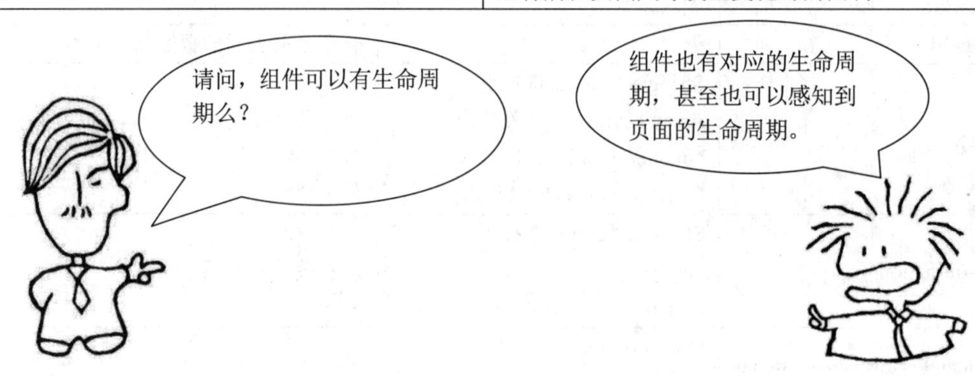

7.2　关于自定义组件的高级用法

目前我们已经对自定义组件的使用有了大致的体验，其实关于自定义组件，还有许多高级的特性供开发者进行使用，本节将向大家介绍这些特性。

7.2.1　自定义组件的模板和样式

自定义组件拥有自己的 WXML 文件和 WXSS 文件，WXML 文件用来定义组件的模板，WXSS 文件用来定义组件的样式。

组件模板中可以添加 slot 标签来定义插槽，插槽可以理解为是一个接口，供组件的使用方灵活的提供组件的子节点内容。在前面的示例代码中，已经使用到插槽，如下所示：

```
<!--component/component1/component1.wxml-->
<view>
   <view style="text-align: center;">{{title}}</view>
   <slot></slot>
</view>
```

这种没有设置名称的插槽被称为默认插槽。在使用时，组件标签内部的内容会被替换到这个插槽所在的位置，如下所示：

```
<component1 title="按钮">
    <button type="primary" size="mini">按钮 1</button>
</component1>
```

虽然大多数情况下，自定义组件可能都只有一个默认的插槽，但也会遇到需要多个插槽的场景，比如对于框架类的组件、头部、尾部、内容部分都会提供了调用方定制，这时就需要有多个插槽。要定义多个插槽，首先需要在组件的 options 选项中进行声明，如下所示：

```
// component/component1/component1.js
Component({
   options:{
      multipleSlots:true
   }
})
```

由于有多个插槽，在定义插槽时，需要通过名字来对它们进行区分，组件模板示例代码如下：

```
<!--component/component1/component1.wxml-->
<view>
   <view style="text-align: center;">{{title}}</view>
   <slot></slot>
   <view style="display: flex; flex-direction: row; justify-content: space-
   between;">
      <slot name="left"></slot>
      <slot name="right"></slot>
   </view>
</view>
```

在使用此组件时，未指令名称的内容要会匹配到默认插槽，修改 customComponent.wxml 中的示例代码如下：

```
<!--pages/customComponent/customComponent.wxml-->
<component1 title="按钮组">
   <view style="display: flex; flex-direction: row; justify-content: space-
   between;">
      <button type="primary" size="mini">按钮 1</button>
      <button type="primary" size="mini">按钮 2</button>
      <button type="primary" size="mini">按钮 3</button>
   </view>
   <view slot="left">左视图</view>
   <view slot="right">右视图</view>
</component1>
```

运行代码，效果如图 7-2 所示。

后面我们在编写自定义组件时，会非常频繁地使用到插槽技术。自定义组件插槽的使用方式也非常简单，对于多插槽的组件，建议对所有插槽都进行命名。

自定义组件拥有自己的 WXSS 文件，在其中定义的样式只对组件的 WXML 文件内的节点生效，但是在编写组件的 WXSS 样式时，还是有几点需要注意。

（1）在定义组件样式表时，不能使用 id 选择器，属性选择器和标签名选择器。要使用类选择器。

（2）应避免使用子选择器和后代选择器，在某些场景下会出现异常。

（3）组件内的样式会发生继承，会从组件外继承到组件内。

（4）app.wxss 文件中定义的全局样式，和组件所在页面中定义的样式对自定义组件无效，除非产生了继承。

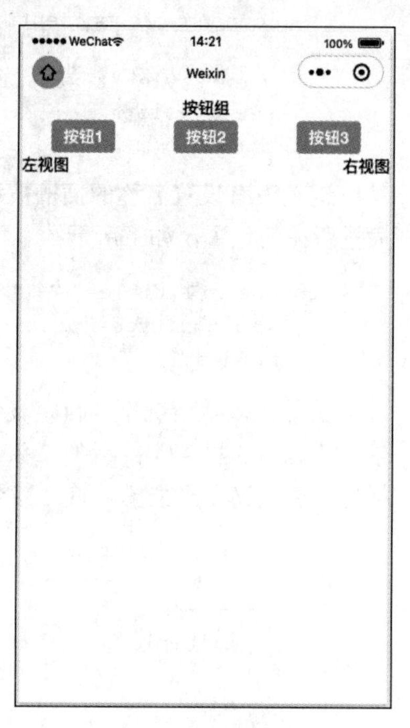

图 7-2　组件插槽示例

在定义组件时，可以通过设置选项中的 styleIsolation 项来配置样式隔离模式，示例代码如下：

```
// component/component1/component1.js
Component({
    options:{
        styleIsolation:"isolated"
    }
})
```

styleIsolation 可配置为 isolated、apply-shared 或 shared。isolated 表示启用样式隔离，在组件内外使用 class 定义的样式将不会互相影响。apply-shared 表示页面的样式表将会影响到组件内部，但组件 WXSS 中定义的样式表不会影响到页面。shared 表示组件和页面共享样式。

如果组件内部的某些样式需要暴露给外部进行设置，也可以设置选项中的 addGlobalClass 字段来实现，如下所示：

```
// component/component1/component1.js
Component({
  options: {
    addGlobalClass: true,
  }
})
```

将 addGlobalClass 设置为 true，其效果与设置 styleIsolation 为 apply-shared 是一样的。

前面在介绍组件的配置字段时，列举出一个名为 externalClasses 的配置项，这一项也与组件的样式配置有关，如果希望组件能够接收外部某些 class 样式类，则可以在这个选项中配置，例如：

```
// component/component1/component1.js
Component({
    externalClasses:['title-class']
})
```

对应的修改 component1.wxml 文件中的代码如下：

```
<!--component/component1/component1.wxml-->
<view>
   <view style="text-align: center;">
      <text class="title-class">{{title}}</text>
   </view>
   <slot></slot>
   <view style="display: flex; flex-direction: row; justify-content: space-
   between;">
      <slot name="left"></slot>
      <slot name="right"></slot>
   </view>
</view>
```

在使用此组件时，就可以通过 title-class 来设置组件内标题的样式了，修改 customComponent.wxml 文件如下：

```
<!--pages/customComponent/customComponent.wxml-->
<component1 title="按钮组" title-class="title">
</component1>
```

对应的，在 customComponent.wxss 中添加对应样式代码：

```
/* pages/customComponent/customComponent.wxss */
.title {
   color: red;
}
```

运行代码，可以看到组件的标题颜色会变成红色。通过 externalClasses 项，可以引入一组外部样式，方便组件的使用者配置组件内多个内容部分的样式。

7.2.2　组件间的通信

任何涉及组件化的技术都需要解决页面与组件、组件与组件间的通信问题，因为通信本质上是数据和事件的传递。在小程序中，组件间的通信主要有如下几种：

（1）页面/父组件向子组件传递数据。

（2）子组件向页面/父组件传递数据。

（3）页面/父组件直接通过子组件实例来获取子组件的数据或调用子组件的方法。

其中，页面或父组件传递数据到子组件的场景比较简单，通过子组件定义的 properties 外部属性来进行传递，前面小节有过介绍，这里不再重复。我们主要关注第 2 种和第 3 种应用场景。

子组件传递数据到父组件，通常使用自定义事件的方式实现。父组件可以监听子组件定义的自定义事件，当组件组触发了自定义事件后，可以将要传递的数据作为参数传递到父组件的回调函数中，当然，参数并非必须，有时候子组件触发自定义事件仅仅是为了传递消息，以便父组件接收到后处理特定的逻辑。

前面我们在使用内置的 button 组件时，为了监听用户的点击行为，使用 bindtap 来绑定点击事件。tap 其实就是内置组件 button 定义的一种事件。同样的监听事件方法也适用与自定义组件。

首先修改 component1.wxml 中的标题部分代码如下：

```
<view style="text-align: center;">
    <text class="title-class" bindtap="tapTitle">{{title}}</text>
</view>
```

在 component1.js 文件中实现 tapTitle 方法如下：

```
methods: {
    tapTitle:function() {
        this.triggerEvent("titleTapEvent",{title:this.properties.title});
    }
}
```

triggerEvent 方法用来触发自定义事件，其中第 1 个参数为事件名，之后一个参数为要传递的参数，这里我们将当前组件的标题作为参数传递出去。

在使用组件时，可以根据需要来选择是否要监听组件的标题点击事件，示例代码如下：

```
<!--pages/customComponent/customComponent.wxml-->
<component1 title="按钮组" bindtitleTapEvent="tapEvent" title-class="title">
</component1>
```

在 customComponents.js 中实现回调方法如下：

```
tapEvent:function(event) {
    console.log(event.detail.title);
}
```

运行代码，观察控制台的输出，可以看到已经能够使用自定义事件了。上面的示例代码中，在调用 triggerEvent 方法触发事件时，只设置了两个参数，其实这个方法还有第 3 个可选的参数，可以用来设置触发事件的一些选项，选项对象的构成如表 7-7 所示。

表 7-7　triggerEvent 方法触发事件第 3 个参数的属性

属性名	类型	意义
bubbles	布尔值	事件是否冒泡
capturePhase	布尔值	事件是否拥有捕获阶段
composed	布尔值	事件是否可以穿越组件边界

对于一些特殊的应用场景，仅仅数据的传递可能已经无法满足业务的需求，例如需要在父组件中触发子组件来执行方法，这时就需要获取到子组件的实例来进行操作。获取子组件实例也很简单，首先需要为子组件指定一个特殊的类，如下所示：

```
<!--pages/customComponent/customComponent.wxml-->
<component1 class="my-component" title="按钮组" bindtitleTapEvent="tapEvent"
title-class="title">
</component1>
```

可以在 customComponent.js 文件的 onShow 方法中编写如下示例代码：

```
onShow: function () {
    // 获取子组件实例
    let component = this.selectComponent(".my-component");
    // 获取子组件中数据
    console.log(component.properties.title);
```

```
    // 调用子组件方法
    component.tapTitle();
}
```

运行代码，可以看到一旦我们获取了子组件实例，即可以灵活地对组件中的数据进行获取，也可以任意地调用组件的方法，非常方便。

其实并非所有自定义组件的开发者都希望使用这个可以获取到组件实例。有时候能够获取到组件实例并非是一件好事，例如某些组件内部的数据逻辑不希望被调用者访问到。小程序开发框架中内置了一个名为 component-export 的 behavior 模块，使用它可以按需导出组件内部的数据，也就是说，它可以改变使用 selectComponent 方法获取到的组件实例。例如修改 component1.js 文件如下：

```
// component/component1/component1.js
Component({
    behaviors: ['wx://component-export'],
    export:function() {
        return {
            outData:"暴露到外部的数据",
            outFunction:function() {
                console.log("暴露给外部的方法");
            }
        }
    },
    properties: {
        title: {
            type:String,
            value:"自定义组件的标题"
        }
    },
    methods: {
        tapTitle:function() {
            this.triggerEvent("titleTapEvent",{title:this.properties.title});
        }
    }
})
```

此时如果直接运行代码，会有错误产生，组件外已经不能访问到之前的 title 属性和 tapTitle 方法了，修改 customComponent.js 中的 onShow 方法如下：

```
onShow: function () {
    // 获取子组件实例
    let component = this.selectComponent(".my-component");
    console.log(component.outData);
    component.outFunction();
}
```

其实，我们获取到的组件是以已经变成了 export 方法导出的对象。

7.2.3　组件间的依赖关系

对于复杂的自定义组件来说，其可能是由多个子类型的自定义组件构成的。举个简单的例子，如果想开发一个列表类型的自定义组件，则至少需要开发列表框架与列表项两种组件，比如我们将列表框架命名为 custom-ul，将列表项命名为 custom-li，则 custom-li 必须是 custom-ul 组件的子组件，这其实就产生了组件间的依赖关系。

下面，先通过一个简单的自定义列表来演示如何定义组件间的依赖关系。

在工程的 component 文件夹下新建一个 component2 的子文件夹，在其中存放示例组件文件。在 component2 文件夹中新建两个组件，分别命名为 customList 和 customItem，文件目录结构如图 7-3 所示。

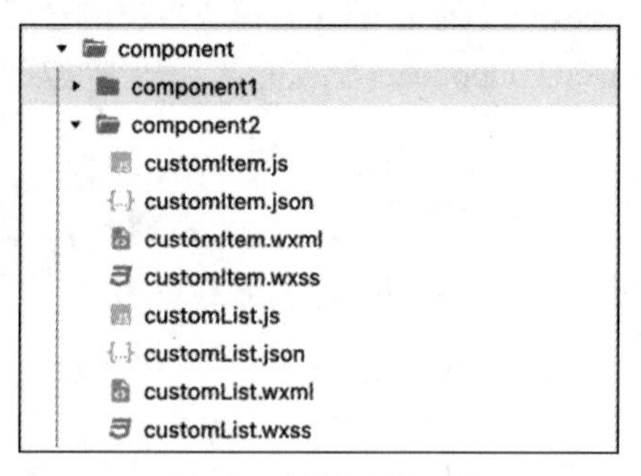

图 7-3　组件目录结构

在列表容器组件 customList.wxml 中编写如下示例代码：

```
<!--component/component2/customList.wxml-->
<view>
    <view>header</view>
    <slot></slot>
</view>
```

修改 customList.js 文件中的代码如下：

```
// component/component2/customList.js
Component({
    relations: {
        './customItem': {
            type:"child",
            linked:function(target) {
                console.log("Item 组件被插入");
            },
            linkChanged:function(target) {
                console.log("Item 组件发生变化");
            },
            unlinked:function(target) {
                console.log("Item 组件被移除");
            }
        }
    }
})
```

如上代码所示，在自定义组件时，使用 relations 选项来设置组件间的依赖关系，其中 type 用来指定被关联的目标组件与当前组件的关系，parent 表示被关联的组件需要为当前组件的父组件，child 表示被关联的组件需要为当前组件的子节点。还可以配置为 ancestor 或 descendant，其中 ancestor 表示被关联的组件为当前组件的祖先节点，descendant 表示被关联的节点为当前节点的子孙节点。一般建立互相关系的组件间的通信会比较复杂，比如父组件需要知道子组件的插入、移除、更新等动作，在定义组件关系时，同时可以定义一些回调函数，如表 7-8 所示。

表 7-8　定义组件关系时可以定义的回调函数

配置项	意义
linked	子组件插入到父组件时触发的回调
linkChanged	组件在节点树中的位置发生变化时触发的回调
unlinked	组件从页面节点树中移除时触发的回调

上述示例代码，演示了两个组件间的关系定义，需要注意，无论是子组件还是父组件，都需要配置 relations 选项，单方面的设置是无效的。有时候，我们需要一个父组件关联一类子组件，例如上面的自定义列表的例子，其中还可以定义如列表头，列表尾这类的组件。要关联一类组件，我们可以通过添加 behavior 来实现。

在 component2 文件夹下新建两个组件，分别命名为 customHeader 和 customFooter，再创建一个命名为 custom.js 的文件，用来定义 behavior。在 custom,js 文件中编写如下示例代码：

```
module.exports = Behavior({
})
```

这里定义了一个空的 Behavior，只是为了方便进行一对多的组件关系定义。修改 customHeader 组件相关代码如下：

```
// component/component2/customHeader.js
var custom = require('./custom');
Component({
    behaviors:[custom],
    relations:{
        './customList':{
            type:'ancestor',
            linked:function(target){
                console.log("Header 插入");
            }
        }
    }
})
<!--component/component2/customHeader.wxml-->
<text>头部</text>
```

类似的，customFooter 组件相关代码如下：

```
// component/component2/customFooter.js
var custom = require('./custom');
Component({
    behaviors:[custom],
    relations: {
        "./customList":{
            type:'ancestor',
            linked:function(target){
                console.log("Footer 插入");
            }
        }
    }
```

```
})
<!--component/component2/customFooter.wxml-->
<text>尾部</text>
```

可以看到，这两个组件都定义了 customList 组件为祖先节点，并且都引入了 custom 这个 Behavior。下面我们再定义 customList 与这些节点的关系就非常容易了，相关代码如下：

```
// component/component2/customList.js
var custom = require('./custom');
Component({
    relations: {
        'custom': {
            type:'descendant',
            target:custom
        }
    }
})
```

在 customList 组件定义关系时，我们使用了 target 选项，这个选项可以允许使用 Behavior 来作为关联的目标节点，所有拥有此 Behavior 的节点都会被进行关系定义，非常方便。

7.2.4 Behaviors 的应用

Behaviors 是提高代码复用性的一种编程手段。我们知道，之所以使用自定义组件，很重要的一点就是使得组件能够复用在不同的场景中。通过 Behaviors，可以更加细粒度地控制代码的复用，例如当某些自定义组件都有相同的部分功能时，就可以将其定义为 Behavior，之后只需要组件引入这个 Behavior 即可拥有对应的功能。

以我们前面编写的代码为基础，在 custom.js 文件中将创建的 Behavior 补充完整，如下所示：

```
module.exports = Behavior({
    properties:{
        "title":{
            type:String
        }
    },
    data:{
        behaviorData:"behaviorData"
    },
    methods:{
        log:function(value){
            console.log("自定义的打印方法:"+value);
        }
    },
    created:function() {
        console.log("Behavoir created");
    }
})
```

此时，引入了此 Behavior 的两个自定义组件 customHeader 和 customFooter 都会被注入 Behavior 对象中定义的外部属性，内部数据，方法和生命周期回调。我们可以尝试修改下

customHeader 和 customFooter 组件的 WXML 文件如下：

```
<!--component/component2/customFooter.wxml-->
<text>{{title}}</text>
```

虽然组件内部本身没有定义 title 属性，但是在使用组件时，依然可以为其设置 title 属性，如下所示代码：

```
<!--pages/customComponent/customComponent.wxml-->
<custom-list>
   <custom-header title="头部"></custom-header>
   <custom-footer title="尾部"></custom-footer>
</custom-list>
```

运行代码，可以看到页面能够按照预期渲染。

简单理解，Behaviors 对象中可以进行组件的属性、数据、函数、生命周期回调等的定义，定义后，所有引入了此 Behavior 的组件都会被注入这些功能。Behavior 对象中可配置的属性如表 7-9 所示。

表 7-9　Behavior 对象的属性

属性	类型	意义
properties	对象	功能同组件的 properties
data	对象	功能同组件的 data
methods	对象	功能同组件的 methods
behaviors	数组	Behavior 也可以引入其他的 Behavior 对象
created	函数	同组件的生命周期方法
attached	函数	同组件的生命周期方法
moved	函数	同组件的生命周期方法
detached	函数	同组件的生命周期方法

需要注意，组件引入的 Behavior 对象中定义了一套数据和方法，组件本身也能有对应的定义，此时会出现同名字段，在组件引入 Behavior 对象时，同名字段的覆盖或组合规则如下：

- 对于 properties 字段，如果组件内也定义了相同的属性，则组件内定义的优先级更高。
- 对于 properties 字段，组件中没有定义的属性会被添加，且靠后的 Behavior 的属性的优先级更高。
- 对于 methods 字段，如果组件中也定义了相同的方法，则组件内定义的优先级更高。
- 对于 methods 字段，组件中没有定义的方法会被添加，且开后的 Behavior 的方法的优先级更高。
- 对于 data 字段，若同名的字段的值为对象类型，则 Behavior 中的数据会和组件中定义的数据合并。否则组件中定义的数据优先级更高。
- 对于生命周期方法，组件与 Behavior 之间不会进行覆盖，会依次调用，父 Behavior 先调用，子 Behavior 后调用，再调用组件本身的生命周期方法。且靠后的 Behavior 会优先于靠前的 Behavior 调用。

小程序开发框架中也定义了一些内置的 Behavior，在自定义组件时，如果需要也可以直接引入内置的 Behavior，支持的内置 Behavior 如表 7-10 所示。

表 7-10　小程序内置的 Behavior

Behavior 名	意义
wx://form-field	为自定义组件增加表单控制能力
wx://form-field-group	使 form 组件可以识别到自定义组件内部的所有表单控件
wx://form-field-button	使 form 组件可以识别到自定义组件内部的按钮
wx://component-export	使自定义组件支持 export 定义段

7.2.5 数据监听器

当组件中的属性或数据发生变化时，可以使用数据监听器来监听到此次变化事件，从而执行某些逻辑操作。数据监听器定义在组件的 observers 选项中，其支持同时对多个数据字段进行合并监听，其中任一数据字段发生变化都会触发监听函数。

以前面的 customHeader 组件为例，这个组件由于引入了 Behavior，其拥有了 title 属性和 behaviorData 数据，可以为这两个数据字段添加监听器，示例代码如下：

```
// component/component2/customHeader.js
var custom = require('./custom');
Component({
    behaviors:[custom],
    observers: {
        "title,behaviorData":function(title,behaviorData) {
            console.log("title或behaviorData被设置",title, behaviorData);
        }
    }
})
```

运行代码，当对 title 属性或 behaviorData 数据字段进行赋值时，即会触发监听方法，在监听方法中，通过参数可以拿到最新的数据。

属性监听器所能支持的监听方式有多种，如果我们需要监听的是对象内部的某个属性，也非常容易，示例如下：

```
// component/component2/customHeader.js
var custom = require('./custom');
Component({
    behaviors:[custom],
    data:{
        obj:{
            name:"name",
            id:"1"
        }
    },
    attached:function() {
        this.setData({
            obj:{
                name:"huishao",
                id:"1"
            }
```

```
            });
        },
        observers: {
            "obj.name":function(name) {
                console.log(name);
            }
        }
    })
```

如果需要监听对象数据中所有属性的变化，也可以使用通配符，如下：

```
observers: {
    "obj.**":function(obj) {
        console.log(obj);
    }
}
```

需要注意，数据监听器只能监听 setData 设置的数据字段，直接修改数据并不会触发监听器的调用。因此，如果在数据监听器方法中又使用了 setData 设置相同的字段，可能会产生无限循环。

7.2.6　关于纯数据字段

通常，定义在组件 data 选项中的数据会被页面渲染所使用，但并非都是如此。有时候，只是需要将某些数据记录在 data 对象中，并不会将其用于界面渲染，对于这种场景，可以将这类字段定义为纯数据字段，有助于提升页面的更新性能。

定义纯数据字段前，需要先配置组件的 options 选项中的 pureDataPattern 字段，这个字段用来设定一种规则，命名方式满足此规则的数据字段都会被解析为纯数据字段。pureDataPattern 本身是一个正则表达式，例如定义所有以下划线开头的数据字段都是纯数据字段，可以这样编写代码：

```
// component/component2/customHeader.js
var custom = require('./custom');
Component({
    behaviors:[custom],
    options: {
        pureDataPattern:/^_/
    },
    data:{
        data1:"渲染字段",
        _data2:"纯数据字段"
    }
})
```

需要注意，如果 data 中的一个字段被定义为了纯数据字段，则其不能再参与页面的渲染，如果在 WXML 中使用到了这个数据，将不会有任何渲染效果。通常，属性中也可以定义纯数据字段，也遵循 pureDataPattern 正则表达式所设置的规则。

纯数据字段虽然不会直接参与页面的渲染，但其变化依然可以被数据监听器监听到，之后可以根据纯数据字段的变化来对应的修改页面渲染所需要的数据，从而间接的影响页面的渲染。

7.2.7　关于抽象节点

抽象节点，顾名思义，其并不是一个具体类型的组件。在编写自定义组件的模板时，有时其中的某些节点并不是组件本身决定的，而是由组件的调用者决定的。此时就可以将此节点定义为一个抽象节点。

要使用抽象节点，首先需要在组件 JSON 配置文件中进行配置。在 customList.json 文件中编写如下代码：

```
{
    "component": true,
    "componentGenerics": {
        "outtitle": true
    }
}
```

其中，componentGenerics 配置项用来配置抽象节点，上面的代码中，只配置了一个名为 outtitle 的抽象节点。之后，就可以在 customList.wxml 文件中直接使用此抽象节点了，如下所示：

```
<!--component/component2/customList.wxml-->
<view>
    <outtitle title="标题"></outtitle>
    <slot></slot>
</view>
```

我们的本意是将此自定义列表组件的标题部分交给调用者定义，调用者设置的标题组件需要支持设置 title 属性。结合前面编写的 component1 组件，修改 customComponent.wxml 文件如下：

```
<!--pages/customComponent/customComponent.wxml-->
<custom-list generic:outtitle="component1">
</custom-list>
```

上述代码中，将 outtitle 虚拟节点设置为了 component1 组件，此组件本身也是支持设置 title 属性的，页面在渲染时，customList 组件中的 outtitle 节点会被渲染为 component1 组件。

当然，对于自定义组件的开发者来说，并不能保证调用方按照预期为抽象节点指定组件。因此在定义抽象节点时，也可以为其设置一个默认的应用组件，如果调用者没有进行设置，则默认会使用此组件。修改 customList.json 文件如下：

```
{
    "component": true,
    "usingComponents": {},
    "componentGenerics": {
        "outtitle": {
            "default":"../component1/component1"
        }
    }
}
```

现在，读者可以去掉调用此组件时对 generic:outtitle 部分的设置，代码运行后，可以看到页面依然正确地被渲染了。

7.2.8　自定义组件的性能测试

在小程序中，复杂的页面一般都是由多个自定义组件组成的，页面的性能优劣很大程度上取决于自定义组件的性能。所谓组件的性能，其实就是由于 setData 产生的页面刷新操作所造成的页面开销。

在开发自定义组件时，对于页面的刷新操作，因尽量遵循只有必要才刷新的原则，并要避免频繁的刷新操作，对于多个字段的变更，应尽量合并成一次刷新操作。要想知道每次页面刷新造成的性能开销，可以通过 setUpdatePerformanceListener 方法来设置更新性能回调，修改 customHeader 文件中的 attached 方法如下：

```
attached:function() {
    this.setUpdatePerformanceListener({withDataPaths: true}, (res) => {
        console.log(res)
    });
    this.setData({
        obj:{
            name:"huishao",
            id:"1"
        }
    });
}
```

上述代码中，setUpdatePerformanceListener 方法的第一个参数可以配置在回调中是否将引起页面刷新的变化数据传递进来，回调函数的参数中有具体的性能数据，此参数的属性如表 7-11 所示。

表 7-11　回调函数参数的属性

属性名	类型	意义
updateProcessId	数值	此次更新过程的唯一标识 ID
parentUpdateProcessId	数值	对于子更新，会返回父更新的 ID
isMergedUpdate	布尔值	是否是被合并的更新
dataPaths	数组	引起此次更新的数据字段
pendingStartTimestamp	数值	此更新进入等待队列时的时间戳
updateStartTimestamp	数值	更新运算开始时的时间戳
updateEndTimestamp	数值	更新运算结束时的时间戳

组件的性能情况其实就是由从等到更新到更新运算结束的时间决定。

7.3　动手练习：开发一款多 Tab 页自定义组件

关于自定义组件的理论知识，已经介绍过了。下面我们来动手实践一下，相信读者在平时使用小程序的时候，一定经常见到支持多栏目的分类内容页面。这类页面在新闻资讯类应用中尤为常见，比如新闻可能分为娱乐新闻、体育新闻、生活新闻等，通过点击不同的分类 Tab，页面中会为用户展示不同类型的新闻。本节就尝试开发一款这样的自定义组件。

7.3.1　动手开发自定义组件

首先在示例工程的 component 文件夹下新建一个命名为 pagesView 的子文件夹，在其中创建一组命名为 pagesView 的自定义组件文件。先来处理 pagesView.wxml 文件，在其中编写组件的模板结构。

此自定义组件大致可以分为上下两部分，上面部分是一个标题栏，下面部分是具体展示内容的区域，此区域需要组件的使用者来进行定制。编写示例代码如下：

```
<!--component/pagesView/pagesView.wxml-->
<view class="container">
    <view class="top-bar">
        <block wx:for="{{items}}" wx:key="title">
            <view class="{{item.selected?'top-item-selected':'top-item'}}"
            bindtap="clickItem" data-item="{{item}}">
                <text>{{item.title}}</text>
            </view>
        </block>
    </view>
    <view class="content">
        <slot></slot>
    </view>
</view>
```

上面的代码其实非常简单，标题栏部分通过渲染的方式来布局，布局所需的数据实际上是组件在被使用时通过属性传进来的，我们定义 selected 字段用来标识当前栏目是否是被选中的。内容部分由于需要组件调用方进行定制，我们直接定义一个插槽即可。

在 pagesView.js 文件中实现逻辑代码如下：

```
// component/pagesView/pagesView.js
Component({
    properties: {
        pages:{
            type:Object,
        }
    },
    observers:{ // 监听器
        'pages':function(obj) {
            console.log(obj);
            this.setData({
                items:obj.items,
            });
        }
    },
    data: {
        items:[]
    },
    methods: {
        clickItem:function(event) { // 点击 item 触发的方法
            this.data.items.forEach((v,i)=>{ // 设置选中状态
                if(v.title == event.currentTarget.dataset.item.title) {
```

```
                v.selected = true;
            } else {
                v.selected = false;
            }
        });
        this.setData({
            items:this.data.items
        });
        this.triggerEvent("pagechange",event.currentTarget.dataset.item);
    }
  }
})
```

有一点需要注意，属性是组件调用者传递进来的数据，一般需要对其进行修改，但是在此组件中，标题栏的选中情况是记录在此数据中的，因此需要通过监听器将属性的值映射到组件内的数据字段中。当用户点击了标题栏上的某一项时，组件内部除了要处理下标题栏的选中状态外，也要通过自定义事件将此用户行为传递出去，以方便调用者来进行内容的更新。

最后，需要在 pagesView.wxss 文件中编写基础的样式代码，如下所示：

```
/* component/pagesView/pagesView.wxss */
.container {
    width: 100vw;
    height: 100vh;
}
.top-bar {
    height: 40px;
    display: flex;
    overflow-x: auto;
}
.top-item {
    line-height: 24px;
    height: 24px;
    padding-left: 10px;
    padding-right: 10px;
    margin-top: 5px;
    margin-bottom: 5px;
    flex-shrink: 0;
    border:3px solid #00000000;
}
.top-item-selected {
    line-height: 24px;
    height: 24px;
    margin-top: 5px;
    margin-bottom: 5px;
    padding-left: 10px;
    padding-right: 10px;
    flex-shrink: 0;
    border: red 3px solid;
    border-radius: 8px;
}
.content {
    width: 100%;
    height: calc(100% - 40px);
}
```

这样，一个简易的多 Tab 页组件就开发完成了。

7.3.2 使用自定义组件

在上一小节的基础上，可以尝试使用一下开发的多 Tab 页组件。可以在 customComponent.json 文件中引入下此组件，修改 customComponent.wxml 文件如下：

```
<!--pages/customComponent/customComponent.wxml-->
<pages-view pages="{{pages}}" bindpagechange="refreshContent">
    <view style="width: 100%; height: 100%; font-size: 40px; text-align:
    center;">
        {{pageTitle}}
    </view>
</pages-view>
```

自定义组件的渲染数据和部分交互逻辑需要在 customComponent.js 文件中实现下，代码如下：

```
// pages/customComponent/customComponent.js
Page({
    data: {
        pages:{
            items:[{
                title:"栏目 A",
                selected:true
            },{
                title:"栏目 B"
            },{
                title:"栏目 C"
            },{
                title:"栏目 D"
            },{
                title:"栏目 E"
            },{
                title:"栏目 F"
            },{
                title:"栏目 G"
            },{
                title:"栏目 H"
            }]
        },
        pageTitle:"栏目 A"
    },
    refreshContent:function(event) {
      this.setData({
          pageTitle:event.detail.title
      });
    }
})
```

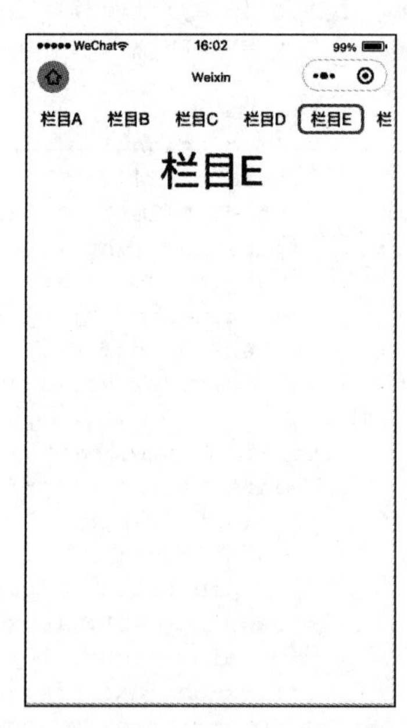

图 7-4 自定义多 Tab 页组件效果

运行代码，效果如图 7-4 所示。当点击标题栏上的某个栏目时，页面也会对应的进行刷新。

这里，编写的多 Tab 页自定义组件还非常简陋，例如不能灵活地配置标题栏的样式、没有页面切换动画、不能支持左右滑动切换页面等，读者可尝试对这个组件进行进一步的优化。

7.4　小结与练习

7.4.1　小结

本章介绍了自定义组件的用法，其中概念性的东西较多，比如组件通信、Behavior、组件依赖关系、数据监听器、纯数据字段、抽象节点等。这些技术在实际开发中都非常重要，其实页面的开发很大程度就是自定义组件的开发，如何拆分页面结构、如何定义组件功能、组件如何解耦与如何组合都是需要在实际项目练习中慢慢积累的。现在读者可以回顾一下之前编写的页面代码，有哪些能抽离出自定义组件的，改造试试。

7.4.2　练习

1. 小程序中的自定义组件是一种什么样的技术？什么场景下需要使用自定义组件？

温馨提示：组件分为内置组件与自定义组件，当内置组件无法满足开发者的要求时，就需要使用自定义组件。自定义组件技术为开发者提供了一种封装复杂组件和扩展内置组件能力的功能。并且，当项目中的页面比较复杂时，使用自定义组件的方式来拆分页面是一种很好的程序逻辑解耦方式，对于通用性强的部分功能，也可以大大提高代码的复用性。

2. 请简单描述自定义组件生命周期方法的意义。

温馨提示：自定义组件的生命周期方法主要有：created、attached、ready、moved、detached 和 error，共 6 个。它们的调用时机和意义通过名称也很容易记忆，created 是组件创建完成的回调，attached 是组件挂载进页面树的回调，ready 是组件布局完成后的回调，moved 是组件在视图树中产生了位置移动的回调，detached 是组件被移除时的回调，error 是组件发生错误时的回调。

3. 组件间的通信方式有哪些？

温馨提示：组件间的通信方式是自定义组件中非常核心和重要的一部分内容，也是平时项目开发中必然会使用到的内容。首先，对于父组件向子组件进行的通信主要有属性传递，获取子组件实例对象后通信。子组件向父组件进行的通信主要有事件传递。除了这些之外，由于主要子组件和父组件间有定义依赖关系，还可以通过定义一些特殊的回调事件来进行通信。

4. Behavior 中可以定义哪些字段？其中定义的字段如果与组件本身产生冲突应如何处理？

温馨提示：Behavior 提供了一种代码共享的编程方式，引入了某个 Behavior 组件就会默认拥有其定义的功能，包括属性、数据、方法和生命周期函数。关于冲突字段的覆盖或合并，有具体的规则来约束，规则会指明组件，父子 Behavior 等优先级的差异，从而确定覆盖或合并规则。

5. 什么场景下，需要对自定义组件间的关系进行定义。

温馨提示：当自定义组件的场景比较复杂，需要通过一组组件来实现功能时，通常各个组件间会有一些父子关系，此时就需要进行依赖关系定义。

第 8 章

界面相关接口与动画

本章内容：

- 界面交互相关 API 的使用
- 页面尺寸控制与自定义字体
- 页面滚动与下拉刷新相关接口
- 在小程序中使用动画

提到小程序的界面开发，最直接想到的是在 WXML 文件中编写框架结构，在 WXSS 文件中编写元素样式，除此之外，小程序开发框架中还提供了许多与界面开发相关的 API 接口，例如前面章节使用过的导航栏相关 API 和标签栏相关 API 等。本章我们将更加系统地介绍与界面相关的 API 以及如何在小程序中使用动画技术，动画也是界面开发中十分重要的一部分，合理地运行动画可以让用户得到更加畅快的使用体验。

8.1 界面交互相关 API 的使用

在应用中，有时候某些要在界面上显示的元素并不是页面组件树中的，例如某些用户操作的提示、警告框、底部弹窗等。小程序中封装好了一套对应的组件，可以直接调用对应的 JavaScript 接口来使其展示，本节将介绍这类 API 的使用方法。

8.1.1　关于 Toast 与 Loading 组件

有时候当用户进行了某些操作后，需要将操作的结果提示给用户，比如文件的上传下载是否完成、信息的修改是否完成等。这类提示无须接收用户更多的交互指令，只需要展示一段时间后自动消失即可，这类组件我们称其为 Toast 组件。与 Toast 组件类似，有时候程序的处理过程也是需要明确地提示给用户的，比如页面的数据需要通过网络来加载，加载的过程可能需要一定的时间，在这个过程中可以展示一个 Loading 组件，当加载结束后，将 Loading 组件移除。

我们先来看 Toast 组件，在示例工程的 pages 文件夹下新建一组命名为 alertDemo 的页面文件，在 alertDemo.wxml 文件中添加一个测试按钮，如下所示：

```
<!--pages/alertDemo/alertDemo.wxml-->
<view style="margin:20px"><button type="primary"
bindtap="toast">弹出 Toast</button></view>
```

在 alertDemo.js 中实现按钮的点击事件方法如下：

```
toast:function() {
    wx.showToast({
      title: 'Toast 提示标题',  // 标题
      icon:'error',             // 图标
      duration:5000,            // 持续时间
      mask:true                 // 是否覆盖背景
    })
}
```

运行代码，点击页面中的按钮，效果如图 8-1 所示。

图 8-1　Toast 组件示例

调用框架中的 wx.showToast 接口可以直接在当前页面中弹出一个 Toast 提示框。wx.showToast 方法的参数是一个配置对象，其可配置的属性如表 8-1 所示。

表 8-1　wx.showToast 方法的属性

属性名	类型	意义
title	字符串	设置提示窗展示的文案内容
icon	字符串	设置提示窗显示的图标，可选值为： • success：成功风格图标 • error：异常风格图标 • loading：加载中风格图片 • none：无图标
image	字符串	自定义提示窗展示的图标，需要设置为本地图片路径
duration	数值	设置提示窗展示的时间，默认值为 1500，单位为毫秒
mask	布尔值	设置在显示弹窗时，是否有透明背景遮罩，如果设置为 true，则可以防止弹窗在显示时背景内容被点击
success	函数	接口调用成功的回调

（续表）

属性名	类型	意义
fail	函数	接口调用失败的回调
complete	函数	接口调用完成的回调

如果我们需要在 Toast 弹窗显示的过程中提前使其消失，可以手动调用如下代码所示的方法：

```
wx.hideToast({
  success: (res) => {},
  fail:(error) => {},
  complete:()=>{}
})
```

Loading 组件的用法与 Toast 类似，可以在 alertDemo.wxml 中再添加一个按钮，用来延时展示 Loading，实现其点击事件的方法如下：

```
loading:function() {
    wx.showLoading({
        title:"请稍等..."
    })
}
```

运行代码，效果如图 8-2 所示。

图 8-2　Loading 组件示例

同样的，在调用 wx.showLoading 方法时，传入的配置对象可配置的属性有 title、mask、success、fail 和 complete。这些属性的用法和 Toast 弹窗一样，不同的是，Loading 不能配置展示时间，除非手动调用下面的方法来隐藏，否则会一直展示。

```
wx.hideLoading({
  success: (res) => {},
  fail: (error) => {},
  complete: () => {}
})
```

8.1.2　可交互的用户弹窗和抽屉功能接口

Toast 与 Loading 组件只能用来进行简单的用户提示，如果需要用户进行特殊的交互反馈，需要使用模态对话框或活动列表。

模态对对话框通过调用 wx.showModal 方法来弹出，示例代码如下：

```
modal:function() {
  wx.showModal({
    title:"温馨提示",            // 标题
    content:"是否确认选择",      // 内容文案
    showCancel:true,            // 是否展示取消按钮
    cancelText:"取消",          // 取消按钮的文案
    cancelColor:"#000000",      // 取消按钮的颜色
    confirmText:"确认",         // 确认按钮的文案
```

```
      confirmColor:"#0000ff", // 确认按钮的颜色
      editable:false, // 是否可编辑
      placeholderText:"", // 编辑区的提示文案
      success:({content, confirm, cancel})=>{ // 用户点击确认按钮的回调
        console.log("点击确认：" + confirm + " 点击取消：" + cancel);
      },
      fail:(error)=>{},
      complete:()=>{}
    })
  }
```

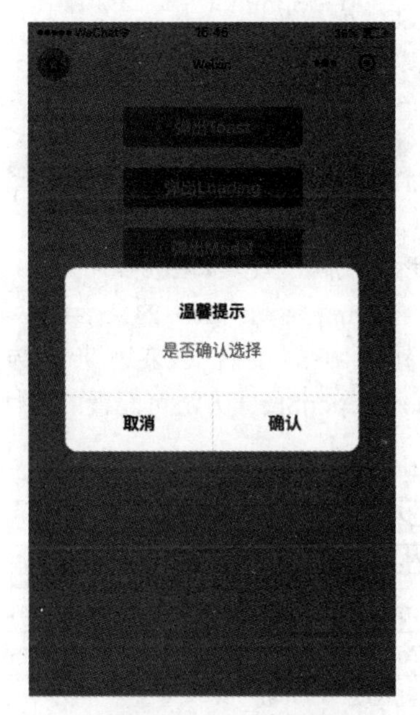

图 8-3　模态弹窗示例

运行代码，效果如图 8-3 所示。

当用户点击了弹窗中的按钮后，在 success 回调中会将用户点击按钮的情况作为参数传递进来。当 wx.showModal 方法被调用时，其参数支持的属性如表 8-2 所示。

表 8-2　wx.showModal 方法的属性

属性名	类型	意义
title	字符串	设置标题
content	字符串	设置内容
showCancel	布尔值	设置是否展示取消按钮
cancelText	字符串	设置取消按钮显示的文字
cancelColor	字符串	设置取消按钮的文本颜色
confirmText	字符串	设置确定按钮显示的文字
confirmColor	字符串	设置确认按钮的文本颜色
editable	布尔值	设置是否显示输入框
placeholder	字符串	设置输入框中无内容时显示的提示文案
success	函数	用户点击了取消或确认按钮后的回调
Fail	函数	接口调用失败的回调
complete	函数	接口调用完成的回调

活动列表是另一种可以进行用户交互的弹窗，其表现形式为从页面的底部弹出一个操作菜单，用户可以点击菜单上的按钮进行交互。示例代码如下：

```
actionSheet:function() {
  wx.showActionSheet({
    alertText:"操作列表",
    itemList: [
      "按钮 1",
      "按钮 2",
      "按钮 3"
```

```
    ],
    itemColor:"#000000",
    success:({tapIndex})=>{
      console.log("点击了按钮: "+tapIndex);
    }
  })
}
```

运行代码，效果如图 8-4 所示。

图 8-4　活动列表示例

当点击了活动列表中的某个菜单项时，success 回调函数会将按钮所在的位置传递进来，方便处理后续的逻辑。wx.showActionSheet 方法可配置的属性如表 8-3 所示。

表 8-3　wx.showActionSheet 方法可配置的属性

属性名	类型	意义
alertText	字符串	设置提示文案
itemList	数组，内部为字符串	设置菜单中每个按钮的标题
itemColor	字符串	设置菜单按钮的文字颜色
success	函数	点击了菜单按钮后的回调
fail	函数	接口调用失败的回调
complete	函数	接口调用完成的回调

需要注意，对于活动列表，点击其中的取消按钮或点击背景蒙层时，菜单也会被关闭，此时不会执行 success 回调。当用户点击了菜单中的“非取消”按钮时，会将当前点击的按钮的位置作为参数，传递到 success 回调中，按钮的位置编号从上到下且从 0 开始递增。

除了 wx.showModal 方法外，小程序开发框架中还内置了一个提醒弹窗，通过 wx.enableAlertBeforeUnload 方法可以开启退出页面二次确认功能。示例代码如下：

```
wx.enableAlertBeforeUnload({
  message: '确定退出? ',
  success:()=>{},
  fail:()=>{},
  complete:()=>{}
})
```

开启了此二次确认功能后，当用户点击当前页面导航栏左上角的返回按钮时，页面会自动弹出确认框，如图 8-5 所示。

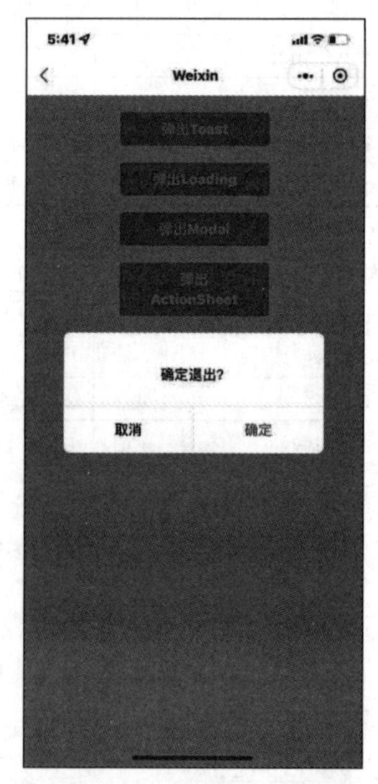

图 8-5　退出页面的二次确认弹窗示例

当用户点击确定后，才会退出此页面。对应的，如果要关闭退出二次确认功能，可以使用如下接口：

```
wx.disableAlertBeforeUnload({
  success: (res) => {},
  fail:()=>{},
  complete:()=>{}
})
```

在对退出二次确认功能进行测试时，要注意使用真机进行调试和观察效果，此接口在模拟器上无效。

8.2 页面尺寸控制与自定义字体

目前，微信的 PC 版本也支持使用小程序，和移动端设备不同的是，PC 的屏幕要大很多，小程序开发者可以根据需要更灵活地定制界面的尺寸。在小程序中，也可以使用自定义的字体。本节，将介绍如何调整 PC 上小程序的页面尺寸与使用自定义字体。

8.2.1 调整小程序页面尺寸

在 PC 上，可以使用一些接口来调整小程序的窗口尺寸。在微信开发者工具中，可以设置模拟器为 PC 类型，如图 8-6 所示。

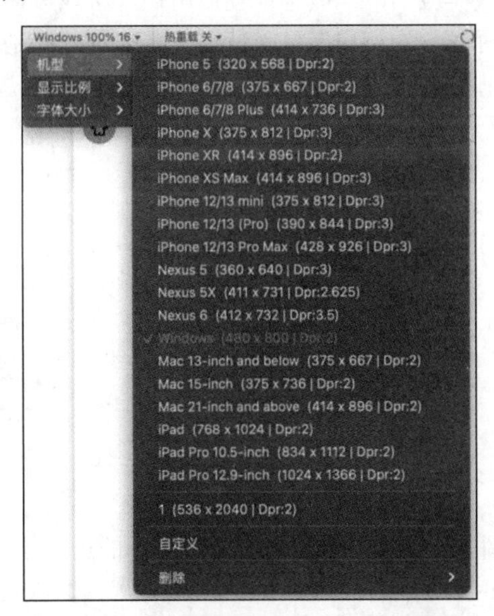

图 8-6　设置模拟器为 Windows 类型

使用如下方法可以设置 PC 上小程序的窗口尺寸：

```
wx.setWindowSize({
  height: 300,   // 窗口高度
  width: 600,    // 窗口宽度
  success:()=>{},
  fail:(error)=>{
    console.log(error)
  },
  complete:()=>{}
})
```

wx.setWindowSize 方法本身比较简单，其中的 height 和 width 属性分别用来设置高度和宽

度。但是需要注意，此方法在目前已经被标记为弃用，官方不再推荐使用此方法来设置小程序窗口的尺寸，并且此方法也不支持在模拟器上预览效果。更多时候，如果需要窗口的尺寸可以调整，是在 app.json 文件中配置 resizable 选项，这个选项设置为 true 后，在 PC 上，用户可以根据需要调整小程序的窗口尺寸。在小程序中，如果需要根据窗口的尺寸做相关的逻辑操作，可以使用如下方法来添加窗口尺寸变化的监听：

```
wx.onWindowResize(({windowWidth, windowHeight}) => {
  console.log(windowWidth,windowHeight);
})
```

当不再需要监听窗口尺寸变化时，使用如下方法可移除监听：

```
wx.offWindowResize((result) => {})
```

8.2.2　在小程序中使用自定义字体

在小程序中使用文本时，如果不做特殊的配置，会使用默认的字体。有时候，某些应用需要特殊的自定义字体，例如游戏类应用，一般也都会使用切合游戏风格的字体。在小程序中，只能引入网络字体文件，大多数时候，为小程序引入自定义字体时，都是希望其全局生效的，即在所有页面都可以使用。因此可以将自定义字体的引入代码编写在 app.js 文件的 onLaunch 方法中，如下所示：

```
wx.loadFontFace({
  global:true, // 是否全局加载
  family: 'Bitstream Vera Serif Bold', // 字体名称
  source: 'url("https://sungd.github.io/Pacifico.ttf")',
  success: (res)=>{
    console.log("font:",res);
  },
  fail:(error)=>{
    console.log(error)
  }
})
```

在示例工程的 pages 文件夹下新建一组名为 fontDemo 的页面文件，修改 fontDemo.wxml 文件中的代码如下：

```
<text style="font-family: 'Bitstream Vera Serif
Bold';">使用的字体是：Bitstream Vera Serif Bold</text>
```

运行代码，效果如图 8-7 所示。

wx.loadFontFace 方法可配置的属性如表 8-4 所示。

图 8-7　使用自定义字体

表 8-4　wx.loadFontFace 方法的属性

属性名	类型	意义
global	布尔值	设置是否全局生效
family	字符串	定义字体名称
source	字符串	设置字体资源的地址，格式可以为 TTF 或 WOFF

desc	对象，结构如下：
	{
	style：字体样式
	weight：字体粗细
	variant：设置字体显示文本
	}
		设置字体描述字段

scopes	数组	设置字体的使用范围，数组中可填充的项，包括： • webview：适用为网页 • native：适用与原生
success	函数	接口调用成功后的回调
fail	函数	接口调用失败后的回调
complete	函数	接口调用完成后的回调

8.3　页面滚动与下拉刷新相关接口

页面能够滚动对移动端应用来说非常重要，移动端设备屏幕尺寸有限，可滚动的交互能够让有限的空间中展示出更多的内容。

8.3.1　通过 API 接口使页面滚动到指定的位置

在小程序开发中，当页面元素高度超出页面本身的高度时，页面默认可以进行滑动，为方便测试，可以在示例工程的 pages 文件夹下新建一组名为 scrollerDemo 的页面文件，在 scrollerDemo.wxml 文件中编写如下测试代码：

```
<!--pages/scrollerDemo/scrollerDemo.wxml-->
<view style="font-size: 30px;" bindtap="scroll"><text>1.文本</text></view>
<view style="font-size: 30px;"><text>2.文本</text></view>
<view style="font-size: 30px;"><text>3.文本</text></view>
<view style="font-size: 30px;"><text>4.文本</text></view>
<view style="font-size: 30px;"><text>5.文本</text></view>
<view style="font-size: 30px;"><text>6.文本</text></view>
<view style="font-size: 30px;"><text>7.文本</text></view>
<view style="font-size: 30px;"><text>8.文本</text></view>
<view style="font-size: 30px;"><text>9.文本</text></view>
<view style="font-size: 30px;"><text>10.文本</text></view>
<view style="font-size: 30px;"><text>11.文本</text></view>
<view style="font-size: 30px;"><text>12.文本</text></view>
```

```
<view style="font-size: 30px;"><text>13.文本</text></view>
<view style="font-size: 30px;"><text>14.文本</text></view>
```

其实可以使用循环渲染的方式来实现上述代码的效果，看上去会更加简洁。总之，在页面上添加一组文本，使其内容的高度超出页面高度，并在第一个文本上添加点击事件，如下所示：

```
// pages/scrollerDemo/scrollerDemo.js
Page({
    scroll:function() {
        wx.pageScrollTo({ // 滚动到指定位置
            duration: 300, // 动画时长
            scrollTop:200, // 滚动到的位置距顶部的距离
            success:()=>{
                console.log("success");
            }
          })
    }
})
```

运行代码，当页面渲染后点击上面的第 1 行文本，可以看到页面会滚动到离顶部 200px 的地方，滚动动画的执行时长为 200 毫秒。wx.pageScrollTo 方法的可配置属性如表 8-5 所示。

表 8-5　wx.pageScrollTo 方法的属性

属性名	类型	意义
scrollTop	数值	设置滚动到页面距离顶部的某个位置
duration	数值	设置滚动动画的时长，默认为 300，单位为毫秒
selector	字符串	选择器，支持滚动定位到某个元素
success	函数	接口调用成功的回调
fail	函数	接口调用失败的回调
complete	函数	接口调用完成的回调

可以通过 selector 选择器来控制页面滚动到指定的元素位置，例如为渲染第 2 行文本的组件添加一个 class 属性，如下所示：

```
<view style="font-size: 30px;" class="d2"><text>2.文本</text></view>
```

修改交互方法如下：

```
scroll:function() {
    wx.pageScrollTo({
        duration: 300,
        selector:".d2",
        success:()=>{
            console.log("success");
        }
      })
}
```

这样可以精确地将页面滚动到指定的元素位置。需要注意，如果使用 selector 来定位滚动的位置，选择器所支持的语法只包括 ID 选择器、类选择器、子元素选择器、后代选择器以及多选择器的并集。

8.3.2 下拉刷新相关接口

小程序的页面默认集成了下拉刷新的功能，之前在介绍页面配置文件时提到过，只要将 enablePullDownRefresh 字段配置为 true，当前页面即支持下拉刷新操作，如下所示：

```
{
  "enablePullDownRefresh": true
}
```

运行代码，在当前页面上下拉，顶部即会出现下拉刷新组件，提示用户正在刷新中。用户触发下拉刷新操作后，会回调页面的如下方法：

```
onPullDownRefresh: function () {
    console.log("触发了下拉刷新");
}
```

可以在其中编写页面的刷新逻辑。其实，小程序开发框架中也提供了接口来手动触发下拉刷新操作，如下所示：

```
wx.startPullDownRefresh({
  success: (res) => {},
  fail: (error) => {},
  complete: () => {}
})
```

与之对应的还有一个方法用来结束下拉刷新状态，如下所示：

```
wx.stopPullDownRefresh({
  success: (res) => {},
  fail: (error) => {},
  complete: () => {}
})
```

无论是用户操作触发的下拉刷新还是 API 接口触发的下拉刷新，都会回调页面的 onPullDownRefresh 方法，一般在处理完刷新逻辑后，手动调用 stopPullDownRefresh 方法结束刷新动作即可。

因为列表通常用来渲染大量的数据，下拉刷新操作可以及时更新页面，上拉加载操作可以实现按需获取数据。

8.4　在小程序中使用动画

动画一直是页面开发中非常重要的部分，同时其也是相对较复杂的部分。小程序支持直接使用WXSS来创建过渡及关键帧动画，同时小程序开发框架本身也定义了创建动画效果的相关接口。本节，将先简单介绍在小程序中使用WXSS创建动画效果，再介绍框架中有关动画的接口如何使用。

8.4.1　使用 WXSS 实现动画效果

WXSS用来定义组件的样式可能是会动态变动的，比如尺寸的改变、形状的改变、背景色的改变、旋转度的改变等，组件的样式需要发生改变时，可以直接替换其WXSS样式表，但这么做样式的变化是瞬时的，即变化是立即生效的，这会使用户的体验变得非常突兀，如果将这一变化过程改为渐变进行的，则体验会好很多。小程序中可以使用WXSS渐变来创建动画效果。

首先来看一个简单的例子，在示例工程的pages文件夹下新建一组名为animationDemo的页面文件，在animatiionDemo.wxml文件中定义一个视图块，如下所示：

```
<!--pages/animationDemo/animationDemo.wxml-->
<view class="box"></view>
```

之后为其添加如下样式表代码：

```
/* pages/animationDemo/animationDemo.wxss */
.box {
   border-style: solid;
   border-width: 1px;
   display: block;
   width: 100px;
   height: 100px;
   background-color: #0000FF;
   transition:width 2s, height 2s, background-color 2s, transform 2s;
}
.box:hover {
   background-color: #FFCCCC;
   width:200px;
   height:200px;
   transform:rotate(180deg);
}
```

上述代码使用了伪类，hover伪类的作用是当用户按住组件时，其对应的样式类会自动补充上此伪类的样式。运行代码，按住页面中的色块，可以看到色块会产生放大、旋转、背景颜色改变的渐变动画。产生动画的原因是样式表中定义了transition属性，此属性设置某些样式变化时附加渐变效果，同时也支持设置动画时长。

使用transition来定义渐变动画非常简单方便，但是只能定义开始与结束两个状态，不是特别灵活。通过WXSS还可以使用关键帧来定义动画，在WXSS文件中，可以使用@keyframes来定义关键帧，例如：

```
@keyframes move {
    from {
        margin-top: 0px;
        margin-left: 0px;
        width: 100px;
    }
    50% {
        margin-top: 0px;
        margin-left: 200px;
        width: 50px;
    }
    75% {
        margin-top: 200px;
        margin-left: 200px;
        width: 50px;
    }
    to {
        margin-left: 0px;
        width: 100px;
    }
}
```

与 transition 设置的渐变动画不同，在定义关键帧的时候，可以定义动画过程中的多个阶段，如上代码所示，from 表示动画开始执行时的样式状态，50%表示动画执行到一半时的样式状态，75%表示动画执行到四分之三时样式的状态，to 表示动画执行完成时的样式状态，在使用时，只需要为需要动画的样式表配置指定的关键帧动画即可，例如修改样式代码如下：

```
.box {
    border-style: solid;
    border-width: 1px;
    display: block;
    width: 100px;
    height: 100px;
    background-color: #0000FF;
    animation-duration: 3s;
    animation-name: move;
    animation-iteration-count: infinite;
}
```

运行代码，可以看到页面上的色块会按照我们设置的关键帧路径进行循环动画。

在样式表中配置关键帧动画时，主要使用的是与 animation 相关的一些属性，如表 8-6 所示。

表 8-6　与 animation 相关的属性

属性名	意义
animation-name	设置要使用的关键帧动画名称
animation-delay	设置动画延迟多久开始播放
animation-direction	设置动画播放的方向，可选值为： • normal：每次都正向播放 • alternate：第一次正向播放，循环播放时交替方向进行播放 • reverse：每次都逆向播放 • alternate-reverse：第一次逆向播放，之后循环交替

（续表）

属性名	意义
animation-iteration-count	设置动画播放的次数，指定为 infinite 则无限循环
animation-play-state	设置动画播放的状态，可选值为： • running：进行播放 • paused：暂停播放
animation-timing-function	设置动画的模式，例如渐入渐出、线性等
animation-fill-mode	指定动画结束后元素所填充的状态，可选值为： • none：动画的样式不作用于元素 • forwards：元素将保留动画最终的样式状态 • backwards：元素将保留动画初始的样式状态 • both：forwards 和 backwards 都被元素应用

无论是 WXSS 渐变动画还是 WXSS 关键帧动画，都可以为指定动画的元素添加绑定事件来监听动画的过程，如下所示：

```
<!--pages/animationDemo/animationDemo.wxml-->
<view class="box" bindtransitionend="transitionend" bindanimationstart=
"animationstart" bindanimationiteration="animationiteration" bindanimationend=
"animationend"></view>
```

对应方法的实现示例如下：

```
// pages/animationDemo/animationDemo.js
Page({
    transitionend:function() {
        console.log("transition 渐变动画执行结束");
    },
    animationstart:function() {
        console.log("关键帧动画开始");
    },
    animationiteration:function() {
        console.log("关键帧阶段完成");
    },
    animationend:function() {
        console.log("关键帧动画结束");
    }
})
```

8.4.2 使用小程序框架接口创建动画效果

也可以不通过 WXSS 代码来构建动画，通过小程序开发框架提供的动画接口，依然可以非常灵活地使用关键帧动画。首先可以为当前示例页面中的色块元素添加一个点击事件，实现此点击事件如下：

```
tapEvent:function() {
    this.animate(".box",[
        {width: '100px',height: '100px',backgroundColor: '#0000FF'},
        {backgroundColor: '#FFCCCC', width:'200px', height:'200px',transform:
```

```
'rotate(180deg)'}
        ], 500, ()=>{
            this.clearAnimation(".box");
        });
    }
```

运行代码，点击页面的色块，可以看到色块尺寸与背景色的变化动画效果。上述代码中，核心的两个方法是 animate 方法和 clearAnimation 方法，这两个方法都是由页面实例所调用的，animate 方法用来指定页面中的元素执行一段动画效果，其有 4 个参数，分别为元素选择器、动画关键帧列表、动画时长和回调函数。元素选择器用来选中要执行动画的元素，动画时长控制动画执行的时间，当动画执行结束后，回调函数会被执行，可以在其中做一些动画属性清除逻辑，最重要的参数是动画关键帧，此参数需要设置为一个数组，数组中为帧配置对象，可配置的属性如表 8-7 所示。

表 8-7　回调函数的属性

属性名	类型	意义
offset	数值	设置关键帧的位置，取值范围为 0~1
ease	字符串	设置动画的模式，默认为线性：linear
transformOrigin	字符串	设置变换动画的基点位置
backgroundColor	字符串	背景色
bottom	字符串	同样式表中的 bottom
height	字符串	同样式表中的 height
left	字符串	同样式表中的 left
width	字符串	同样式表中的 width
opacity	字符串	不透明度
right	字符串	同样式表中的 right
top	字符串	同样式表中的 top
matrix	字符串	变换矩阵
matrix3d	字符串	三维变换矩阵
rotate	字符串	旋转
raotate3d	字符串	三维旋转
rotateX	字符串	X 轴方向旋转
rotateY	字符串	Y 轴方向旋转
rotateZ	字符串	Z 轴方向旋转
scale	字符串	缩放
scale3d	字符串	三维缩放
scaleX	字符串	X 轴方向缩放
scaleY	字符串	Y 轴方向缩放
scaleZ	字符串	Z 轴方向缩放
skew	字符串	倾斜变换
skewX	字符串	X 轴方向倾斜
skewY	字符串	Y 轴方向倾斜
translate	字符串	平移变换

（续表）

属性名	类型	意义
translate3d	字符串	三维平移变换
translateX	字符串	X 轴方向平移
translateY	字符串	Y 轴方向平移
translateZ	字符串	Z 轴方向平移

对于 clearAnimation 方法，它其实也有 3 个参数可设置，第 1 个参数为选择器，表示要清除动画属性的元素，第 2 个参数为一个对象选项，用来设置需要清除的属性，不填则全部清除，最后一个参数为回调函数。

8.4.3　交互式动画

大多数动画效果都是无须用户参与交互的，即动画的过程是不会因为用户的交互行为而变化。但在某些场景下，交互式动画却非常重要，例如想根据用户对页面的滚动交互来控制动画。

小程序开发框架提供的 animate 方法还有一种用法，即将第 4 个参数配置为一个对象而不是函数，此时这个对象中可以配置一些选项来实现滚动驱动的动画。

修改 animationDeno.wxml 文件如下：

```
<!--pages/animationDemo/animationDemo.wxml-->
<view class="box"></view>
<scroll-view scroll-y="{{true}}" class="scroll">
<view style="margin-top: 20px;font-size: 60px;">占位数据</view>
<view style="margin-top: 20px;font-size: 60px;">占位数据</view>
<view style="margin-top: 20px;font-size: 60px;">占位数据</view>
<view style="margin-top: 20px;font-size: 60px;">占位数据</view>
<view style="margin-top: 20px;font-size: 60px;">占位数据</view>
<view style="margin-top: 20px;font-size: 60px;">占位数据</view>
<view style="margin-top: 20px;font-size: 60px;">占位数据</view>
<view style="margin-top: 20px;font-size: 60px;">占位数据</view>
</scroll-view>
```

由滚动驱动的动画只能作用于 scroll-view 上，在页面上创建了一个 scroll-view 组件，并向其内添加了一些填充用的内容组件。需要注意，scroll-view 必须设置一个固定的高度，实现相关的 WXSS 样式代码如下：

```
/* pages/animationDemo/animationDemo.wxss */
.box {
   border-style: solid;
   border-width: 1px;
   display: block;
   width: 100px;
   height: 100px;
   background-color: #0000FF;
}
.scroll {
   height: 300px;
}
```

在 animationDemo.js 文件的 onReady 生命周期方法中进行交互动画的添加，如下所示：

```
// pages/animationDemo/animationDemo.js
Page({
    onReady:function() {
        this.animate(".box",[
            {width: '100px',height: '100px',backgroundColor: '#0000FF'},
            {backgroundColor: '#FFCCCC', width:'200px', height:'200px',
             transform:'rotate(180deg)'}
        ], 500,{
            scrollSource: '.scroll',
            timeRange: 1000,
            startScrollOffset: 0,
            endScrollOffset: 400,
            orientation:'vertical'
          });
    }
})
```

运行代码，尝试对滚动视图进行操作，可以看到页面中的色块会根据滚动的进度来进行样式渐变。在创建交可互动画时，可配置的属性如表 8-8 所示。

表 8-8　创建交互动画可配置的属性

属性名	类型	意义
scrollSource	字符串	选择器，指定要绑定交互动画的 scroll-view 组件
orientation	字符串	设置滚动的方向，可选值为： • horizontal：水平方向 • vertical：竖直方向
startScrollOffset	数值	设置滚动多少偏移量为动画的执行起点，单位为 px
endScrollOffset	数值	设置滚动多少偏移量为动画的执行终点，单位为 px
timeRange	数值	起始和结束滚动范围映射的时间长度，单位为毫秒

8.5　小结与练习

8.5.1　小结

本章介绍了与页面开发相关的一些小程序 API 接口，其中 Toast、Loading 等弹窗类接口都是非常常用的。还介绍了如何在小程序中使用动画技术，由于小程序的 WXSS 本身只是对 CSS 的优化，因此许多 CSS 支持的动画创建方式在 WXSS 中依然可以使用。除此之外，小程序开发框架也提供了 API 的方式创建更加强大的帧动画与可交互动画。掌握了这些技术，会使我们的页面开发能力更上一层楼。

到本章为止，有关小程序页面开发的相关内容已经全部介绍完毕，相信对于大多数需求场景，已经没有什么页面是我们无法完成的了。但是对于互联网应用，只有页面，毕竟是比较静态的，为页面填充进动态的内容数据后才能使其成为完整的应用。下一章将介绍通过使用网络技术来获取渲染页面所需要使用的数据，以及小程序提供的一些本地数据存储接口的用法。

8.5.2 练习

目前很多流行的小程序应用中都能找到使用动画来增强用户体验的场景。例如导航类应用中路线的规划、电商类应用中商品添加购物车等。请你尝试实现这样一个商品购买页面：页面上有一个商品列表，下方工具栏上有一个购物车图标，当用户添加了商品列表中的某个商品时，此商品从列表中所在的位置掉落进购物车中。

温馨提示：使用之前介绍的各种组件，加上本章学习的动画技术，试试实现它吧！

第 9 章

网络与数据存储

本章内容：

- 在小程序中进行网络数据请求
- 文件下载与上传
- 在小程序中使用 WebSocket 技术
- 小程序文件系统
- 小程序缓存工具

在前面的章节中，介绍的开发技术更多的是用于编写静态页面，若要将应用真正达到“可用”的程度，还需要通过网络技术来获取服务数据，之后将服务数据填充到页面上才行。

虽然在生活中网络几乎无处不在，但用户依然可能会遇到网络无法使用的情况，这种情况下也应该不能影响小程序的使用，例如笔记类应用，用户可以在网络顺畅时写笔记并同步到云端，当网络异常时，用户应该依然可以查看之前本地所存储的笔记。小程序开发框架中提供了本地数据存储的相关能力，开发者可以方便地对用户数据进行本地存取，解决了上述因网络故障可能导致小程序应用无法使用的问题。

本章，将介绍在小程序中使用网络接口来获取服务数据以及本地数据存取相关接口的用法。

9.1　在小程序中进行网络数据请求

网络数据请求实际上是指小程序客户端从服务后台获取数据的能力，此服务后台可以是产品的后端服务，可以是第三方的数据服务，也可以是小程序云开发服务。其实，使用小程序云开发的方式构建后端服务是相对方便且成本较低的，关于云开发后续会做具体的介绍，本节主要讨论从业务服务后台或第三方服务后台获取数据的方法。

9.1.1　申请接口服务

要从服务后台获取数据，需要有一个服务后台，但要手动开发一个后台服务用来测试还是有一些门槛的，在实际的产品开发中，后端服务的开发一般由专门的后端工程师完成，因此在本书中，不会介绍如何开发后端服务。幸运的是，很多公司提供了常用的服务接口（API），比如天气预报、新闻资讯等，可以使用这些开发好的服务来做测试之用，且这些服务大多都很廉价，有些甚至提供免费的调用次数，对读者学习来说非常合适。

如果在互联网上搜索 API 接口服务，能找到很多提供相关功能的网站，这里以万维易源网站为例，介绍如何使用三方提供的 API 接口服务。

万维易源网站的主页地址为 https://www.showapi.com/。

在使用其提供的 API 接口之前，首先需要注册为会员，注册地址为 https://www.showapi.com/auth/reg。

会员注册页面如图 9-1 所示。填写完整对应的注册信息即可。

图 9-1　万维易源网站会员注册

之后，可以选择一款 API 接口服务，点击网站首页的 API 市场栏目，可以进入到 API 列表页面，如图 9-2 所示。

在 API 市场栏目中，有很多常用的 API 服务可供选择，例如选择使用天气预报服务，此服务详情页如图 9-3 所示。

图 9-2　API 列表页面

图 9-3　天气预报 API 服务

可以看到，此服务并非完全免费，但是其提供了一个免费的测试资源包，可选择免费的资源包进行测试，该资源包在 1 个月的有效期内可免费调用接口 200 次，免费次数虽然不多，但是对学习者来说，应该是足够了。如果想使用此 API 服务开发一款让大家一起使用的天气预报小程序，也可以选择一款付费的资源包，付费的资源包支持更大的并发量，更长的有效期，目前使用 49 元的资源包大约可以支持 10 万次的接口服务调用。

在 API 服务详情页，接口文档部分的内容非常重要，其中会告诉我们接口的使用方式以及传参与返回数据的格式，在使用前必须详细阅读接口文档。准备完成后，可以点击页面中的在线调试按钮来测试一下接口的工作情况，并且也可以方便地看到真实的接口服务数据，如图 9-4 所示。

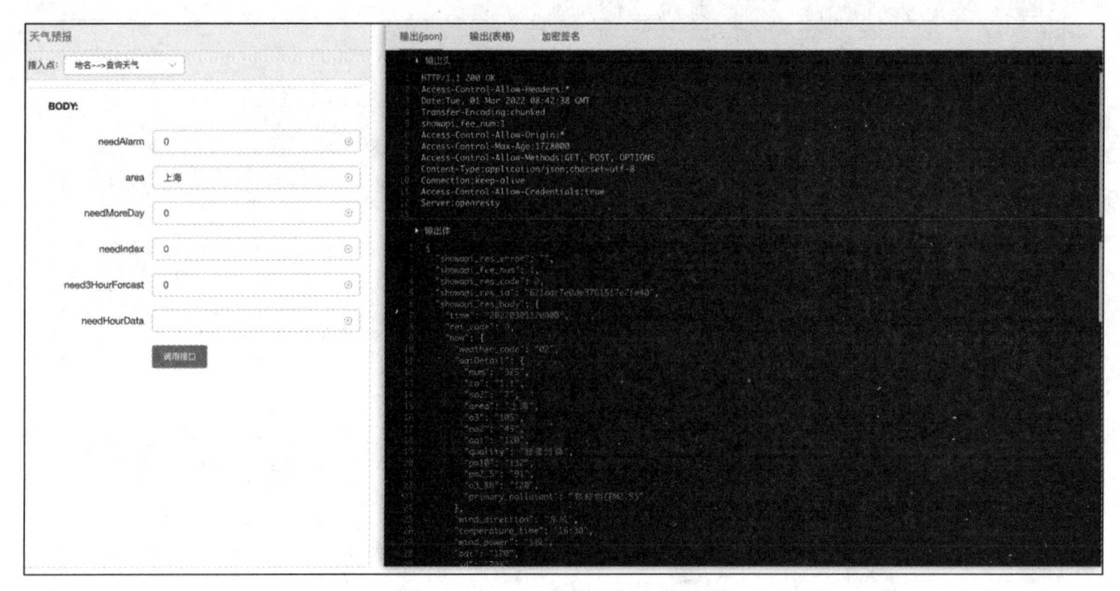

图 9-4　对 API 服务进行在线调试

9.1.2　在小程序中调用天气预报 API 服务

目前，我们在万维易源网站的 API 测试页面已经可以调通，但想要在小程序中使用还要获取到 appId 和秘钥。进入万维易源会员后台，在“我的应用”栏中新建一个 App 应用，如图 9-5 所示。

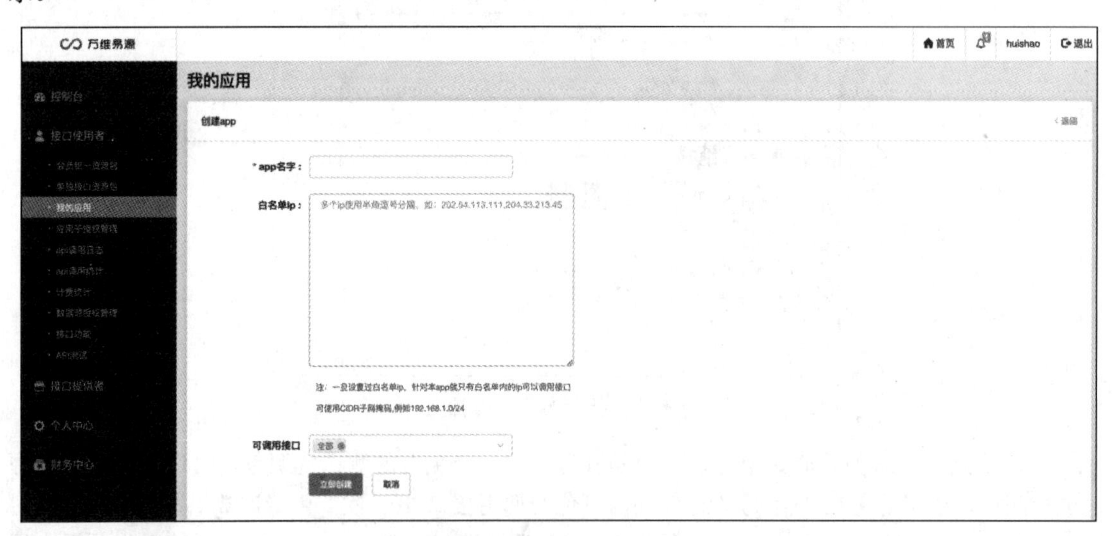

图 9-5　新建一个 App 应用

在新建应用页面中，填写 App 的名字，无须设置白名单 ip，将可调用的接口选择“全部”即可。创建好了应用后，即可查看此应用的 showapi_appid 和 secret 值，如图 9-6 所示。

图 9-6　查看万维易源后台应用的相关数据

有了 showapi_appid 和 secret 值后，就可以在小程序中进行接口的调用了。需要注意，小程序为了安全性考虑，默认只有在小程序后台配置了的域名才能进行接口调用，但是可以在微信开发者工具中配置不进行域名校验，以方便测试，如图 9-7 所示。

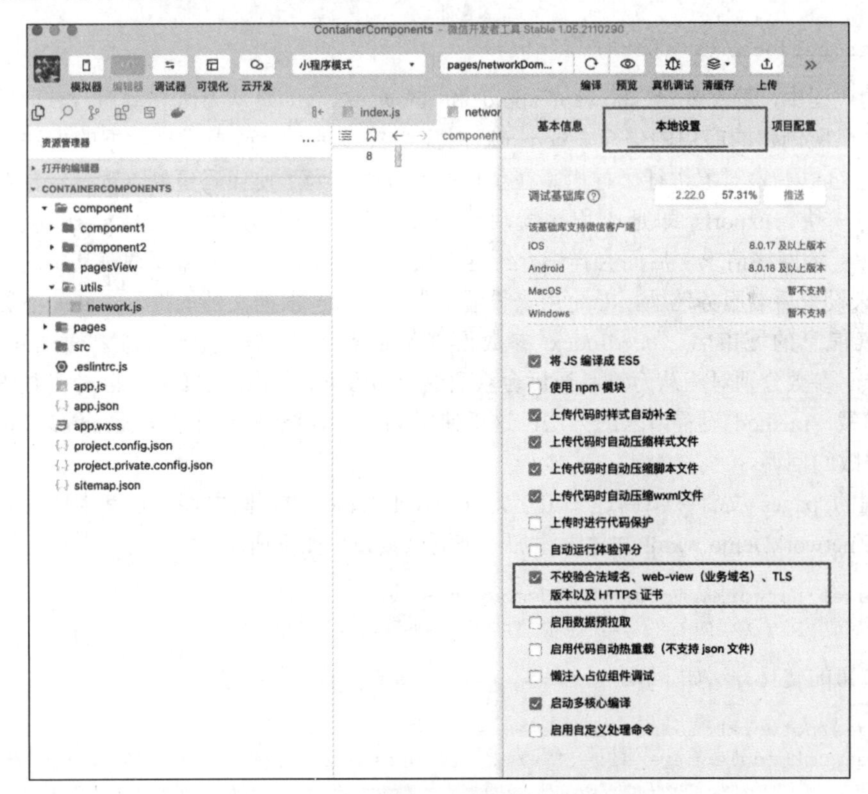

图 9-7　开启开发者工具的不校验域名功能

在示例工程的根目录下，新建一个名为 utils 的文件夹，在其内创建一个名为 network.js 的文件，将数据请求相关的逻辑都编写在这个文件中，代码如下：

```
const showapi_appid = "58027";
```

```
const showapi_sign = "74b9fcd59b844b98b6427da974f4xxx";
var network = {
    getWeatherData:function(area, callback) {
        wx.request({                                    // 发起网络请求
          url: 'https://route.showapi.com/9-2',     // 设置请求的URL
          data: {                                       // 设置请求的参数
            area:area,
            needIndex:1,
            showapi_appid:showapi_appid,
            showapi_sign:showapi_sign,
            showapi_timestamp: Date.now()
          },
          method:'GET',                                 // 设置请求方法
          success:(res)=>{                              // 请求成功的回调
            callback(res.data, null);
          },
          fail:(res)=>{                                 // 请求失败的回调
            callback(null, res);
          }
        })
    }
}
exports.network = network;
```

上面的代码中，静态变量 showapi_appid 和 showapi_sign 是从万维易源后台获取的，读者需要替换成自己所创建的应用的信息。network 对象中封装了一个请求天气数据的方法，并且使用 exports 来将 network 对象进行了导出。在小程序开发中，为了使代码更好管理，经常会编写各种各样的功能模块，exports 即是小程序模块化开发提供的一种方案。wx.request 方法用来进行 HTTP/HTTPS 的网络请求，后面会详细介绍这个接口，目前，读者只需要理解其中的相关参数即可。url 用来设置后端服务地址，data 用来设置请求的参数，根据文档的提示，area 参数用来设置要获取天气信息的城市名，needIndex 参数设置是否需要穿衣提示等信息，showapi_appid 和 showapi_sign 参数分别对应从万维易源后台获取的应用数据，showapi_timestamp 参数需要设置为当前的时间戳，method 设置请求的方法，这里使用 GET 方式进行请求，success 和 fail 分别为请求成功和失败的回调。

在工程的 pages 文件夹下新建一组名为 networkDemo 的页面文件，在其中编写请求测试代码。首先在 networkDemo.wxml 文件中添加一个测试按钮，如下所示：

```
<!--pages/networkDomo/newworkDemo.wxml-->
<button type="primary" bindtap="req">请求数据</button>
```

实现按钮的交互方法如下：

```
// pages/networkDomo/newworkDemo.js
let networkModule = require('../../utils/network.js')
Page({
    req:function() {
        networkModule.network.getWeatherData('上海',(res, error)=>{
            console.log(res, error);
        })
    }
})
```

上述代码中，require 用来引入模块，其内传入对应模块的文件名即可，引入之后即可使用此模块所导出的内容，比如 network 对象。运行代码，点击页面中的按钮，在开发者工具的控制台即可看到相关输出内容，如图 9-8 所示。

```
                                                          newworkDemo.js:14
▼{showapi_res_error: "", showapi_res_id: "621f46870de376181758f587", showapi_r
 es_code: 0, showapi_fee_num: 1, showapi_res_body: {…}}
  showapi_fee_num: 1
 ▼showapi_res_body:
   ▶cityInfo: {c6: "shanghai", c5: "上海", c4: "shanghai", c3: "上海", c9: "中…
   ▶f1: {night_weather_code: "02", day_weather: "多云", night_weather: "阴", …
   ▶f2: {night_weather_code: "07", day_weather: "阴", night_weather: "小雨", …
   ▶f3: {night_weather_code: "01", day_weather: "小雨", night_weather: "多云",…
   ▶now: {aqiDetail: {…}, weather_code: "01", temperature_time: "18:00", win…
    ret_code: 0
    time: "20220302180000"
   ▶__proto__: Object
  showapi_res_code: 0
  showapi_res_error: ""
  showapi_res_id: "621f46870de376181758f587"
 ▶__proto__: Object
```

图 9-8　请求数据结果示例

从图 9-8 中可以看到，已经能够在小程序中请求到后端服务数据了，之后需要做的只是编写页面，将数据渲染到页面即可。

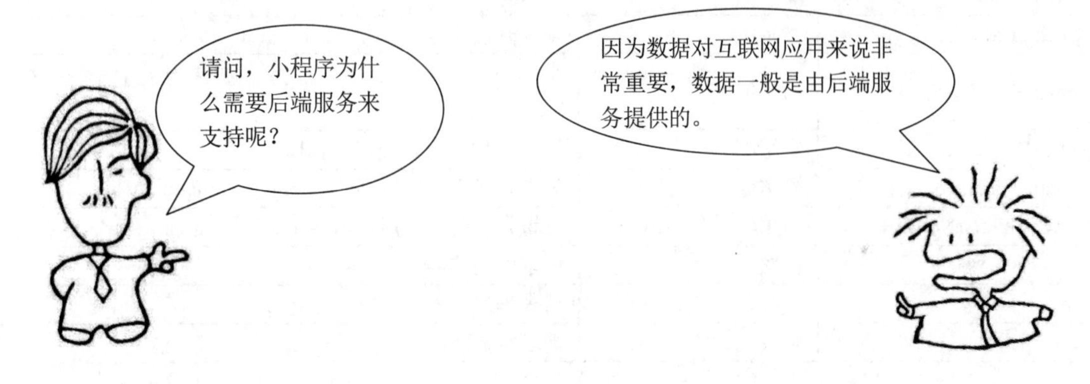

9.1.3　请求方法详解

前面，我们使用 wx.request 方法获取到了天气接口的数据，关于 wx.request 方法还需要再详细地介绍一下。此方法需要传入一个配置对象，其可用的属性如表 9-1 所示。

表 9-1　wx.request 方法的属性

属性名	类型	意义
url	字符串	服务端接口地址
data	对象	请求参数
header	对象	设置请求头中的字段
timeout	数值	设置请求的超时时间

（续表）

属性名	类型	意义
Method	字符串	设置请求的方法，可选值为： • OPTIONS • GET • HEAD • POST • PUT • DELETE • TRACE • CONNENT
dataType	字符串	设置返回数据的格式，如果设置为 JSON 则会自动进行 JSON 解析，否则不会
responseType	字符串	设置响应数据的类型，可选值为： • text：响应数据为文本 • arraybuffer：响应数据为字节数组
enableHttps	布尔值	是否开启 HTTP2
enableQuic	布尔值	是否开启 QUIC
enableCache	布尔值	是否开启缓存
enableHttpDNS	布尔值	是否开启 HTTP DNS 服务，如果开启，需要设置 httpDNSServiceId 字段
httpDNSServiceId	字符串	设置 HTTP DNS 服务商 ID
enableChunked	布尔值	设置是否开启 transfer-encoding chunked 功能
forceCellularNetwork	布尔值	设置是否强制使用蜂窝网络
success	函数	请求成功的回调
fail	函数	请求失败的回调
complete	函数	请求完成的回调

请求如果成功，在 success 回调中会传入结果对象，此结果对象的属性如表 9-2 所示。

表 9-2　success 回调中传入的结果对象的属性

属性名	类型	意义
data	字符串，对象或字节数组	服务端返回的数据
statusCode	数值	HTTP 返回数据的状态码
herder	对象	HTTP 返回数据的头数据
cookies	数组	服务端返回的 cookies 数据
profile	对象	调试信息

表 9-2 中，profile 对象中存储的是请求过程中的一些关键信息，业务上虽然使用不到这些信息，但是对于网络状态的评估和问题调试来说，这些信息却相当重要。profile 对象中封装的属性如表 9-3 所示。

表 9-3　profile 对象封装的属性

属性名	类型	意义
redirectStart	数值	第一次重定向发生的时间
redirectEnd	数值	最后一次重定向完成的时间
fetchStart	数值	开启使用 HTTP 请求获取资源时的时间
domainLookupStart	数值	DNS 域名查询开始的时间
domainLookupEnd	数值	DNS 域名查询完成的时间
connectStart	数值	HTTP 开始建立连接的时间
connectEnd	数值	HTTP 完成建连的时间
SSLconnectionStart	数值	SSL 开始建立连接的时间
SSLconnectionEnd	数值	SSL 完成建立连接的时间
requestStart	数值	HTTP 请求的开始时间，建立连接已完成
requestEnd	数值	HTTP 请求的完成时间
responseStart	数值	HTTP 开始接收响应数据的时间
responseEnd	数值	HTTP 响应接收完成的时间
rtt	数值	请求往返时延
estimate_nettype	数值	评估网络状态
httpRttEstimate	数值	协议层根据多个请求来估算网络的往返时延
transportRttEstimate	数值	传输层根据多个请求来估算网络的往返时延
downstreamThroughputKbpsEstimate	数值	估算当前网络下载的 kbps 数据
throughputKbps	数值	当前网络下载的实际 kbps 数据
peerIP	字符串	当前请求的 IP
port	数值	当前请求的端口号
socketReused	布尔值	是否复用连接
sendBytesCount	数值	发送的字节数
receivedBytedCount	数值	收到的字节数
protocol	字符串	当前使用的协议

需要注意，只有在真机上进行测试时，请求完成后才会返回 profile 相关数据，且对微信平台本身的版本号有要求，Android 系统上微信客户端从 7.0.12 版本开始支持 profile 网络性能分析，iOS 系统 8.0.3 版本开始支持 profile 网络性能分析。在 profile 相关数据中，rtt 是分析网络情况的一种重要指标，如果发现多次请求的 rtt 都超过 400，则可以认定当前用户是处于弱网环境下。

9.1.4　关于 RequestTask 对象

调用 wx.request 方法后，其立即会返回一个 RequestTask 对象，可以使用此对象来对请求过程进行监听或处理，例如可以提前终止请求。

我们知道，通过网络来获取服务数据是有时间代价的，在数据未返回之前，用户可能已经退出了当前页面，此时将无须再等待数据返回，也无须再处理请求完成后的逻辑，对于这种场景，就可以提前结束请求。示例如下：

```
let req = wx.request({
  url: 'https://route.showapi.com/9-2',
  data: {
    area:area,
    needIndex:1,
    showapi_appid:showapi_appid,
    showapi_sign:showapi_sign,
    showapi_timestamp: Date.now()
  },
  method:'GET',
  success:(res)=>{
    callback(res, null);
  },
  fail:(res)=>{
    callback(null, res);
  }
});
// 手动终止请求
req.abort();
```

调用 RequestTask 对象的 abort 方法后，可以直接终止请求，请求会直接失败，触发 fail 回调。

通过 RequestTask 对象，也可以为请求过程中添加一些监听事件，包括接收到 Response Header 的事件与接收到 Chunk 编码的数据块事件，其可用的方法如表 9-4 所示。

表 9-4　RequestTask 对象的方法

方法名	参数	意义
onHeadersReceived	Function callback：回调函数	监听服务端返回 Header 数据，服务端返回 Header 数据会更比请求完成早一些
offHeadersReceived	Function callback：回调函数	取消添加 Header 返回监听
onChunkReceived	Function callback：回调函数	添加 Transfer-Encoding Chunk Received 事件的监听，当收到新的 Chunk 数据块时会触发回调函数
offChunkReceived	Function callback：回调函数	移除 Transfer-Encoding Chunk Received 事件的监听

表 9-4 中，Transfer-Encoding Chunk 表示要进行分块传输，这样请求到的数据会按照一定的长度进行分块，在接收时，onChunkReceived 添加的回调也会执行多次，每次触发回调都能获取到一部分数据。

9.2　文件下载与上传

小程序开发框架中提供了文件的下载与上传相关接口，当需要上传某些本地数据到服务端或从服务端下载文件到本地时，使用这些接口进行开发会非常方便。在介绍下载与上传方法前，首先需要对小程序中的文件系统有简单的了解。

9.2.1　小程序的文件系统

小程序有一套以用户维度进行隔离的文件系统。我们知道，微信本身也是一个应用程序，同一台设备上可以任意地进行多个微信用户的替换登录，对于小程序来说，每个用户都有独享的存储空间，互相不受影响，这就需要文件系统来管理。

说到小程序中的文件，可以将其分为两类，一类是代码包中的文件，另一类是本地文件。代码包中的文件很好理解，我们之前创建的页面文件、引入的资源文件等都属于此类。在小程序打包发布时，这些文件都会被统一打包，在使用这些文件时也比较简单，使用相对路径的方式进行访问即可。

我们重点需要讲的是本地文件，本地文件分为以下三类：

- 本地临时文件。临时文件主要由开发框架自动产生，这类文件的特点是随时会被回收删除掉，目前框架对此类文件的管理策略是运行时最多存储 4GB 的内容，运行结束后，如果使用超过 2GB，则会按照使用时间从远到近依次进行清理，使占用的内存回到 2GB 以内。
- 本地缓存文件。本地缓存文件是指使用小程序相关接口将临时文件缓存后产生的文件，这类文件不能自定义目录和文件名，和本地用户文件共享容量，最多可存储 200MB。
- 本地用户文件。本地用户文件是指用户自行管理的文件，在实际开发时，可以将临时文件存储成本地用户文件，用户对这类文件有很大的操作权限，可以自定义目录名与文件名。

对于开发者来说，本地临时文件和本地缓存文件都无法进行直接写入，其存储都是由框架接口自行处理的，对于其存储路径也无法修改。只有本地用户文件开发者能够自由地进行读写，使用如下代码可以获取到本地用户文件的存储根目录：

```
wx.env.USER_DATA_PATH
```

在此目录下使用小程序开发框架中提供的文件管理接口，即可实现文件夹创建、文件创建等操作，这些后续会详细介绍。

9.2.2　文件下载与上传接口

现在，可以尝试通过网络将图片文件下载到本地并进行渲染。在 networkDemo.wxml 文件中添加如下代码：

```
<!--pages/networkDomo/newworkDemo.wxml-->
<button type="primary" bindtap="download">下载文件</button>
<image src="{{imagePath}}"></image>
```

点击页面中的按钮后进行资源文件的下载，下载成功后，将图片渲染到页面的 image 组件上，在 networkDemo.js 文件中实现如下逻辑代码：

```
// pages/networkDomo/newworkDemo.js
Page({
    data:{
        imagePath:""
```

```
    },
    download:function() {
        wx.downloadFile({                                   // 下载文件
          url: 'http://huishao.cc/img/head-img.png',     // 设置下载文件路径
          filePath: wx.env.USER_DATA_PATH + "/1.png",    // 设置本地保存路径
          success:(res)=>{                                // 下载成功的回调
            console.log(res);
            this.setData({
                imagePath:res.filePath
            });
          },
          fail:(error)=>{                                 // 下载失败的回调
            console.log(error);
          }
        })
    }
})
```

运行上述代码，通过控制台的信息以及页面 image 组件的渲染情况，可以知道下载过程是否正常，如果下载失败了，输出的错误信息会提示失败的原因。代码中，downloadFile 方法用来下载文件，其会将文件下载到所配置的 filePath 路径下，需要注意，此路径必须是本地用户资源路径，否则会因为没有访问权限而下载失败。

downloadFile 方法可配置的属性如表 9-5 所示。

表 9-5　downloadFile 方法的属性

属性名	类型	意义
url	字符串	下载资源的 url
header	对象	设置下载请求的 Header 字段
timeout	数值	设置超时时间
filePath	字符串	指定文件下载后的本地路径，如果不设置此字段，则会将资源下载到临时文件路径下
success	函数	下载成功的回调方法
fail	函数	下载失败的回调方法
complete	函数	下载完成的回调方法

如果下载成功，在 success 的回调中会传入结果对象，此对象包含的属性如表 9-6 所示。

表 9-6　success 回调传入结果对象的属性

属性名	类型	意义
tempFilePath	字符串	临时文件路径，如果没有设置 filePath 字段，则下载完成后会存储到这个位置
filePath	字符串	文件存储的路径，和调下载方法时设置的 filePath 一致
statusCode	数值	返回的 HTTP 状态码
profile	对象	调试信息

调用 downloadFile 方法后会返回一个 DownloadTask 对象，此对象中封装了一些常用方法，如表 9-7 所示。

表 9-7　DownloadTask 对象的方法

方法名	参数	意义
abort	无	中断当前下载任务
onProgressUpdate	Function callback：回调函数	添加下载文件进度更新监听
offProgressUpdate	Function callback：回调函数	移除下载进度变化的监听事件
onHeadersReceived	Function callback：回调函数	监听服务端返回 Header 数据，服务端返回 Header 数据会更比请求完成早一些
offHeadersReceived	Function callback：回调函数	取消添加 Header 返回监听

在实际开发中，由于文件的下载往往需要一定的时间，使用 onProgressUpdate 方法可以监听到当前的下载进度，进而为用户增加进度提示，示例如下：

```
let downloadTask = wx.downloadFile({
  url: 'http://huishao.cc/img/head-img.png',
  filePath: wx.env.USER_DATA_PATH + "/1.png",
  success:(res)=>{
    console.log(res);
    this.setData({
        imagePath:res.filePath
    });
  },
  fail:(error)=>{
    console.log(error);
  }
});
downloadTask.onProgressUpdate((res)=>{    // 监听下载进度
    console.log("资源总长度：" + res.totalBytesExpectedToWrite);
    console.log("已下载：" + res.totalBytesWritten);
    console.log("进度百分比：" + res.progress);
});
```

上传文件到服务端，实际上是客户端发起了一个 HTTP POST 请求，使用 wx.uploadFile 方法进行文件的上传，此方法的可配置的属性如表 9-8 所示。

表 9-8　wx.uploadFile 方法的属性

属性名	类型	意义
url	字符串	开发者服务器地址
filePath	字符串	要上传的资源文件的路径
name	字符串	上传文件对应的 key 值
header	对象	请求头字段
formData	对象	HTTP 请求中额外的表单数据
timeout	数值	设置超时时间，单位为毫秒
success	函数	接口调用成功的回调方法
fail	函数	接口调用失败的回调方法
complete	函数	接口调用完成的回调方法

与 wx.downloadFile 方法类似，调用 wx.uploadFile 接口后也会返回一个任务对象，

UploadTask 对象中封装的方法与 DownloadTask 对象完全一致，用法也几乎一样，这里不再重复介绍。

9.3　在小程序中使用 WebSocket 技术

在大部分小程序产品的业务需求中，与后端进行的数据交互都将采用 HTTP 请求的方式进行。但是 HTTP 请求有一些局限性，比如只能由客户端发起，服务端被动地将客户端需要的数据返回，服务端无法主动地将推送数据到客户端。在一些特殊的应用场景中，这一局限性将非常致命，比如实时游戏类的应用，客户端和服务端不仅交互频繁，而且需要服务端主动推送数据到客户端，社交类应用也类似，消息的接收是需要服务端主动推送的。幸运的是，小程序开发框架中提供了 WebSocket 相关的接口，使用 WebSocket 技术可以方便地实现与服务端的全双工通信。

9.3.1　编写一个简易的 WebSocket 服务端

要学习在小程序中使用 WebSocket 技术，首先需要有一个支持 WebSocket 的服务端。可以借助 Node.js 快速地在本地实现一个 WebSocket 服务端，方便与小程序进行通信测试。

Node.js 的安装非常简单，其官网网址为 https://nodejs.org/。

打开网站后，页面如图 9-9 所示。

图 9-9　Node.js 官网

官网的正中间有两个比较醒目的按钮，左侧按钮用来下载当前的稳定版本，右侧按钮用来下载最新版本，任选一种版本下载即可。下载安装后，即可按照安装普通软件的方式来安装 Node.js。

安装好了 Node.js 后，如果要使用 WebSocket，还需要安装一个 WebSocket 的模块，打开终端，在其中输入如下指令进行安装：

```
npm install ws
```

npm 是 Node.js 配套的一个包管理工具，安装完成 ws 模块后，即可开始进行 WebSocket 服务端代码的编写。

新建一个名为 ws.js 的文件，此文件可以创建在任何位置，不需要放入小程序的项目中，在 ws.js 文件中编写如下测试代码：

```
// 引入 WebSocket 服务器实例
var WebSocketServer = require('ws').Server;
// 创建一个 WebSocket 服务，绑定到本地的 8181 端口
var wss = new WebSocketServer({ port: 8181 });
// 监听客户端的连接动作
wss.on('connection', function (ws) {
    console.log('服务端：客户端已连接');
    // 客户端连接后，监听此连接发来的客户端消息
    ws.on('message', function (message) {
        let buf = Buffer.from(message);
        let string = buf.toString('utf-8');
        console.log("服务器：收到消息", string);
        // 将客户端发来的消息再原样发送给客户端
        ws.send("服务端收到了-" + string + "-");
    });
});
```

除去上面代码中的注释与日志，只需要 9 行代码，就实现了一个简易的 WebSocket 服务器，Node.js 的强大可见一斑，这也是实际项目开发中，很多开发者都选择使用 Node.js 做后端服务的原因。

下面，可以尝试运行此服务端代码。使用终端进入到与 ws.js 文件相同的目录下，在终端执行如下指令：

```
node ws.js
```

之后终端如果没有任何异常信息输出，则表明我们的服务端代码已经运行起来了，当下它正在等待客户端的连接，后面将在小程序中连接此 WebSocket 服务。要退出服务端的运行，在终端中按 control + c 组合键即可。

9.3.2　编写 WebSocket 客户端示例程序

在小程序示例工程中新建一组名为 webSocketDemo 的页面文件，在 webSocketDemo.wxml 文件中编写如下示例代码：

```
<!--pages/webSocketDemo/webSocketDemo.wxml-->
<button type="primary" bindtap="send">发消息到服务端</button>
<view wx:for="{{msgs}}">
    {{index}}:{{item}}
</view>
```

如上述代码所示，在页面上创建了一个按钮组件，单击此按钮后将使用 WebSocket 接口向服务端发送数据，同时服务端发送到客户端的数据也会渲染到页面上。在 webSocketDemo.js 文件中实现逻辑代码如下：

```
// pages/webSocketDemo/webSocketDemo.js
Page({
    data: {
        msgs:[]
    },
    send:function() {
        wx.sendSocketMessage({
            data:"客户端发来的信息"
        })
    },
    onLoad: function (options) { // 创建 Socket 连接
        wx.connectSocket({
            url: 'ws://localhost:8181'
        });
        wx.onSocketOpen(function(res) { // 打开连接
            console.log("连接成功");
        })
        wx.onSocketMessage((result) => { // 收到消息的回调
            console.log(result.data);
            this.data.msgs.push(result.data);

            this.setData({
                msgs:this.data.msgs
            });
        });
    }
})
```

其中，wx.connectSocket 方法用来连接服务端，wx.onSocketOpen 方法用来添加连接成功的监听，wx.onSecketMessage 方法用来添加接收服务端消息的监听，wx.sendSocketMessage 方法用来发消息到服务端，关于这些 WebSocket 接口的详细用法后续会再介绍。现在，运行上一小节编写的 Node.js 程序，同时在小程序模拟器上预览 webSocketDemo 页面，尝试点击页面中的按钮发送几条消息，会看到，在运行服务端程序的终端上将输入如下信息：

```
服务端: 客户端已连接
服务器: 收到消息 客户端发来的信息
服务器: 收到消息 客户端发来的信息
服务器: 收到消息 客户端发来的信息
服务器: 收到消息 客户端发来的信息
```

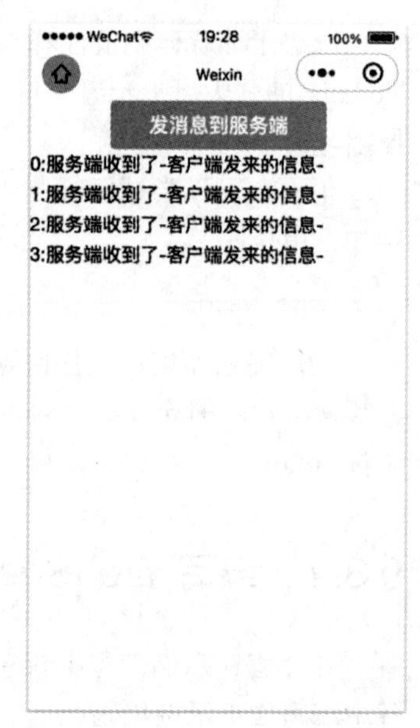

图 9-10　WebSocket 示例程序

对应的小程序页面如图 9-10 所示。

到此，我们已经实现了一个简易的客户端和服务端实时通信的程序，其实服务端也可以同时连接多个客户端，从而作为转发层来实现客户端与客户端之间的实时通信。

9.3.3 WebSocket 相关接口详解

小程序开发框架中提供了一系列以 wx 开头的 WebSocket 功能接口，使用 WebSocket 的第一步是先创建一个 WebSocket 连接（使用 wx.connectSocket 方法），此方法的参数中可配置的属性如表 9-9 所示。

表 9-9　wx.connectSocket 方法的属性

属性名	类型	意义
url	字符串	服务端的 WebSocket 服务地址
header	对象	发起连接时的数据头部字段
protocols	数组，内部为字符串	所使用的子协议数组
tcpNoDelay	布尔值	设置建立连接时的 TCP_NODELAY 选项
perMessageDeflate	布尔值	设置是否开启压缩扩展
timeout	数值	设置超时时间，单位为毫秒
success	函数	建立连接成功后的回调
fail	函数	建立连接失败后的回调
complete	函数	接口调用完成的回调

调用 wx.connectSocket 方法后，创建的连接并非立即可用，可以调用 wx.onSocketOpen 方法来添加连接打开事件的监听，连接打开后，即可以调用发送接口来发送消息。与 wx.onSocketOpen 方法对应使用 wx.onSocketClose 方法来添加连接关闭的监听。除此之外，还有两个添加监听的接口，wx.onSocketError 用来添加异常监听，wx.onSocketMessage 用来添加接收消息的监听。可以通过 WebSocket 来发消息，调用 wx.sendSocketMessage 方法即可。当然，也可以主动的关闭一个连接，需要调用 wx.closeSocket 方法。

上面介绍的这些方法虽然使用起来十分简单，但是如果客户端同时存在多个 WebSocket 连接，每个 WebSocket 连接的管理将非常困难，也会产生一些和预期不一致的问题。如果需要维护多个 WebSocket 连接，最方便的方式是使用 SocketTask 对象。

在调用 wx.connectSocket 方法时，会返回一个 SocketTask 对象，此对象即关联当前所建立的 WebSocket 连接，使用此对象可以只针对当前连接进行消息发送、连接关闭以及添加各种监听，修改前面的代码如下：

```
var task = wx.connectSocket({
  url:'ws://localhost:8181'
});
task.onOpen(()=>{
    console.log("连接成功");
});
task.onMessage((result) => {
    console.log(result.data);
    this.data.msgs.push(result.data);

    this.setData({
        msgs:this.data.msgs
    });
});
```

修改后代码的运行效果与之前完全一致。SocketTask 对象中封装的方法如表 9-10 所示。

表 9-10　SocketTask 对象中封装的方法

方法名	参数	意义

close	Object {
	Number code：状态码
	String reason：原因
	Function success：回调
	Function fail：回调
	Function complete：回调
	}
		主动关闭 WebSocket 连接

onClose	Function callback：回调	监听连接关闭事件
onError	Function callback：回调	监听异常事件
onMessage	Function callback：回调	监听接收到的服务端消息
onOpen	Function callback：回调	监听 WebSocket 连接打开事件

send	Object {
	String data：需要发送的内容
	Function success：回调
	Function fail：回调
	Function complete：回调
	}
		发送消息到服务端

其实，除了 WebSocket 外，小程序中也支持直接使用更底层的 TCP 和 UDP 协议进行通信，WebSocket 本身也是基于 TCP 而实现的。

9.4　小程序文件系统

在小程序开发框架中，与数据存储功能相关的有两大系统，分别为文件系统和缓存系统，文件系统对我们来说其实并不完全陌生，在学习资源下载时就简单介绍过文件系统。鉴于文件系统的重要性，本节我们将会更系统地介绍文件系统的用法。

9.4.1　以 wx 开头的文件系统接口

只要是以 wx 开头的方法，通常都是提供给开发者快速使用的便捷方法。与文件系统相关的几个常用方法如表 9-11 所示。

表 9-11　与文件系统相关的常用方法

方法名	参数	意义

wx.saveFileToDisk	Object {
	String filePath：待保存文件路径
	Function success：回调
	Function fail：回调
	Function complete：回调
	}
		将小程序文件系统中的文件保存到用户的磁盘中，此方法仅支持在 PC 端使用

wx.saveFile	Object {
	String tempFilePath：临时文件路径
	Function success：回调
	Function fail：回调
	Function complete：回调
	}
		将临时文件移动到本地，调用成功后临时文件的路径将不可用，且在成功的回调中会返回保存后的文件路径

wx.removeSavedFile	Object {
	String filePath：要删除的文件的本地路径
	Function success：回调
	Function fail：回调
	Function complete：回调
	}
		删除本地文件

wx.openDocument	Object {
	String filePath：文件本地路径
	Boolean：是否显示右上角菜单
	String fileType：文件类型
	Function success：回调
	Function fail：回调
	Function complete：回调
	}
		打开一个本地文档文件，fileType 支持的类型有 doc、docx、xls、xlsx、ppt、pptx、pdf。使用此方法可以将下载到的文档文件直接打开浏览

wx.getSavedFileList	Object {
	Function success：回调
	Function fail：回调
	Function complete：回调
	}
		获取当前小程序已经存储到本地的缓存文件列表，成功的回调中会返回 fileList 数组，其中每个元素如下：
		{
		String filePath：文件路径
		Number size：文件大小，单位字节
		Number createTime：保存时间
		}

（续表）

方法名	参数	意义

wx.getSavedFileInfo	Object {
	String filePath：文件路径
	Function success：回调
	Function fail：回调
	Function complete：回调
	}
		获取本地文件的文件信息，在成功的回调中会返回文件的 size 和 createTime 信息

wx.getFileInfo	Object {
	String filePath：文件路径
	String digestAlgorithm：计算摘要算法
	Function success：回调
	Function fail：回调
	Function complete：回调
	}
		获取本地文件信息，成功的回调中会返回文件的 size 和 digest 摘要信息

wx.getFileSystemManager	无	获取全局的文件管理器对象

表 9-11 列举的方法中，wx.getFileSystemManager 方法会返回 FileSystemManager 对象，此对象中封装了更加丰富的文件管理方法。

9.4.2　FileSystemManager 文件管理器

使用 wx.getFileSystemManager 方法可以获取到全局唯一的文件管理器实例对象，通过它，可以做判断文件是否存在、新建文件或文件目录、读写文件、重命名文件、删除文件等操作。FileSystemManager 对象中封装的方法如表 9-12 所示。

表 9-12　FileSystemManager 对象中封装的方法

方法名	参数	意义

access	Object {
	String path：本地文件或目录的路径
	Function success：回调
	Function fail：回调
	Function complete：回调
	}
		判断文件或目录是否存在，如果接收到成功的回调，表示文件或目录存在，如果接收到失败的回调，表示不存在

accessSync	String path：文件或目录的路径	同步地判断文件是否存在，如果不存在会抛出异常

（续表）

方法名	参数	意义

appendFile	Object {
	String filePath：要追加内容的文件路径
	String data：要追加的文本或二进制数据
	String encoding：写入文件的字符编码方式
	Function success：回调
	Function fail：回调
	Function complete：回调
	}
		向文件末尾追加内容，encoding参数支持的编码方式有：ascii、base64、binary、hex、ucs2、ucs-2、utf16le、utf-16le、utf-8、utf8、latin1

appendFileSync	String filePath：文件路径 String data：要追加的内容 String encoding：编码方式	以同步的方式向文件末尾追加内容

open	Object {
	String filePath：文件路径
	String flag：操作符
	Function success：回调
	Function fail：回调
	Function complete：回调
	}
		打开文件，在成功的回调中会返回文件标识符，后续对文件的更改、读取操作都需要使用此标识符进行。此方法的 flag 参数用来设置打开方式，后续会介绍

openSync	Object {
	String filePath：文件路径
	String flag：操作符
	}
		以同步的方式打开文件，会直接返回文件标识符

read	Object {
	String fd：文件标识符
	ArrayBuffer buffer：数据写入缓存区
	Number offset：写入缓存区偏移量
	Number length：写入字节数
	Number position：文件的读取位置
	Function success：回调
	Function fail：回调
	Function complete：回调
	}
		读取文件内容

readSycn	String fd：文件标识符 ArrayBuffer buffer：数据写入缓存区 Number offset：写入缓存区偏移量 Number length：写入字节数 Number position：文件的读取位置	以同步的方式读取文件内容

（续表）

方法名	参数	意义

readCompressedFile	Object {
	String filePath：文件路径
	String compressionAlgorithm：压缩文件类型
	Function success：回调
	Function fail：回调
	Function complete：回调
	}
		直接读取本地压缩文件的内容，成功的回调中会返回字节数组数据。此方法的 compressionAlgorithm 参数用于设置压缩文件的类型，目前能设置为“br”，仅支持 brotli 类型的压缩文件

readCompressedFileSync	Object {
	String filePath：文件路径
	String compressionAlgorithm：压缩文件类型
	}
		同步地方式读取本地压缩文件的内容，调用后将会直接返回字节数组

readZipEntry	Object {
	String filePath：要读取的压缩包路径
	String encoding：内容编码方式
	Array entries：要读取的压缩包内的文件列表
	Function success：回调
	Function fail：回调
	Function complete：回调
	}
		读取压缩包内的文件，entries 参数也可以设置为“all”，表示读取所有文件。在成功的回调中会返回读取的结果

readdir	Object {
	String dirPath：目录路径
	Function success：回调
	Function fail：回调
	Function complete：回调
	}
		读取目录内的文件列表，成功的回调中返回文件夹下所有的文件名组成的数组

readdirSync	String dirPath：目录路径	以同步的方式读取本地文件夹中的文件列表，会直接返回文件名数组

readFile	Object {
	String filePath：文件路径
	String encoding：编码方式
	Number position：从指定位置开始读数据
	Number length：读取文件的长度
	Function success：回调
	Function fail：回调
	Function complete：回调
	}
		读取本地文件的内容，成功的回调中会返回数据

（续表）

方法名	参数	意义
readFileSync	String filePath：文件路径 String encoding：编码方式	以同步的方式读取文件内容

close	Object {
	String fd：要关闭的文件标识符
	Function success：回调
	Function fail：回调
	Function complete：回调
	}
		关闭文件，其中 fd 参数是通过 open 或 openSync 方法返回的

closeSync	String fd：文件标识符	以同步的方式关闭文件

copyFile	Object {
	String srcPath：源文件路径
	String destPath：目标文件路径
	Function success：回调
	Function fail：回调
	Function complete：回调
	}
		复制文件

copyFileSync	String srcPath：源文件路径 String destPath：目标文件路径	以同步的方式复制文件

fstat	Object {
	String fd：文件标识符
	Function success：回调
	Function fail：回调
	Function complete：回调
	}
		获取文件的状态信息，成功的回调中会返回 Stats 对象，后面会介绍此对象

fstatSync	String fd：文件描述符	以同步的方式获取文件状态信息，会返回 Stats 对象

ftruncate	Object {
	String fd：文件描述符
	Number length：保留的长度
	Function success：回调
	Function fail：回调
	Function complete：回调
	}
		对文件的内容进行截断，其 length 参数也可以理解为从多少个字节开始进行删除

ftruncateSync	Object {
	String fd：文件描述符
	Number length：截断位置
	}
		以同步的方式对内容进行截断

（续表）

方法名	参数	意义

truncate	Object {
	String filePath：文件路径
	Number length：保留的长度
	Function success：回调
	Function fail：回调
	Function complete：回调
	}
		对文件内容进行截断

turncateSync	String filePath：文件路径 Number length：截断位置	以同步的方式对文件内容进行截断

getFileInfo	Object {
	String filePath：本地文件路径
	Function success：回调
	Function fail：回调
	Function complete：回调
	}
		获取本地文件的尺寸信息，成功的回调中会返回文件的大小

getSavedFileList	Object {
	Function success：回调
	Function fail：回调
	Function complete：回调
	}
		获取已保存到本地的缓存文件列表，功能与 wx.getSavedFileList 类似

mkdir	Object {
	String dirPath：创建的目录路径
	Boolean recursive：是否递归创建
	Function success：回调
	Function fail：回调
	Function complete：回调
	}
		创建目录

makedirSync	String dirPath：目录路径 Boolean recursive：是否递归创建	以同步的方式创建目录

rmdir	Object {
	String dirPath：要删除的目录路径
	Boolean recursive：是否递归删除，即删除当前目录和其下的所有子目录和文件
	Function success：回调
	Function fail：回调
	Function complete：回调
	}
		删除目录

rmdirSync	String dirPath：目录路径 Boolean recursive：是否递归删除	以同步的方式删除目录

（续表）

方法名	参数	意义

removeSavedFile	Object {
	String filePath：文件路径
	Function success：回调
	Function fail：回调
	Function complete：回调
	}
		删除本地缓存文件

rename	Object {
	String oldPath：源路径
	String mewPath：目标路径
	Function success：回调
	Function fail：回调
	Function complete：回调
	}
		文件重命名，也可以作移动文件之用

renameSync	String oldPath：源路径 String newPath：目标路径	以同步的方式移动文件

saveFile	Object {
	String tempFilePath：临时文件路径
	String filePath：存储到的路径
	Function success：回调
	Function fail：回调
	Function complete：回调
	}
		将临时文件保存到本地

saveFileSync	String tempFilePath String filePath	以同步的方式将临时文件保存到本地，如果成功会直接返回保存后的文件路径

stat	Object {
	String path：文件或目录的路径
	Boolean recursive：是否递归获取
	Function success：回调
	Function fail：回调
	Function complete：回调
	}
		获取文件的 Stats 信息

statSync	String path：文件或目录路径 Boolean recursive：是否递归	以同步的方式获取文件的 Stats 信息

unlink	Object {
	String filePath：要删除的文件路径
	Function success：回调
	Function fail：回调
	Function complete：回调
	}
		删除本地文件

（续表）

方法名	参数	意义
unlinkSync	String filePath：文件路径	以同步的方式删除本地文件

unzip	Object {
	String zipFilePath：压缩文件路径
	String targetPath：解压后文件路径
	Function success：回调
	Function fail：回调
	Function complete：回调
	}
		解压文件，只能是 zip 格式

write	Object {
	String fd：文件标识符
	ArrayBuffer data：写入的内容
	Number offset：要写入的数据部分
	Number length：写入的字节数
	String encoding：编码方式
	Number position：写入的位置
	Function success：回调
	Function fail：回调
	Function complete：回调
	}
		将数据写入文件

writeSync	String fd：文件标识符 ArrayBuffer data：数据 Number offset：要写入的数据部分 Number length：写入的字节数 String encoding：编码方式 Number position：写入的位置	以同步的方式将数据写入文件

writeFile	Object {
	String filePath：文件路径
	ArrayBuffer data：写入的内容
	String encoding：编码方式
	Function success：回调
	Function fail：回调
	Function complete：回调
	}
		将数据写入文件

writeFileSync	String filePath：本地文件路径 ArrayBuffer data：要写入的数据 String encoding：编码方式	以同步的方式将数据写入文件

上面的表格中，FileSystemManager 提供了大量的操作文件的方法，可以发现，其中大部分方法都提供了异步和同步两种调用方式，进行异步调用时会通过回调得到结果，而进行同步调用时结果会直接返回。在实际开发中，除非某些特殊场景，建议使用异步的方式进行文件操作，这样会减少用户体验上的卡顿。当用同步的方式进行文件操作时，一般需要使用 try-catch 进行异常捕获。

在表 9-12 列举的方法中，有些方法可以直接通过文件路径操作文件，有些则需要使用文件标识符，所有需要使用到文件标识符的方法在执行前都需要先打开文件。使用 open 方法打开文件时，可以设置 flag 参数，此参数用于限制文件的使用方式，设置的值及含义如表 9-13 所示。

表 9-13　flag 参数的值及含义

值	含义
a	打开文件用于追加内容，文件不存在则会创建
ax	新建文件打开进行内容追加，如果文件已经存在则会失败
a+	打开文件用于读取和追加内容，如果文件不存在则会创建
ax+	新建文件用于读取和追加内容，如果文件已经存在则会失败
as	同步模式，打开文件用于追加，文件不存在则会创建
as+	同步模式，打开文件用于读取和追加内容，如果文件不存在则会创建
r	打开文件进行读取，文件不存在则会失败
r+	打开文件用于读取和写入，文件不存在则会失败
w	打开文件用于写入，文件不存在则创建，存在则截断
wx	新建文件进行写入，文件存在则会失败
w+	打开文件用于读取和写入，文件不存在则创建，存在则截断
wx+	新建文件用于读取和写入，文件存在则会失败

另外，还有两个方法需要特别介绍一下。第一个是 stat 方法，该方法能够获取到文件或目录的 Stats 描述对象，这个对象中封装了一些属性和方法，如表 9-14 和表 9-15 所示。

表 9-14　Stats 对象的属性

属性名	类型	意义
mode	字符串	文件的类型及存储权限
size	数值	文件的大小
lastAccessedTime	数值	文件最后一次被存取的时间
lastModifiedTime	数值	文件最后一次修改时间

表 9-15　Stats 对象的方法

方法名	参数	意义
isDirectory	无	判断是否是一个目录
isFile	无	判断是否是一个普通文件

另一个需要特别介绍的方法是 readZipEntry，此方法的 entries 参数用来设置要读取的文件列表，其如果设置为字符串“all”，则会读取压缩包内的所有文件，也可以将其设置为一个对象数组，从而更精准地控制要读取的内容，数组中可配置的属性如表 9-16 所示。

表 9-16　entries 参数为数组时可配置的属性

属性名	类型	意义
path	字符串	压缩包内文件的路径
encoding	字符串	编码方式
position	数值	从文件的指定位置开始读
length	数值	读取文件的长度

9.5 小程序缓存工具

小程序中的文件存储功能虽然非常强大，但并非所有业务场景都适用，有时候需要将某些简单的用户信息进行持久化的存储，这些信息通常比较简单，且比较结构化。当然，可以将这些结构化的数据编码成字符串写入文件，需要使用的时候再进行读取和解析，但这样做会增加开发者的使用成本。小程序开发框架中提供了直接存储缓存数据的方法，存取也非常方便，本节我们介绍小程序的缓存工具——Storage。

Storage 可以理解为小程序中提供的一块易用的存储空间，同一微信用户的同一小程序中 Storage 空间的上限为 10MB。Storage 的特点是用户间隔离，不同小程序间不能互相访问，同一小程序不同用户间也不能互相访问，当我们需要存储一些简单的用户数据时，例如用户登录状态、用户信息等，使用 Storage 非常方便。

可以调用 wx.setStorage 方法来进行数据存储，示例代码如下：

```
wx.setStorage({ // 设置缓存
    key:"dataKey", // 缓存的 key
    data:"dataContent", // 缓存的数据
    encrypt:true, // 是否加密
    success:()=>{ // 缓存成功的回调
        console.log("存储成功");
    },
    fail:()=>{ // 缓存失败的回调
        console.log("存储失败");
    },
    complete:()=>{}
});
```

wx.setStorage 方法是异步执行的，其中 data 参数支持多种原生数据，如 Date、String 等，对于 JavaScript 对象的存储，可以先将其序列化成 JSON 字符串后再进行存储。encrypt 参数设置存储是否进行加密，加密后的数据会占用更多的存储空间，但会增强安全性。

数据存储后，在使用的时候可以根据 key 来取到对应的数据，除非用户手动删除或因存储空间问题造成系统清理，否则 Storage 存储的数据将一直有效。需要注意，单个 key 允许存储的最大数据长度为 1MB。

使用 wx.getStorage 方法来读取存储的数据，示例代码如下：

```
wx.getStorage({
    key:"dataKey",
    encrypt:true,
    success:(res)=>{
        console.log("获取到数据：",res.data);
    },
    fail:()=>{
        console.log("读取数据失败");
    },
    complete:()=>{}
```

```
});
```

wx.getStorage 方法能够根据传入的 key 参数来获取到对应的数据，如果存储数据时开启了加密，获取数据是 encrypt 也必须设置为 true 来进行解密。

对应的，Storage 存取数据也提供了两个同步的方法，示例代码如下：

```
wx.setStorageSync("key", "data");     // 同步的存储缓存数据
let data = wx.getStorageSync("key"); // 同步的获取缓存数据
```

同步方法会阻塞程序的执行，因此没有提供加密功能。

如果某些缓存的数据不再需要使用，也可以手动将其删除，示例代码如下：

```
// 异步的方式删除
wx.removeStorage({
  key: 'key',
  success:(res)=>{},
    fail:()=>{},
    complete:()=>{}
});
// 同步的方式删除
wx.removeStorageSync('key');
```

如果需要将 Storage 的缓存数据全部删除，可以直接调用如下方法：

```
wx.clearStorage({
  success: (res) => {},
  fail:()=>{},
  complete:()=>{}
});
wx.clearStorageSync();
```

有时候，需要知道当前已经存储到 Storage 中的文件情况以及存储空间情况，可以调用如下方法：

```
let res = wx.getStorageInfoSync();
wx.getStorageInfo({
    success: (res) => {},
    fail:()=>{},
    complete:()=>{}
});
```

获取到的结果对象的属性如表 9-17 所示。

表 9-17　结果对象可配置的属性

属性名	类型	意义
keys	数组	所有存储的 key
currentSize	数值	当前占用空间大小，单位为 KB
limitSize	数值	限制的空间大小，单位为 KB

小程序开发框架中还提供了一个缓存工具——CacheManager，但此工具依赖了 iOS 系统的原生实现，因此只能在 iOS 平台上使用，这里就不再做介绍了。

9.6　动手练习：开发一个移动记事本小程序

本节将运用前面所学的数据持久化技术来编写一个实战小程序应用——移动记事本。在平时生活和工作中，我们都会有各种各样的待办事项、心情感悟、理财账单等需要随时记录，本小程序实例就是提供了这样一个简单的功能，可随时创建记事或查阅和修改自己的记事。简单设计此应用有 3 个页面，除了应用主页外，还有一个新建记事的页面和查看我的记事的页面。

9.6.1　开发应用主页

在示例工程的 pages 文件夹下新建一个名为 note 的文件夹，将本应用相关的页面都创建在此文件夹下。首先新建一组名为 noteList 的页面文件用来作为应用主页，在 noteList.wxml 文件中编写如下示例代码：

```
<!--pages/note/noteList.wxml-->
<view class="body">
   <view class="title">移动记事本</view>
   <view class="item"  bindtap="tapItem" data-index="0">
       我的记事
   </view>
   <view class="item" bindtap="tapItem" data-index="1">
      新建记事
   </view>
</view>
```

主页布局了两个功能模块，分别用来跳转到我的记事和新建记事页面，在 noteList.wxss 文件中编写样式代码如下：

```
/* pages/note/noteList.wxss */
.body {
   display: flex;
   flex-direction: column;
   align-items: center;
   margin: 40px;
}
.title {
   font-size: 30px;
   font-weight: bold;
}
.item {
   width: 100%;
   background-color: #68fa0785;
   height: 100px;
   margin-top: 40px;
   border-radius: 10px;
   box-shadow: 5px 5px 5px #e7e7e7;
   font-size: 20px;
   text-align: center;
```

```
    line-height: 100px;
    color: purple;
}
```

在 noteList.js 文件中实现两个按钮的跳转逻辑，如下所示：

```
// pages/note/noteList.js
Page({
    tapItem:function(e) {
        console.log(e.target.dataset.index);
        if (e.target.dataset.index == "0") {
            wx.navigateTo({
                url: './myNote',
              })
        } else {
            wx.navigateTo({
              url: './newNote',
            })
        }
    }
})
```

图 9-11　记事本应用首页

如上代码，先预设了“新建记事”页与“我的记事”页的路由，运行当前的代码，效果如图 9-11 所示。

在示意图中，按钮的文本前使用了一个文字符号，代码中将其略去了，读者也可以根据喜好来修改自己应用的布局方式。

9.6.2　“新建记事”页面的开发

新建记事页面的核心是接收用户的输入，并提供本地存储能力。此应用中，使用 Storage 来做本地存储。如果读者在编写此应用的代码时使用的还是之前的示例工程，则可以先将前面学习 Storage 时写入到本地的测试数据删掉，以免影响本应用的使用，删除模拟器上 Storage 中的数据非常简单，在微信开发者工具的调试器中找到 Storage 一栏，选中数据后点击叉号即可将其删除，如图 9-12 所示。

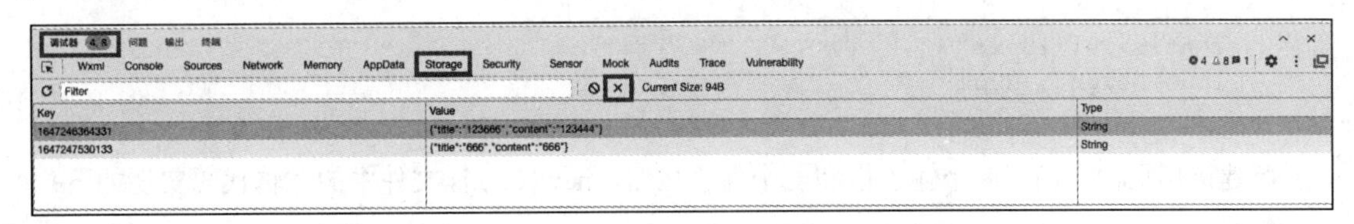

图 9-12　删除模拟器中的 Storage 数据

在 note 文件夹下新建一组名为 newNote 的页面文件，在 newNote.wxml 文件中编写如下代码：

```
<!--pages/note/newNote.wxml-->
<view class="body">
    <input class="title" type="text" placeholder="请输入记事标题"
bindinput="titleInput" value="{{title}}"/>
    <textarea class="content" placeholder="请输入记事内容"
```

```
bindinput="contentInput" value="{{content}}"></textarea>
        <view class="save" bindtap="save">保存记事</view>
    </view>
```

对应的，在 newNote.wxss 中实现样式代码如下：

```
/* pages/note/newNote.wxss */
page {
    height: 100%;
}
.body {
    margin: 15px;
    height: calc(100% - 30px);
}
.title {
    font-size: 30px;
    height: 40px;
    font-style: italic;
    border-bottom: #e1e1e1 1px solid;
}
.content {
    margin-top: 20px;
    font-style: italic;
    background-color: yellow;
    width: calc(100% - 20px);
    padding: 10px;
    height: calc(100% - 190px);
    border-radius: 15px;
    box-shadow: 5px 5px 5px #e7e7e7;
}
.save {
    width: calc(100% - 20px);
    margin-top: 20px;
    background-color: orange;
    height: 30px;
    padding: 10px;
    text-align: center;
    border-radius: 10px;
    color:white;
    font-size: 20px;
    line-height: 30px;
}
```

新建记事页面布局了两个输入框和一个保存按钮，newNote.js 文件中的逻辑代码实现如下：

```
// pages/note/newNote.js
Page({
    data: {
        title:"",
        content:"",
        id:""
    },
    onLoad:function(option) {
        this.setData(option);
    },
    titleInput:function(e) {
```

```
        this.setData({
            title:e.detail.value
        });
    },
    contentInput:function(e) {
        this.setData({
            content:e.detail.value
        });
    },
    save:function() {
        if (this.data.title.length == 0 && this.data.content.length == 0) {
            wx.showToast({
              title: '内容不能为空',
              icon:'error'
            });
            return;
        }
        if (this.data.id.length == 0) {
            this.data.id = String(Date.now())
        }
        wx.setStorageSync(this.data.id,JSON.
        stringify( {
            title:this.data.title,
            content:this.data.content
        }));
        wx.showToast({
          title: '保存成功',
        })
       setTimeout(() => {
            wx.navigateBack();
        }, 1000);
    }
})
```

图 9-13　新建记事页面

运行代码，效果如图 9-13 所示。

9.6.3　“我的记事”页面的开发

现在已经有了新建记事的功能，但是还没有展示本地已有记事的功能，其实，新建记事页面除了有新建功能外，还兼有修改记事的功能，在存储记事时，使用了当前时间戳作为 key，存储的数据包含记事标题和记事内容。新建一组名为 myNote 的页面文件，在 myNote.wxml 中编写如下代码：

```
<!--pages/note/myNote.wxml-->
<view class="body">
    <view class="item" wx:for="{{notes}}" bindtap="tapItem" data-index=
    "{{index}}">
        <view class="title">{{item.title}}</view>
        <view class="date">{{item.date}}</view>
    </view>
</view>
```

样式代码如下：

```
/* pages/note/myNote.wxss */
.body {
   margin: 15px;
}
.item {
   background-color:orange;
   height: 60px;
   border-radius: 10px;
   margin-top: 25px;
}
.title {
   font-size: 20px;
   font-weight: bold;
   margin-left: 10px;
   margin-right: 10px;
   max-lines: 1;
}
.date {
   font-size: 14px;
   margin-left: 10px;
   margin-right: 10px;
   color: gray;
   font-style: italic;
}
```

逻辑代码实现如下：

```
// pages/note/myNote.js
Page({
   data: {         // 记事本数据
      notes:[]
   },
   onShow: function () {
      let allKeys = wx.getStorageInfoSync().keys; // 获取所有缓存 key
      let dataArray = [];
      allKeys.forEach(element => { // 读取缓存
         let item = JSON.parse(wx.getStorageSync(element));
         dataArray.push({
            id:element,
            date:new Date(parseInt(element)).toLocaleString(),
            title:item.title,
            content:item.content
         });
      });
      this.setData({
         notes:dataArray
      });
   },
   tapItem:function(e){ // 点击记事跳转详情页
      let index = e.currentTarget.dataset.index;
      wx.navigateTo({
        url: './newNote?title='+this.data.notes[index].title+'&content=
        '+this.data.notes[index].content+"&id="+this.data.notes[index].id,
      })
   }
})
```

现在，已经相对完整地实现了记事本应用的功能，运行代码，本地记事列表效果如图 9-14 所示。

目前，此记事应用的数据都是本地的，没有和用户关联在云端，当本地数据被清空后或者用户更换了设备，之前的数据都将会丢失，并且使用 Storage 做缓存，并不太适合进行长时间的数据存储，毕竟其容量十分有限。后续章节将会介绍小程序的云开发技术，配合云开发来做这样的工具类应用，就更加完美了。

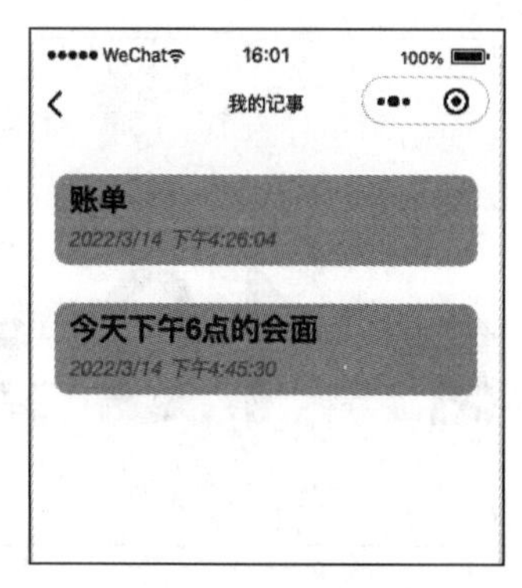

图 9-14　本地记事列表

9.7　小结与练习

9.7.1　小结

本章介绍了小程序中执行 HTTP 请求的方法，以及封装好的文件上传、下载相关的接口的用法，在网络通信方面，也通过一个简单的范例介绍了如何使用 WebSocket 接口来与服务端实时通信，掌握了这些技术，可以说已经真正具备了开发商业级应用的基础。

在数据持久化方面，小程序开发框架中提供了文件系统和 Storage 缓存技术，这些接口足以满足小程序应用的本地数据存储需求。

后续章节会介绍云开发技术，有了云开发，我们的应用就会具备后端服务能力，所能完成的功能也将更加丰富。

9.7.2　练习

1. 在小程序开发中，网络通信通常是必备的功能之一，小程序中是如何进行 HTTP 请求的？

温馨提示：在小程序中进行 HTTP 请求是非常简单的，小程序开发框架中直接封装了 HTTP 请求方法，只需使用 wx.request 接口做简单的请求方法、参数、回调的配置即可。

2. 对于即时通信类的应用，在小程序中可以采用什么技术来实现？

温馨提示：对于即时通信类的应用，最核心的是通信的实时性，最容易想到的是通过轮询 HTTP 请求，来周期性地获取所需要的数据，但这种方式有很大的代价。首先轮询时并不一定有新的数据产生，可能会白白浪费资源，其次 HTTP 协议本身也非常重，会增加数据的传输压力。

小程序中封装了 WebSocket 接口，使用 WebSocket 来开发即时通信类的应用非常方便，如果需要自定义协议来做通信功能，也可以直接使用开发者框架中提供的 TCP 和 UDP 相关的接口。

3. 小程序中的数据持久化策略都有哪些？分别适用于哪些场景？

温馨提示：在小程序中的文件系统中，根据存储权限和缓存策略的不同，可将文件分为临时文件、缓存文件和用户文件，其中临时文件和缓存文件由系统管理，空间的清理也不是开发者可以控制的，用户文件是开发者使用较多的一种数据持久化方式，开发框架中提供了非常丰富的文件操作接口。除此之外，对于简单的数据，也可以直接使用 Storage 进行存储。

第 10 章

常用功能接口

本章内容：

- 系统设置信息与应用级事件相关接口
- 调试与性能相关接口
- 小程序中的转发相关接口
- 用户登录与功能授权相关接口

前面章节，已经比较系统地介绍了开发完整小程序应用的各种技术，本章将以小程序开发框架中提供的各种功能接口为核心，分类别介绍这些功能接口的应用，其中包括获取系统信息的相关接口、全局的事件监听接口、性能调试与日志相关接口、分享相关接口、微信用户登录与授权相关接口等。

10.1 系统设置信息与应用级事件相关接口

小程序开发者框架中提供了获取用户系统信息的相关接口，例如窗口信息、设备信息、应用信息等，有时候，需要通过系统信息来有差异地实现一些逻辑，就可以使用这些接口。关于事件的监控我们并不陌生，本节也将介绍开发框架中提供的可以监听的应用级事件，如应用进入前后台、音频播放被中断等。

10.1.1　系统设置相关接口

通过系统设置接口，可以获取到当前运行小程序的窗口信息和设备信息等。

运行应用的窗口信息对开发者来说非常重要，可以通过 wx.getWindowInfo 方法来获取窗口信息，此方法没有任何参数，调用后会直接返回窗口信息对象，示例如下：

```
let res = wx.getWindowInfo();
console.log(res);
```

窗口信息对象中封装的相关属性包括窗口尺寸、安全区位置等，如表 10-1 所示。

表 10-1　窗口信息对象中封装的属性

属性名	类型	意义
pixelRatio	数值	设备屏幕的像素比
screenWidth	数值	设备窗口宽度，单位为 px
screenHeight	数值	设备窗口高度，单位为 px
windowWidth	数值	可使用的窗口宽度，单位为 px
windowHeight	数值	可使用的窗口高度，单位为 px
statusBarHeight	数值	状态栏的高度，单位为 px
safeArea	对象	在竖屏正方向下的安全区域
screenTop	数值	窗口上边缘的偏移量

表 10-1 中，安全区域是指可以放心地进行页面元素布局的区域，在某些设备上，可能由于“刘海屏”等因素导致某些区域不可放置元素。其对应的 safeArea 对象包含的属性如表 10-2 所示。

表 10-2　safeArea 对象包含的属性

属性名	类型	意义
left	数值	安全区域的左上角横坐标
right	数值	安全区域的右上角横坐标
top	数值	安全区域的左上角纵坐标
bottom	数值	安全区域的左下角纵坐标
width	数值	安全区域的宽度
height	数值	安全区域的高度

有时，需要根据系统设置情况来处理特殊业务逻辑，例如根据设备的横竖屏模式来改变布局，根据用户是否开启的 WiFi 来决定是否进行下载任务等。使用 wx.getSystemSetting 方法可以获取系统设置信息，此方法没有参数，会直接返回系统设置信息对象，此对象中封装的属性如表 10-3 所示。

表 10-3　wx.getSystemSetting 方法返回系统设置信息对象封装的属性

属性名	类型	意义
bluetoothEnabled	布尔值	用户是否开启了蓝牙开关
locationEnabled	布尔值	用户是否开启了地理位置开关
wifiEnabled	布尔值	用户是否开启了 WiFi 开关

（续表）

属性名	类型	意义
deviceOrientation	字符串	获取设备方向，合法值有： • portrait：竖屏 • landscape：横屏

对于设备和系统本身的信息，如设备品牌和型号、语言、微信版本号等信息，可以通过wx.getSystemInfoSync方法获得，此方法将同步执行，立即返回系统信息对象，该对象的属性如表10-4所示。

表10-4　wx.getSystemInfoSync方法返回系统信息对象的属性

属性名	类型	意义
brand	字符串	获取设备的品牌
model	字符串	获取设备的型号
pixelRatio	数值	获取设备的屏幕像素比
screenWidth	数值	获取设备的屏幕宽度
screenHeight	数值	获取设备的屏幕高度
windowWidth	数值	获取可使用的窗口宽度
windowHeight	数值	获取可使用的窗口高度
statusBarHeight	数值	获取状态栏的高度
language	字符串	获取微信设置的语音
version	字符串	获取微信的版本号
system	字符串	获取系统版本信息
platform	字符串	获取客户端平台信息，合法值有：ios、android、windows、mac
fontSizeSetting	数值	用户在微信客户端中设置的字体大小
SDKVersion	字符串	获取客户端基础库的版本
benchmarkLevel	数值	获取设备的性能等级，数值越高性能越好
albumAuthorized	布尔值	用户是否允许使用相册数据，进iOS有效
cameraAuthorized	布尔值	用户是否允许使用摄像头
locationAuthorized	布尔值	用户是否允许使用定位信息
microphoneAuthorized	布尔值	用户是否允许使用麦克风
notificationAuthorized	布尔值	用户是否允许通知
notificationAlertAuthorized	布尔值	用户是否允许通知带提醒，仅iOS有效
notificationBadgeAuthorized	布尔值	用户是否允许通知带角标，仅iOS有效
notificationSoundAuthorized	布尔值	用户是否允许通知带声音，仅iOS有效
phoneCalendarAuthorized	布尔值	用户是否允许使用日历
bluetoothEnabled	布尔值	用户是否开启蓝牙
locationEnabled	布尔值	用户是否开启定位
wifiEnabled	布尔值	用户是否开启WiFi
safeArea	对象	屏幕安全区信息
locationReducedAccuracy	布尔值	是否开启了精准定位，仅iOS有效

（续表）

属性名	类型	意义
Theme	字符串	系统当前的主题，有效值为： • dark：深色主题 • light：浅色主题
host	对象	当前运行小程序的宿主环境
enableDebug	布尔值	是否开启了调试模式
deviceOrientation	字符串	设备方向

wx.getSystemInfoSync 方法是同步执行的，对应的 wx.getSystemInfoAsync 则能够异步地获取系统信息，其可以设置 success、fail 和 complete 回调。

10.1.2 客户端更新相关接口

微信本身也是一款应用程序，小程序可能由于微信本身的版本限制而无法使用某些新功能，对此，开发者应该能够判断当前小程序所使用的微信客户端版本过低时，用如下方法跳转到微信更新页面：

```
wx.updateWeChatApp({
  success: (res) => {}
})
```

同样，在系统中运行的小程序也有所谓版本号的概念，小程序本身也可以进行更新，小程序开发框架中，提供了一个与小程序更新相关的管理器对象，可使用如下方法获取：

```
let manager = wx.getUpdateManager();
```

此管理器对象中封装了一些处理小程序更新行为的方法，如表 10-5 所示。

表 10-5 wx.getUpdateManager();封装的处理小程序更新行为的方法

方法名	参数	意义
applyUpdate	无	强制小程序重新启动，并使用新版本。此方法可以在监听到小程序新版本下载完成后手动调用
onCheckForUpdate	Function callback：回调	监听检查更新结果事件，回调中会返回当前小程序是否有新版本发布
onUpdateReady	Function callback：回调	监听小程序版本更新事件，当新版本被下载成功后会执行回调
onUpdateFailed	Function callback：回调	监听小程序更新失败事件

10.1.3 获取小程序启动时的参数

小程序在启动时是可以接收一些参数的，例如小程序可能是由其他小程序唤醒的，则启动信息中会带有来源信息，当然，启动时也可以指定小程序要打开的页面。在 app.js 中的 onLaunch 方法中会将启动时的参数传递到小程序内，如下所示：

```
// app.js
App({
  onLaunch(option) {
    console.log("launch",option);
  }
})
```

其中，option 对象包含的属性如表 10-6 所示。

表 10-6　option 对象的属性

属性名	类型	意义
path	字符串	启动小程序的路径
scene	数值	启动小程序的场景值
query	对象	启动小程序的请求参数
shareTicket	字符串	转发的 shareTicket 值
referrerInfo	对象	来源信息
forwardMaterials	数组	打开的文件信息数据
chatType	数值	打开小程序的具体群聊或单聊类型
apiCategory	字符串	API 的类型

通常，小程序在启动时会通过 option 参数来实现一些初始化逻辑，如果在小程序后续的运行过程中需要使用这些数据，可以通过下面的方法直接获取：

```
wx.getLaunchOptionsSync()
```

此方法只适用于获取冷启动时的启动参数，如果小程序是热启动的，则其不会执行 onLaunch 方法，而是会执行 onShow 方法。和 onLaunch 方法类似，onShow 方法中也会传递进 option 参数。要兼容冷启动和热启动参数的处理，可以调用下面的方法：

```
wx.getEnterOptionsSync()
```

如果本次小程序的启动是冷启动，则此方法可以获取到 onLaunch 方法中的参数，如果此次启动是热启动，则此方法可以获取到 onShow 方法中的参数。

10.1.4　监听应用级事件

开发框架本身会有各种各样的系统事件抛出，例如未处理的异常、音频被中断等；可以添加监听事件来处理这些系统事件。与应用级事件监听相关的方法如表 10-7 所示。

表 10-7　与应用级事件监听相关的方法

方法名	参数	意义
wx.onUnhandledRejection	Function callback：回调	添加未处理的 Pormise 拒绝事件的监听
wx.onThemeChange	Function callback：回调	添加系统主题改变事件的监听，在回调参数中会包含当前系统的主题风格
wx.onPageNotFound	Function callback：回调	添加打开页面不存在时的事件监听，在回调参数中会包含不存在的页面路径、参数等信息

（续表）

方法名	参数	意义
wx.onError	Function callback：回调	添加程序错误事件监听，在回调参数中会包含错误信息堆栈
wx.onAudioInterruptionBegin	Function callback：回调	添加音频播放中断开始事件的监听
wx.onAudioInterruptionEnd	Function callback：回调	添加音频播放中断结束事件的监听
wx.onAppShow	Function callback：回调	添加小程序切到前台的事件监听，回调中会包含启动参数
wx.onAppHide	Function callback：回调	添加小程序切到后台事件监听
wx.offUnhandledRejection	Function callback：回调	取消对未处理的 Promise 事件的监听
wx.offThemeChange	Function callback：回调	取消对系统主题改变事件的监听
wx.offPageNotFound	Function callback：回调	取消小程序打开页面不存在事件的监听
wx.offError	Function callback：回调	取消程序异常事件的监听
wx.offAudioInterruptionBegin	Function callback：回调	取消音频中断开始事件监听
wx.offAudioInterruptionEnd	Function callback：回调	取消音频中断结束事件监听
wx.offAppShow	Function callback：回调	取消小程序切到前台事件监听
wx.offAppHide	Function callback：回调	取消小程序切到后台事件监听

10.2　调试与性能相关接口

在小程序的开发过程中，对程序进行调试是必不可少的，前面使用日志打印的方式将某些信息输出到控制台就是调试的一种方式，本节将介绍小程序开发框架中有关程序调试的相关接口。

对一个小程序来说，性能优劣会直接影响到用户的体验，可以通过一些性能接口来获取程序的运行情况，以方便定位优化的方向。

10.2.1　调试相关接口

当在开发者工具中编写代码时，可以直接通过 console.log 方法来向控制台输出信息，从而在控制台上看到输出的调试数据，这种方法可能带来一个问题，一旦体验版或正式版的小程序出现了某些异常，就无法通过控制台来查看日志信息了。小程序开发框架中提供了如下方法来开启调试模式以解决上述问题：

```
wx.setEnableDebug({
  enableDebug: true
})
```

需要注意，此方法对正式版本也能生效，打开调试模式后，在小程序界面上会悬浮一个调试按钮，点击其可以打开调试面板，其中包含日志、页面结构等信息，如图 10-1 所示。

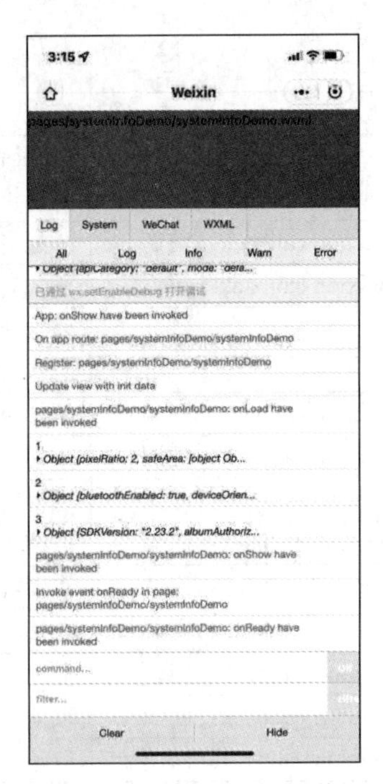

图 10-1　真机上的调试面板

console.log 方法是使用的最多的日志输出方法，其会在控制台或调试面板中输出黑色的文字信息，其实开发者框架中提供了一组用来输出日志的方法，可以区分等级地来输出日志，如表 10-8 所示。

表 10-8　开发者框架中用于输出日志的方法

方法名	参数	意义
console.debug	任意	输出调试日志
console.log	任意	输出普通日志，黑色风格
console.info	任意	输出 info 类型日志，黑色风格
console.warn	任意	输出警告日志，黄色风格
console.error	任意	输出异常日志，红色风格
console.group	String label：标签	开启一个新的日志分组，并指定标签，之后输出的日志都会被放入此分组内
console.groupEnd	无	结束分组

表 10-8 中，console.group 与 console.groupEnd 方法非常好用，可以帮助我们将某个方法内的日志合并在一个分组中，以方便查看。

10.2.2 日志管理器与实时日志管理器

仅仅使用 console 相关的接口来输出日志只适用于下线调试，一旦小程序应用发布后，线上用户在使用过程中如果遇到了问题，几乎不可能通过拿到用户的设备来调试和定位问题。因此，对于线上问题，获取用户出现问题时准确的操作路径或应用日志是非常重要的，在小程序开发框架中，提供了两种日志管理器来收集线上日志。

1. LogManager 日志管理器

LogManager 对象用来收集线上用户的日志，其可以记录日志数据到本地，使用如下方法可以获取到 LogManager 对象：

```
let logManager = wx.getLogManager({
  level: 0,
});
```

此方法中会传入一个 level 参数，当其设置为 0 时表示要将应用和页面的声明周期函数和系统方法的调用写入日志，设置为 1 则不会写入这些日志。获取到 LogManager 对象后，可以调用表 10-9 中的方法来写日志。

表 10-9　LogManager 对象对应的日志写入方法

方法名	参数	意义
debug	任意	写入 debug 日志
info	任意	写入 info 日志
log	任意	写入 log 日志
warn	任意	写入 warn 日志

在调用表 10-9 中的方法写入日志时，单条日志的大小不能超过 100KB，本地则最多保存最近 5MB 大小的日志内容，超过 5MB 后，旧的日志内容会被删除。

在小程序中，可以设计一个 open-type 为“feedback”类型的按钮，用户可以通过此按钮来主动上报本地日志。除此之外，用户还可以通过小程序中的反馈与投诉页面进行上报，如图 10-2 所示。

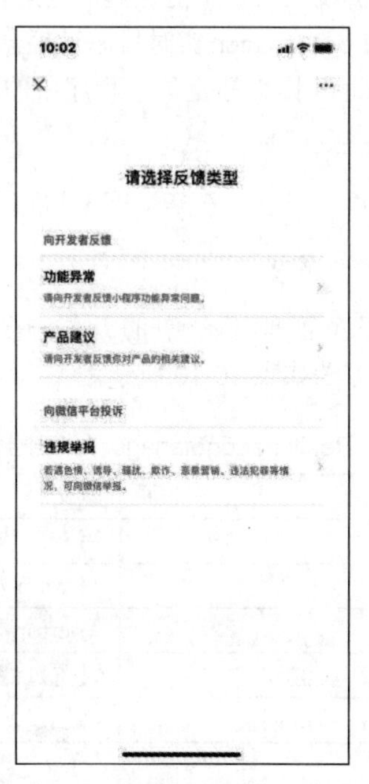

图 10-2　小程序的帮助与反馈页面

例如，选择其中的“功能异常”选项，输入必填的反馈文案进行上报即可。对于用户上报的反馈数据，可以在小程序管理后台的管理→用户反馈→功能异常里面查看，如图 10-3 所示。

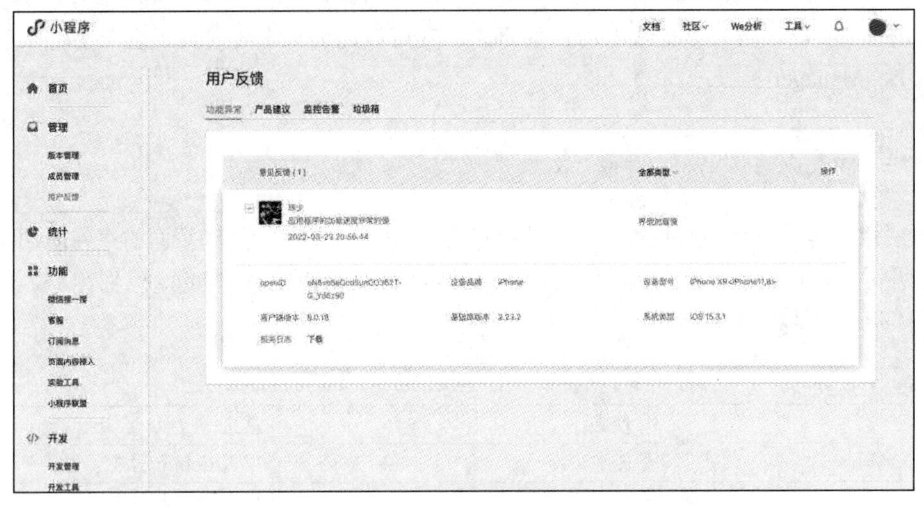

图 10-3　在小程序管理后台查看用户反馈

对于每条用户反馈，对应的有相关日志进行下载，这些日志数据即是 LogManager 所记录的信息。

2. RealtimeLogManager 实时日志管理器

日志管理器记录的信息只能依赖用户的主动行为来上报，其实时性较差，并且并非所有用户遇到问题都会主动反馈，因此对于程序中能捕获到的异常，我们希望程序能主动地直接上报，在后台通过查看实时上报的日志，分析线上用户可能遇到的问题，从而进行针对性的优化。

小程序框架也提供了 RealtimeLogManager 实时日志管理器，其记录的日志会实时上报并汇聚到小程序管理后台中，帮助我们快速地排查和定位小程序中的漏洞和问题。可通过如下方法来使用实时日志管理对象：

```
let realtimeManager = wx.getRealtimeLogManager();
realtimeManager.info("info 信息");
realtimeManager.warn("warn 信息");
```

上报的实时日志可以在小程序管理平台中的开发→开发管理→实时日志栏目看到。RealtimeLogManager 对象中封装的方法如表 10-10 所示。

表 10-10　RealtimeLogManager 对象中封装的方法

方法名	参数	意义
info	任意	写 info 类型的实时日志
warn	任意	写 warn 类型的实时日志
error	任意	写 error 类型的实时日志
setFilterMsg	String msg：关键词	设置过滤关键词
addFilterMsg	String msg：关键词	添加过滤关键词

10.2.3　小程序性能管控相关接口

随着小程序应用的越来越成熟，用户数量也会越来越多，性能调优就是必须做的一件事情了。幸运的是，小程序开发框架中提供了丰富的性能管控相关接口可以直接使用。

要做性能方面的优化，第一步是获取到当前小程序运行的性能数据，使用下面的方法可以获取 Performance 对象：

```
let preformance = wx.getPerformance();
```

通过 Performance 对象可以获取缓存区中的性能数据，相关方法如表 10-11 所示。

表 10-11　Performance 对象的方法

方法名	参数	意义
getEntries	无	获取缓存区中的所有性能数据，会返回列表，列表中存放性能数据实体对象 PerformanceEntry
getEntriesByType	String type：性能数据类型	获取缓存区中某个类型的性能数据
getEntriesByName	String name：数据名称 String type：数据类型	获取缓存区中某个类型和名称的性能数据
createObserver	Function callback：回调函数	常见全局的性能事件监听器
setBufferSize	Number size：缓存区大小	设置缓存区的大小，默认存储 30 条性能数据

如表 10-11 中列举的方法所示，可以通过 type 和 name 参数来获取指定类型的性能数据，所有支持的 type 如表 10-12 所示。

表 10-12　Performance 对象支持的 type（类型）

类型	名称	意义
navigation	route	路由性能数据
	appLaunch	小程序启动耗时性能
render	firstRender	首页首次渲染耗时
	firstPaint	首页首次绘制性能数据
	firstContentfulPaint	首页首次内容绘制性能数据
	largestContentfulPaint	页面最大内容绘制数据
script	evaluateScript	注入脚本耗时

获取到的性能数据对象是 PerformanceEntry 实例，其中封装的属性如表 10-13 所示。

表 10-13　PerformanceEntry 实例封装的属性

属性名	类型	意义
startTime	数值	性能指标的开始时间
duration	数值	耗时时间
path	字符串	页面路径
referrerPath	字符串	页面跳转来源路径
pageId	数值	页面 id

（续表）

属性名	类型	意义
referrerPageId	数值	来源页面的 id
navigationStart	数值	路由真正响应的开始时间
navigationType	字符串	路由的详细类型
moduleName	字符串	分包的名称
fileList	数组	注入的文件列表
viewLayerReadyTime	数值	渲染层代码注入完成的时间
initDataSendTime	数值	首次渲染的参数从逻辑层发出的时间
initDataRecvTime	数值	首次渲染的参数在渲染层接收到的时间
viewLayerRenderStartTime	数值	渲染层开始执行渲染的时间
viewLayerRenderEndTime	数值	渲染层执行渲染结束的时间

10.3　小程序中的转发相关接口

转发功能也可以理解为分享功能，小程序依靠完整的微信用户体系，可以非常快速地进行传播，转发是小程序微信用户数量产生裂变的主要方式。小程序原生的导航栏上默认提供了分享的入口，我们也可以通过开发框架中提供的接口主动来控制是否支持转发，本节将介绍这类接口的使用。

首先在 pages 文件夹下新建一组名为 shareDemo 的页面文件，在 shareDemo.wxml 中编写如下测试代码：

```
<!--pages/shareDemo/shareDemo.wxml-->
<button type="primary" bindtap="showShare">打开分享功能</button>
<button type="primary" bindtap="hideShare">关闭分享功能</button>
```

页面中的两个按钮分别用来打开和关闭小程序的转发能力，在 shareDemo.js 文件中实现按钮的交互方法如下：

```
// pages/shareDemo/shareDemo.js
Page({
    showShare:function() {
        wx.showShareMenu({
          menus: ["shareAppMessage", "shareTimeline"],
          success:()=>{},
          fail:(error)=>{
            console.log(error);
          },
          complete:()=>{}
        })
    },
    hideShare:function() {
        wx.hideShareMenu({
          menus: ["shareAppMessage", "shareTimeline"],
        })
```

```
    }
})
```

需要注意，wx.showShareMenu 方法并非直接打开转发面板，而是指用户点击导航栏上的更多功能按钮后，底部弹出的功能面板中是否支持分享功能，调用 wx.hideShareMenu 方法后会关闭分享功能，如图 10-4 所示。

图 10-4　关闭小程序的分享功能

wx.showShareMenu 方法中的参数对象可配置的属性如表 10-14 所示。

表 10-14　wx.showShareMenu 方法的属性

属性	类型	意义
withShareTicket	布尔值	转发是否携带 stareTicket 数据
menus	数组	本配置项只在 Android 平台支持，设置需要支持的转发功能，合法值有： • shareAppMessage：分享到聊天会话 • shareTimeline：分享到动态
success	函数	接口调用成功的回调
fail	函数	接口调用失败的回调
complete	函数	接口调用完成的回调

如果需要对本地图片或下载的图片进行分享，也可以直接调用下面示例的接口：

```
shareImage:function() {
    wx.showShareImageMenu({
      path: '../../src/1.png',
    })
}
```

其中 path 参数设置的是要分享的图片地址，可以是本地路径或临时路径。

运行代码，效果如图 10-5 所示。

与唤起图片分享类似，还有两个方法分别用来唤起视频分享和唤起文件分享，即 wx.shareVideoMessage 方法和 wx.shareFileMessage 方法，其用法如表 10-15 所示。

图 10-5　唤起图片分享

表 10-15　wx.shareVideoMessage 和 wx.shareFileMessage 方法

方法名	参数	意义

wx.shareVideoMessage	Object {
	String videoPath：要分享的视频文件路径
	String thumbPath：缩略图路径
	Function success：回调
	Function fail：回调
	Function complete：回调
	}
		唤起视频分享面板

wx.shareFileMessage	Object {
	String filePath：要分享的文件路径
	String fileName：文件名
	Function success：回调
	Function fail：回调
	Function complete：回调
	}
		唤起文件分享面板

用户点击小程序导航栏上的更多功能按钮后，会弹出功能面板，功能面板上默认会提供一个复制短链的按钮，此按钮可以将当前小程序的页面转换成短链，方便用户进行转发。可以使用下面的方法来监听复制短链操作：

```
wx.onCopyUrl((result) => {
    console.log(result);
});
```

可以使用 wx.offCopyUrl 方法来取消此监听操作。

10.4　用户登录与功能授权

几乎所有互联网产品都会有用户的概念，用户的多少也是衡量一款产品价值的核心要素。微信小程序产品的一大优势即在于可以依托于微信的庞大用户体系，几乎不需实现自己的用户体系逻辑，只使用开发框架提供的登录和授权接口即可。

10.4.1　微信用户登录

登录的核心作用是让我们可以将当前使用小程序用户与唯一的标识进行关联，以便可以将某些用户数据存储在后端服务。在小程序端，可使用 wx.login 方法来获取登录凭证：

```
wx.login({
    timeout: 3000,
    success:(res)=>{
        console.log("login:", res.code);
    }
})
```

其中，timeout 参数用来设置接口的调用超时时间，如果登录成功，就能够获取到登录凭证 code，一般需要将此凭证上传给服务端，服务端使用此凭证可以换取用户的登录信息数据。需要注意，此登录凭证是有有效期限制的（5 分钟有效期），服务端需要在有效期内调用微信接口来获取相关信息。

通过 wx.login 方法进行登录后，小程序会保存一定时间的登录态，如果用户长时间不再使用小程序，小程序的登录态也可能会失效，可以通过调用如下方法检查用户的登录状态是否有效：

```
wx.checkSession({
    // 登录态有效
    success: (res) => {},
    // 登录态无效
    fail: () => {},
    complete: () => {}
});
```

对于小程序客户端来说，也可以不依赖服务端，直接使用开发框架中的接口来获取账号信息和用户信息，可使用如下方法获取账号信息：

```
let info = wx.getAccountInfoSync();
console.log(info);
```

账号信息对象包含的属性如表 10-16 所示。

表 10-16　账号信息对象包含的属性

属性名	类型	意义
miniProgram	对象	小程序账号信息，包括 appId、小程序环境 evnVersion 和小程序版本号 version
plugin	对象	插件账号信息，包括 appId 和版本号 version

相较于账号信息，很多时候我们更需要的是获取用户的微信用户信息，这部分信息属于用户敏感数据，因此在获取时是需要申请用户授权的，使用如下方法来获取用户信息：

```
wx.getUserProfile({
    desc: '需要授权来获取用户信息',
    success:(res)=>{
        console.log(res);
    },
    fail:(error)=>{
        console.log(error);
    },
    complete:()=>{}
});
```

需要注意，wx.getUserProfile 方法只能在按钮回调事件中使用，即必须是由用户主动触发的。调用后会弹出权限申请弹窗，如图 10-6 所示。

图 10-6　申请用户授权

如果用户允许权限的申请，则会执行 wx.getUserProfile 的 success 回调，回调中携带的用户信息对象的属性如表 10-17 所示。

表 10-17　success 回调中携带的用户信息对象的属性

属性名	类型	意义
userInfo	UserInfo 对象	用户信息对象
rawData	字符串	不包含敏感信息的原始数据字符串
signature	字符串	签名数据，用来检验用户信息
encryptedData	字符串	包含敏感数据的完整用户信息的加密数据
iv	字符串	加密算法的初始向量
cloudID	字符串	敏感数据对应的云 ID

表 10-17 中，UserInfo 对象包含的属性如表 10-18 所示。

表 10-18　UserInfo 对象包含的属性

属性名	类型	意义
nickName	字符串	用户昵称
avatarUrl	字符串	用户头像地址
gender	数值	用户性别，0 表示位置，1 表示男性，2 表示女性

10.4.2　功能授权相关接口

除了用户信息外，还有许多功能是需要用户授权后才可以使用的。例如地理位置信息、微信存储的通信地址信息、发票抬头信息以及对设备麦克风、摄像头的使用等。

调用 wx.authorize 方法可以提前向用户申请某项功能的授权，此方法调用后只会弹出授权弹窗，但不会直接获取信息，如果用户同意授权，可以后续再调用具体的功能接口。并且，如果用户已经授权过，则不会再弹出授权弹窗，后续直接使用对应接口即可。示例如下：

```
wx.authorize({
  scope: 'scope.werun',
  success:()=>{
    wx.getWeRunData({
      success: (result) => {
        console.log(result);
      }
    })
  }
});
```

上述示例代码用来获取微信运动信息。wx.authorize 方法中的 scope 参数用来指定要获取的授权类型，支持的 scope 权限如表 10-19 所示。

表 10-19　wx.authorize 方法支持的 scope 权限

scope	对应的功能接口	权限
scope.userLocation	wx.getLocation wx.chooseLocation wx.startLocationUpdate	地理位置
scope.userLocationBackground	wx.startLocationUpdateBackground	后台定位
scope.record	wx.startRecord wx.joinVoIPChat RecorderManager.start	麦克风
scope.camera	wx.createVKSession	摄像头
scope.bluetooth	wx.openBluetoothAdapter wx.createBLEPeripheralServer	蓝牙
scope.writePhotosAlbum	wx.saveImageToPhotosAlbum wx.saveVideoToPhotosAlbum	相册写入
scope.addPhoneContact	wx.wx.addPhoneContact	联系人写入
scope.addPhoneCalendar	wx.addPhoneRepeatCalendar wx.addPhoneCalendar	日历写入
scope.werun	wx.getWeRunData	微信运动

一旦用户明确同意或拒绝了权限的申请，则授权会被记录，知道用户主动删除了小程序。通常，只有在真正需要用到某些数据或功能时，才向用户进行权限的申请。

10.4.3　用户授权设置

点击小程序右上角的功能按钮后，可以进入到小程序的设置页面，如图 10-7 所示。

设置页面实际上就是用户用来对已经处理过授权的权限进行管理，也可以使用如下方法来主动打开设置页：

```
wx.openSetting({
  withSubscriptions: true,
  success:()=>{},
```

```
  fail:()=>{},
  complete:()=>{}
});
```

图 10-7　小程序的设置页面

其中，withSubscriptions 参数用来设置是否同时获取订阅消息的订阅状态。可使用 wx.getSetting 方法获取到用户当前的权限设置情况，此方法也是异步执行的，调用成功后，会在 success 回调中传入 AuthSetting 对象，此对象中包含了用户的授权情况。

10.5　小结与练习

10.5.1　小结

本章介绍了常用的小程序功能接口，相对于小程序开发框架提供的完整功能，本章内容更多是起到抛砖引玉的作用。在开发不同类型的小程序应用时，需要使用的设备功能也大有不同，这些需要我们在实际应用中去学习和积累。例如电商类应用免不了要有支付功能，在小程序中可以非常方便地使用微信支付接口，开发物联网类的应用常常需要使用到蓝牙或 NFC 模块，开发框架中也提供了对应的功能接口。具体的功能用法在使用时查看文档即可。

10.5.2　练习

1. 在开发小程序时，是否必须依托自己的后端服务来构建用户体系？

温馨提示：小程序的一大优势即在于可以依托微信用户体系快速构建应用。在小程序中，可以直接通过用户授权的方式获取用户的微信信息。

2. 如果我们需要根据系统不同区别地实现逻辑，应该怎么做？

温馨提示：小程序框架中提供，获取系统信息的接口。

3. 小程序具有很强的传播性，在小程序中也可以方便地打开其他小程序，小程序间的传参怎么实现？

温馨提示：无论是冷启动还是热启动，在对应的生命周期方法中都可以获取传参信息。

第 11 章

云开发技术

本章内容：

- 云开发基础
- 使用云数据库
- 使用云存储
- 使用云函数

当下用户使用的小程序，很少是纯单机应用，几乎都需要后端服务接口来支持。对于前端开发者来说，要搭建稳定可用的后端服务并不是一件容易的事情，更多时候需要专业的后端开发人员来配合实现，这就增加了小程序的开发成本，为此微信提出了“云开发”的概念，使用云开发技术，开员人员无须搭建服务器也可以快速地实现后端数据储存、逻辑计算等功能。本章，将介绍云开发技术的应用，学习完本章后，读者能够开发前后端完整的小程序应用。

11.1 云开发基础

通过云开发，可以为小程序添加云数据库存储、文件存储、数据计算等能力，但请注意，并非使用微信开发者工具创建的小程序工程默认都支持云开发，要使用云开发，需要选择特定的云开发模板或者手动开通云开发权限，本节将介绍有关云开发的基础知识。

我们从以下 4 个步骤着手，来体验云开发的流程。

（1）新建云开发工程模板。

（2）开通云开发功能。

（3）体验小程序云开发功能。

（4）查看控制台云开发调用信息。

第 1 步，创建云开发工程模板。

打开微信开发者工具，新建一个项目，后端服务一栏选择使用微信云开发，如图 11-1 所示。创建完成后，小程序页面如图 11-2 所示。

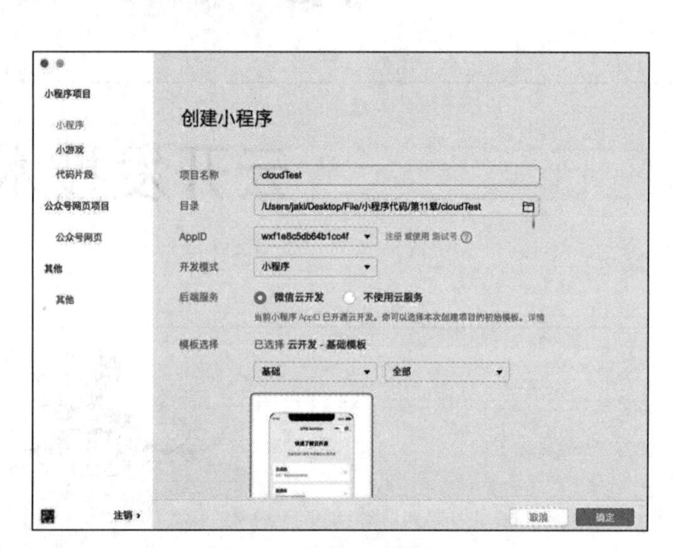

图 11-1　创建云开发模板

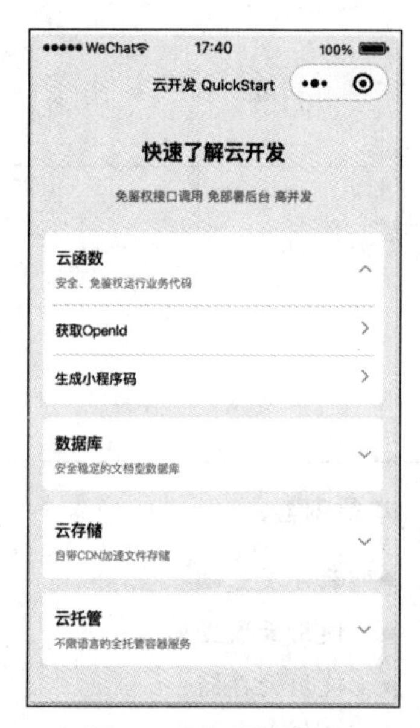

图 11-2　云开发模板

可以看到，模板中提供了云函数、数据库、云存储和云托管四项功能的入口，其中云托管作为部署服务的容器功能，这里只作介绍，并不提供体验。云函数、数据库和云存储都可以直接进行体验。观察工程的目录结构，发现根目录下有一个名为 cloudfunctions 的文件夹，此文件夹是用来部署云函数的根目录，其在工程的 project.config.json 文件中有配置，如下所示：

```
"cloudfunctionRoot": "cloudfunctions/"
```

我们要实现的云开发功能函数，都需要放在此文件夹下。

第 2 步，开通云开发功能。

在微信开发者工具的左上方可以看到有一个云开发功能按钮，如图 11-3 所示。

图 11-3　微信开发者工具中的云开发入口

点击此按钮可以进入云开发控制台，首先创建一个新的云开发环境，如图 11-4 所示。

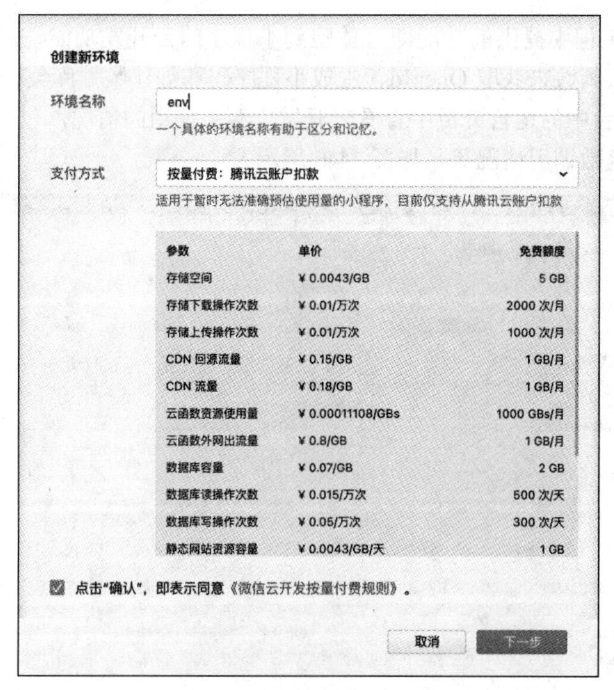
创建新环境

环境名称　env

一个具体的环境名称有助于区分和记忆。

支付方式　按量付费：腾讯云账户扣款

适用于暂时无法准确预估使用量的小程序，目前仅支持从腾讯云账户扣款

参数	单价	免费额度
存储空间	¥ 0.0043/GB	5 GB
存储下载操作次数	¥ 0.01/万次	2000 次/月
存储上传操作次数	¥ 0.01/万次	1000 次/月
CDN 回源流量	¥ 0.15/GB	1 GB/月
CDN 流量	¥ 0.18/GB	1 GB/月
云函数资源使用量	¥ 0.00011108/GBs	1000 GBs/月
云函数外网出流量	¥ 0.8/GB	1 GB/月
数据库容量	¥ 0.07/GB	2 GB
数据库读操作次数	¥ 0.015/万次	500 次/天
数据库写操作次数	¥ 0.05/万次	300 次/天
静态网站资源容量	¥ 0.0043/GB/天	1 GB

点击"确认"，即表示同意《微信云开发按量付费规则》。

取消　下一步

图 11-4　创建云开发环境

我们创建免费版的云开发环境，默认会提供一定的存储空间和流量，当资源用量超出时，会以按量的方式进行计费。免费版的存储空间和流程情况如图 11-5 所示。

资源均衡型　CDN 资源消耗型　云函数资源消耗型　数据库资源消耗型

配额名称	存储空间	CDN 流量	云函数资源使用量	数据库容量	价格
免费版	5 GB	1 GB/月	1000 GBS/月	2 GB/月	免费
特惠基础版 1	8 GB	2 GB/月	1 万GBS/月	2 GB/月	¥6.9/月
基础版 2	10 GB	25 GB/月	20 万GBS/月	3 GB/月	¥30/月
专业版 1	50 GB	50 GB/月	40 万GBS/月	5 GB/月	¥104/月
专业版 2	100 GB	150 GB/月	150 万GBS/月	10 GB/月	¥390/月
专业版 3	300 GB	300 GB/月	300 万GBS/月	20 GB/月	¥690/月
旗舰版 1	500 GB	500 GB/月	400 万GBS/月	10 GB/月	¥860/月

更多代金券 >　查看配额详情 >

取消

图 11-5　环境存储空间和流量

默认配额下，每个小程序账号可以创建两个环境，各个环境间是相互隔离的，这也就是说每个环境都包含独立的数据库、存储空间、云函数配置等。

第 3 步，体验小程序云开发功能。

只需要使用模板工程中提供的功能即可体验到小程序的云开发功能，可以看到在小程序客户端上，已经可以通过云函数来获取 OpenId、生成小程序码和创建数据库集合了。

第 4 步，在控制台中的运营分析中查看云开发资源被使用的情况，包括数据库读取次数与性能、云存储情况和云函数调用情况等，如图 11-6 所示。

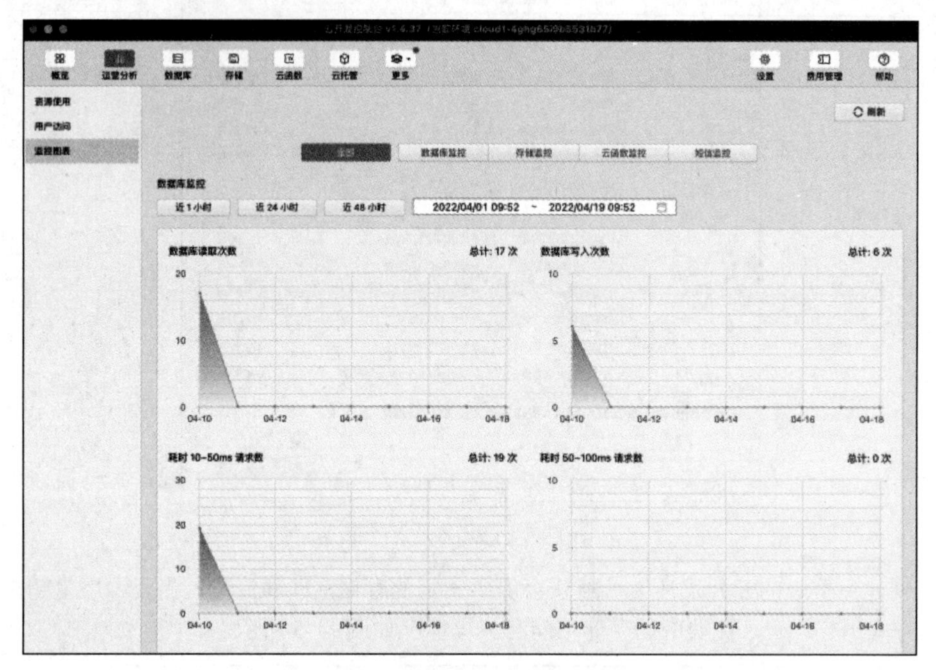

图 11-6　云开发资源运营信息

现在，我们已经体验了云开发的基本流程。总体来看，通过云开发可以非常快速地搭建小程序所需的后端服务，无须太大的开发成本和运营成本即可实现。接下来，将详细介绍云开发的几个基础能力。

11.2　使用云数据库

云开发提供了一个 JSON 格式的数据库，数据库中的每条记录都是一个 JSON 对象。在云数据库中，可以创建多个集合，如果你使用过关系型数据库，可以将这里的集合理解为关系型数据库中的表。一个集合就是一个 JSON 对象数组，集合中的每个元素都是 JSON 对象。本节将介绍云数据库的具体用法。

11.2.1　使用云开发数据库

首先，可以来尝试创建一个数据库集合，并向其中添加几条数据。打开云开发模板工程，进入云开发控制台，找到其中的数据库一栏，如图 11-7 所示。

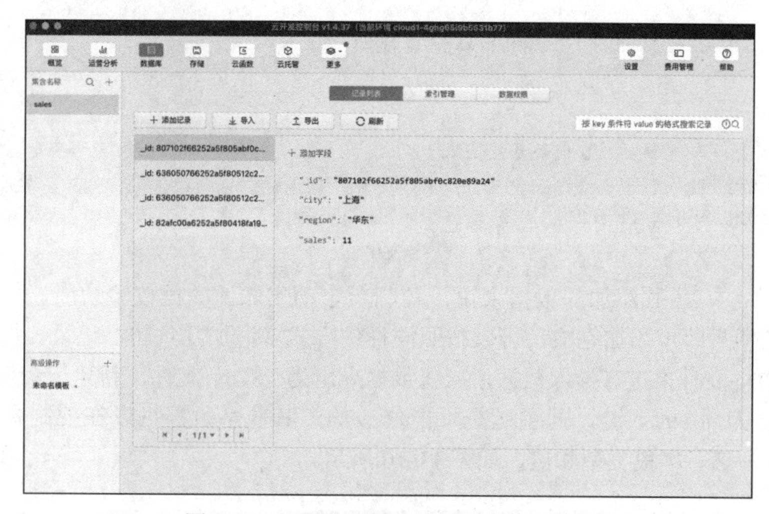

图 11-7　云开发控制台的数据库管理模块

在页面的左侧可以看到，此工程模板默认创建了一个名为 sales 的数据库集合，此集合是通过云函数调用的方式创建的，关于云函数的部分这里暂且放下不谈，可以通过控制台手动地创建数据库集合。

点击页面左侧集合部分的加号，会弹出一个信息弹窗，在其中输入要创建的集合的名称，例如命名为 books，如图 11-8 所示。

图 11-8　创建集合

创建完成后，会得到一个空的集合，点击其中的添加记录，可以向集合中新增几条数据，如图 11-9 所示。

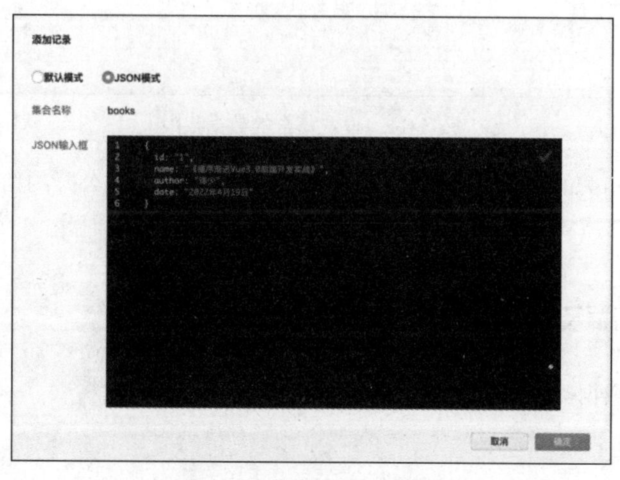

图 11-9　向集成中添加数据

我们向 books 集合中添加了一条图书入档记录：

```
{
  id: "1",
  name: "《循序渐进 Vue3.0 前端开发实战》",
  author: "珲少",
  date: "2022 年 4 月 19 日"
}
```

对于使用 JSON 模式添加的数据来说，控制台自动集成了数据校验功能，如果没有提示错误，点击确定按钮后即可添加完成。可以按照同样的方式多添加几条图书记录。控制台工具也支持直接使用 JSON 文件来进行导入数据，或将数据导出为 JSON 文件。新建记录后，每条记录会默认生成一个名为_id 的主键，此主键是不能修改的，其他字段都可以在控制台中直接进行修改，支持修改字段名、字段类型和值，如图 11-10 所示。

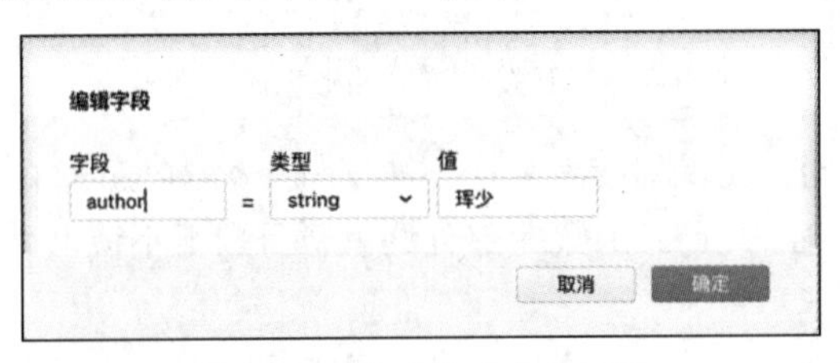

图 11-10　修改集成中的记录

最后，还有一点需要注意，并非所有的数据都可以在云开发控制台进行修改，可以根据集合中数据的敏感性来为其设置不同的权限，如图 11-11 所示。

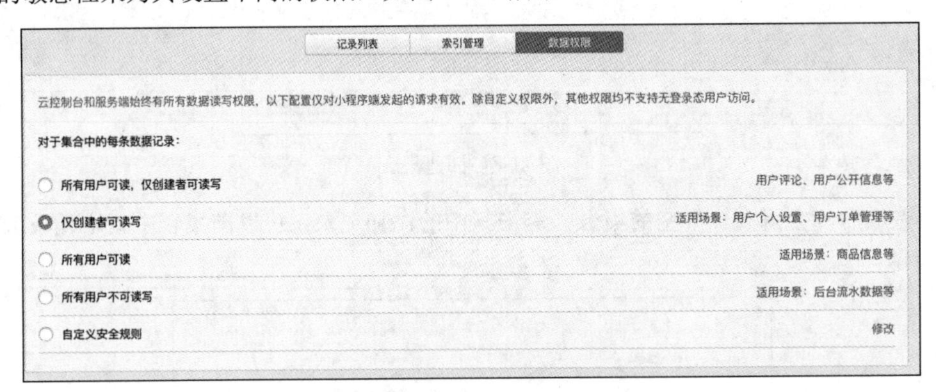

图 11-11　设置集合的数据权限

通常与用户个人相关的信息，将权限设置为仅创建者可读写，公开的信息可以设置为所有人可读、创建者可写等。

11.2.2　云数据库支持的数据类型

云数据库支持的数据类型有如下几种：

- 字符串类型
- 数字类型

- 对象类型
- 数组类型
- 布尔值类型
- 日期时间类型
- 地理位置类型
- Null 类型

其中，字符串类型、数字类型、对象类型、数组类型和布尔值类型是比较好理解的，布尔值类型的字段只能设置为 true 或者 false。日期时间、地理位置和 Null 类型需要特殊介绍一下。

日期时间类型存储的数据对应 JavaScript 中的 Date 对象，需要注意，在小程序端创建的 Date 对象记录的是客户端的时间，客户端的时间有时候并不是可信的，云数据库开发接口提供了获取服务端时间的方法，后面再介绍。

地理位置类型的字段用来存储经纬度信息，云开发数据库提供了许多接口用来支持多种地理位置数据的增删改查，支持某点、线、区域等格式的地理位置信息。

最后，Null 类型为占位字段，其值就为 null，表示这个字段存在，但是其存储的数据为空。

11.2.3 新增与查询数据

现在，相信你对小程序云开发中的云数据库功能已经有了初步的了解，下面可以尝试在示例工程中进行一下测试。对于数据库的应用，无非是数据的增删改查，这里也将从这几个方面来介绍。

首先在示例工程中新建一组名为 cloudDBDemo 的页面文件，在 cloudDBDemo.wxml 文件中编写如下示例代码：

```
<!--pages/cloudDBDemo/cloudDBDemo.wxml-->
<button type="primary" bindtap="insert">插入一条数据</button>
```

在页面上添加了一个按钮，点击按钮后向云数据库中的 books 集合中添加一条新的图书记录，在 cloudDBDemo.js 文件中编写如下示例代码：

```
// pages/cloudDBDemo/cloudDBDemo.js
Page({
    onLoad: function (options) {
        wx.cloud.init({
            env:'cloud1-4ghg65i9b5531b77'
        });
        // 获取云数据库引用
        const db = wx.cloud.database({
            env:'cloud1-4ghg65i9b5531b77'
        });
        // 获取某个集合的引用
        this.data.books = db.collection('books');
    },
    insert:function() {
        // 向已有集合中插入一条数据
        this.data.books.add({
```

```
            data:{
                author:"珲少",
                date:"2022年4月21日",
                id:"3",
                name:"小程序开发实战"
            },
            success:function(res){
                console.log("插入完成",res);
            }
        });
    }
})
```

需要注意，在调用任何云开发接口前，都需要先初始化云开发环境，可调用 wx.cloud.init 方法用来初始化云开发环境，其中的 env 参数用来设置所使用的环境，这里所填写的云环境 ID 可以在云开发控制台查到。

云开发环境初始化完成后，使用 wx.could.database 方法可以获取到云数据库引用实例，此实例中封装了 collection 方法用来获取数据库中的某个集合引用实例，通过集合引用实例可以具体地来对集合内的数据进行增删改查操作。执行上面的示例代码，尝试向云数据库中添加一条数据，之后可以通过控制台 Log 信息或在云开发控制台查看数据库中是否成功地增加了对应的数据。

以上介绍了新增数据，下面再来看如何从云数据库中查询数据。

如果要获取某一条记录，最快捷的方式是通过主键来查询，每当向数据库中插入一条数据时，会自动为每条数据新增一个名为“_id”的字段，如图 11-12 所示。

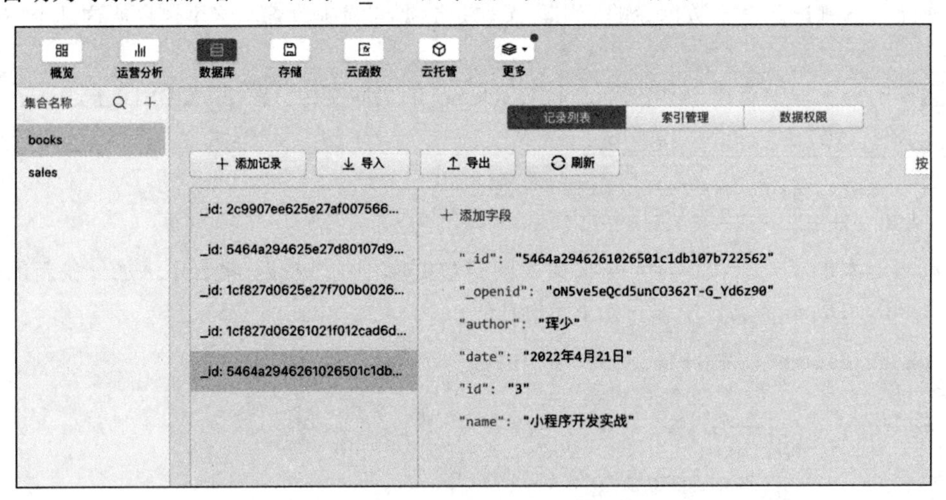

图 11-12　云数据库中的数据

可以尝试查询一条数据，示例代码如下：

```
// pages/cloudDBDemo/cloudDBDemo.js
Page({
    onLoad: function (options) {
        wx.cloud.init({
            env:'cloud1-4ghg65i9b5531b77'
        });
        // 获取云数据库引用
        const db = wx.cloud.database({
```

```
            env:'cloud1-4ghg65i9b5531b77'
        });
        // 获取某个集合的引用
        this.data.books = db.collection('books');
    },
    searchOne:function() {
        this.data.books.doc("5464a2946261026501c1db107b722562").get({
            success:function(res) {
                console.log(res);
            },
            fail:function(error){
                console.log(error);
            }
        });
    }
})
```

由于设置的 books 集合的数据权限是仅创建者可读写，所以在查询数据的时候，需要确保所查询的数据是当前用户所创建的。更多时候，不会直接通过主键来查询数据，而是使用条件查询的方式来进行批量查询，示例如下：

```
this.data.books.where({
    author:'珲少'
}).get({
    success:function(res) {
        console.log(res);
    }
});
```

其中，where 方法的参数用来设置筛选条件，其中可以设置多个条件字段，各个条件字段间是“与”的关系，即需要满足所有条件的数据才能被查到。如果要获取某个集合所有可读数据，则可以使用如下方法：

```
this.data.books.get({
    success:function(res) {
        console.log(res);
    }
});
```

11.2.4　高级查询操作

之所以使用数据库来存储数据，原因之一便是数据库提供了强大的查询功能，让用户可以高效地获取到其所需要的数据。在使用 where 方法进行数据查询时，在指定查询字段时，除了可以严格进行匹配外，还可以通过指令来控制匹配方式。

以前面的代码为基础，假设需要查询所有 id 值不等于 3 的图书记录，就可以使用指令来查询，首先修改 cloudDBDemo.js 文件中的 onLoad 方法，获取到指令对象：

```
onLoad: function (options) {
    wx.cloud.init({
        env:'cloud1-4ghg65i9b5531b77'
    });
```

```
    // 获取云数据库引用
    const db = wx.cloud.database({
        env:'cloud1-4ghg65i9b5531b77'
    });
    // 获取指令对象
    this.command = db.command;
    // 获取某个集合的引用
    this.data.books = db.collection('books');
}
```

后面，我们再进行数据查询的时候，就可以使用指令来控制查询条件，如下所示：

```
this.data.books.where({
    id:this.command.neq('3')
}).get({
    success:function(res) {
        console.log(res);
    }
});
```

其中 neq 指令的作用是匹配与设置的值不相等的所有数据。

常用的查询指令如表 11-1 所示。

表 11-1　常用的查询指令

指令	说明
eq	等于
neq	不等于
lt	小于
lte	小于或等于
gt	大于
gte	大于或等于
in	字段的值在给定的数组中
nin	字段的值不在给定的数组中

也有一些指令提供了逻辑运算的能力，例如要查询所有 id 值不等于 3 且不等于 2 的图书，示例代码如下：

```
this.data.books.where({
    id:this.command.neq('3').and(this.command.neq('2'))
}).get({
    success:function(res) {
        console.log(res);
    }
});
```

and 指令表示“与”逻辑的关系，同样也提供了 or 指令来实现“或”逻辑关系。通过链式调用，查询时可以灵活地进行逻辑组合。

11.2.5　更新与删除数据

以上介绍了数据库的新增与查询操作，还有两个比较重要的操作就是对数据的修改与删除。对已有数据的修改也将其称为更新操作，更新数据的前提实际上也是查询操作，例如如果要通过主键来更新一条数据，可以通过如下的代码实现：

```
this.data.books.doc("5464a2946261026501c1db107b722562").update({
    data:{
        author:"未录入"
    },
    success:function(res) {
        console.log(res);
    }
});
```

执行上面的代码，会将指定数据的 author 字段更新成“未录入”。在更新数据时，也可以通过命令来添加一些运算逻辑，如果数据库中数据存储的某个字段为数组类型，则可以直接在此数组字段中追加元素，示例代码如下：

```
this.data.books.doc("5464a2946261026501c1db107b722562").update({
    data:{
        list:this.command.push("新增")
    },
    success:function(res) {
        console.log(res);
    }
});
```

与更新字段相关的常用命令如表 11-2 所示。

表 11-2　与更新字段相关的常用命令

命令	说明
set	将字段设置为指定的值
remove	删除字段
inc	对数值类型的字段进行自增
mul	对数值类型的字段进行自乘
push	如果字段为数组，往数组末尾追加元素
pop	如果字段为数组，删除数组末尾的元素
shift	如果字段为数组，从数组头部删除一个元素
unshift	如果字段为数组，从数组头部插入一个元素

同样，要进行批量更新，只要先以批量的条件进行查询即可，如下所示：

```
this.data.books.where({
    author:"珲少"
}).update({
    data:{
        list:this.command.push("新增")
    },
    success:function(res) {
```

```
        console.log(res);
    }
});
```

还有一点需要注意，如果更新数据时，所更新的字段不存在，会自动创建此字段。

删除数据的方法与更新类似，通过查询方法定位到数据后，调用 remove 方法即可进行删除，例如：

```
this.data.books.where({
    author:"珲少"
}).remove({
    success:function(res) {
        console.log(res);
    }
});
```

11.2.6　数据库变更实时推送

增删改查只是数据库的基本操作，小程序云数据库还提供了更加强大的功能。有时候，业务场景需要实时地感知到云数据的实时变化，就可以使用云数据库的实时数据推送功能。

要获取数据变更的实时推送也非常简单，只要添加一个监听器，当云数据库的对应数据发生变化时，会将变化的内容以回调的方式通知我们，示例如下：

```
this.watcher = this.data.books.where({
    author:"珲少"
}).watch({
    onChange:function(info) {
        console.log(info.docChanges);
    },
    onError: function(err) {
        console.error('the watch closed because of error', err)
      }
})
```

需要注意，onChange 和 onError 都是必须配置的参数，回调中，传入的参数对象会包装很多信息，其中的属性如表 11-3 所示。

表 11-3　onChange 和 onError 回调中传入的参数对象的属性

属性名	类型	意义
docChanges	数组	更新事件数组
docs	数组	数据快照数组
type	字符串	快照的类型
id	数值	变更事件的 id

表 11-3 中，id 字段用来做变更事件的唯一标识，无须过多解释。type 字段用来说明此次变更事件的类型，其枚举值如表 11-4 所示。

表 11-4　type 字段的枚举值

枚举值	意义
init	监听初始化时会直接回调一次，此时的 type 类型的 init
update	数据更新事件，对应数据库的 update 操作
replace	数据内容被修改事件，对应数据库的 set 操作
add	新增数据事件
remove	删除数据事件
limit	所查询的范围内由于排序导致数据改变的事件

docs 中存放的是当前最新的数据对象，即更新后的数据情况。docChanges 字段略为复杂，其中记录了更加详细的变更内容，数组中每个对象的属性如表 11-5 所示。

表 11-5　数组中每个对象的属性

属性名	类型	意义
id	数值	事件 id
queueType	字符串	列表更新类型，枚举为： • init：初始化列表 • update：列表记录内容有更新 • enqueue：记录进入列表 • dequeue：记录离开列表
dataType	字符串	数据更新类型，枚举与外层 type 字段一致
docId	字符串	更新的数据 id
doc	对象	更新的完整数据
updatedFields	对象	所有更新了的字段即更新后的值
removedFields	数组，其内为字符串	所有被删除的字段

11.2.7　数据库备份

本节将介绍云数据库开发的最后一部分内容，关于数据库的备份与恢复。对于很多互联网产品来说，数据是最重要的财产，尤其是与用户相关的数据。试想一下，如果网上银行的数据出了问题，用户的存款信息丢失了，那将是怎样的一种灾难。

小程序云数据库为我们设计好了容灾方案，系统会自动开启数据库的备份功能，对于误操作造成的数据删除、损坏等问题，都可以回档到最近的备份状态，将损失降低到最小。系统默认会在每日的凌晨自动进行数据库的备份，最多会保存 7 天的备份数据。

在云开发控制台的数据库板块中，可以看到有数据库回档的功能入口，如图 11-13 所示。

可以新建回档，从而将数据库还原到某个备份版本，单击“新建回档”按钮后，弹窗如图 11-14 所示。

一次回档可以选择多个要回档的数据库集合，每个数据库备份都有明确的备份时间，选择好要恢复的集合后，单击“下一步”按钮，如图 11-15 所示。

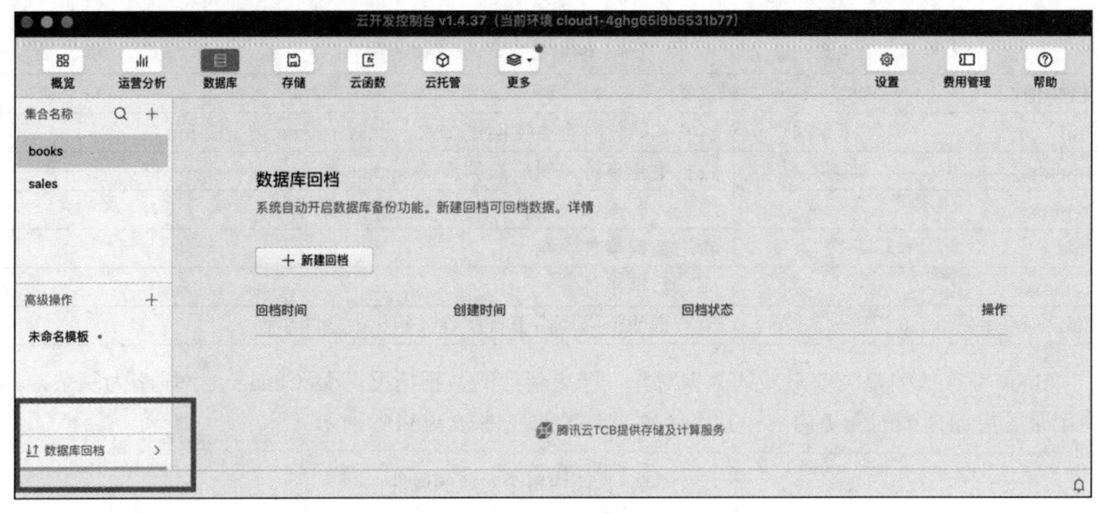

图 11-13　数据库回档功能入口

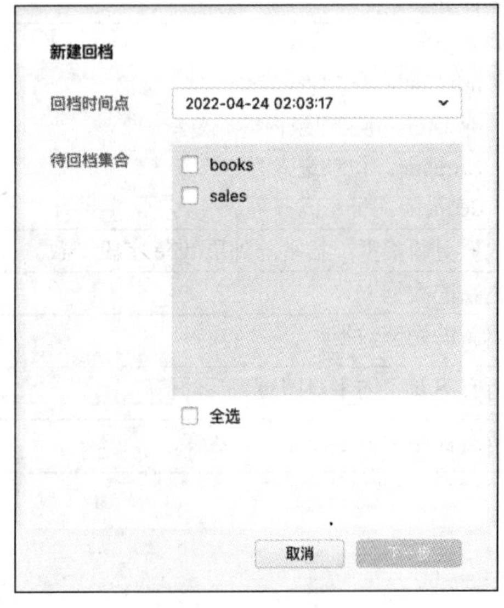

图 11-14　数据库回档

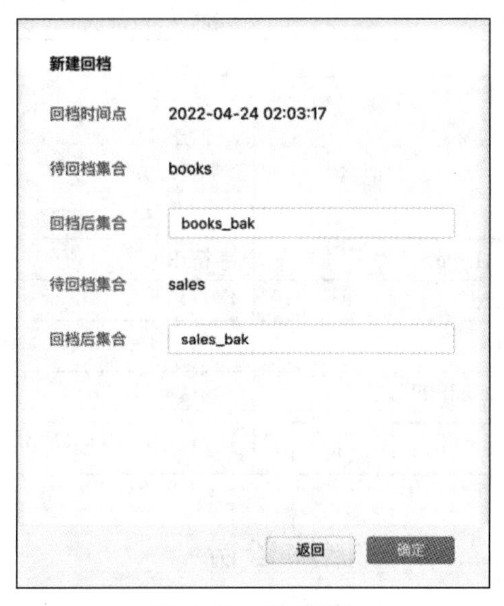

图 11-15　新建回档

回档后会创建出新的集合，集合的名称能够自定义，但是不能和已有的集合重名。回档的过程需要一定的时间，可以在数据库回档页面查看当前的回档进度。回档期间，数据库本身的访问不受影响，但是不能新建回档任务。

11.3　使用云存储

云数据库主要用来存储结构化的数据，云存储能力则主要提供远端储存文件的功能，最常见的场景是对图片文件、音频文件和视频文件的云存储支持。

11.3.1　在小程序中使用云存储功能

在本书的前面章节中，介绍过在小程序中使用网络下载和文件管理的相关接口来将网络图片下载到本地，但是对于一些用户文件，仅仅存储到本地或许是不够的，当用户切换了设备或卸载重装了微信应用后，需要这些文件依然可用，这时就可以运用云存储能力。

在示例工程中新建一组名为 cloudStorageDemo 的页面文件，用来测试云存储的相关功能。要将文件上传到云存储中，可以使用如下示例代码：

```
// pages/cloudStorageDemo/cloudStorageDemo.js
Page({
    onLoad: function (options) {
        // 初始化云开发环境
        wx.cloud.init({
            env:'cloud1-4ghg65i9b5531b77'
        });
    },
    upload: function () {
        // 从互联网上下载文件
        wx.downloadFile({
            url: 'http://huishao.cc/img/head-img.png',
            success:(res)=>{
                // 上传到云存储中
                wx.cloud.uploadFile({
                    filePath:res.tempFilePath,
                    cloudPath:'1.png',
                    success:function(info){
                        console.log(info);
                    }
                });
            }
        });
    }
})
```

在调用 wx.cloud.uploadFile 方法向云存储中上传文件时，使用的文件路径需要是本地路径，上传成功后，在回调的 info 参数中会包装 fileID 属性，此即云存储文件的 ID，使用它可以直接访问云文件。

要将云存储的文件下载到本地，示例代码如下：

```
wx.cloud.downloadFile({
fileID:'cloud://cloud1-4ghg65i9b5531b77.636c-cloud1-4ghg65i9b5531b77-
1308596385/1.png',
    success:function(res) {
        console.log(res.tempFilePath);
    }
});
```

删除文件的方法也类似，都是通过云文件 ID 来操作，如下所示：

```
wx.cloud.deleteFile({
fileList:['cloud://cloud1-4ghg65i9b5531b77.636c-cloud1-4ghg65i9b5531b77-
```

```
1308596385/1.png']
    });
```

与云存储相关的最重要的 3 个方法即文件上传、文件下载和文件删除。除此之外，某些小程序的原生组件也支持直接通过云文件 ID 来使用云文件，例如 image 组件、audio 组件等。

11.3.2　云存储文件管理

在云开发控制台的存储模块中，可以对云文件进行管理，主要包括存储管理、权限管理、缓存配置和图片处理。

在存储管理功能模块下，可以直接进行文件上传或删除文件，也可以上传文件夹或新建文件夹，如图 11-16 所示。

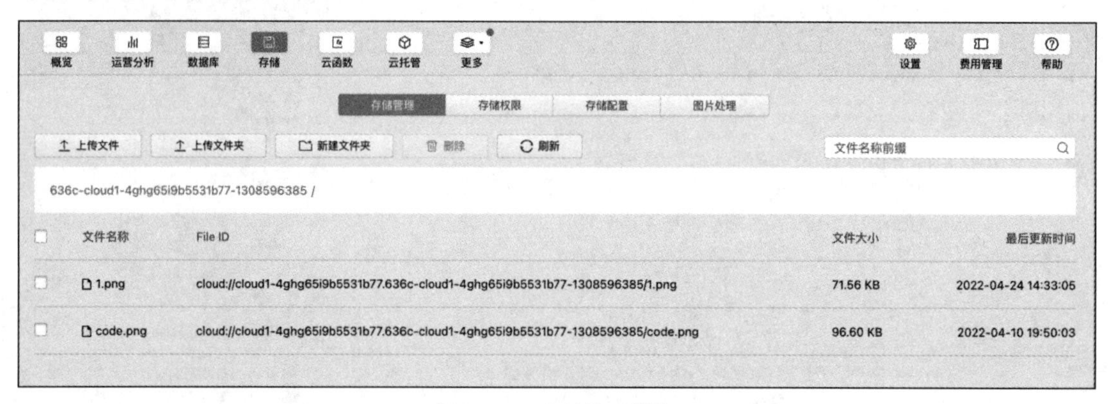

图 11-16　存储管理模块

对于已有的云文件，也可以查看到其详细信息，包括文件的大小、格式、上传者、最后更新时间、下载地址和文件 ID 等，如图 11-17 所示。

云文件存储权限管理与云数据库权限管理类似，其用来对文件的可读和可写性进行约束，如图 11-18 所示。

不同的管理权限适用与不同的应用场景，通常对于公开类型的文件，可以统一设置为所有用户可读或仅创建者可读写。

在存储配置功能模块，可以查看当前配置的缓存规则。对于云文件来说，配置缓存非常重要，合理的缓存时间配置，能够在不影响用户体验的前提下节省流量消耗。

图片处理是云存储提供的一个非常强大的功能，很多时候，同一张图片资源在不同的场景下可能需要不同的裁剪方式和缩放比例，可以通过对云资源设置图片处理样式来统一处理资源的裁剪和缩放，如图 11-19 所示。

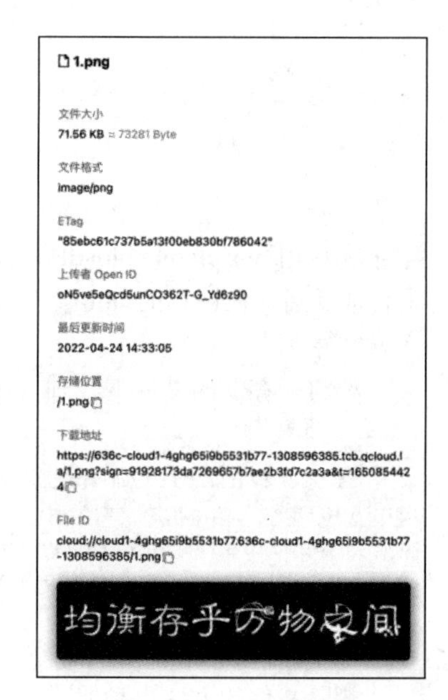

图 11-17　云文件详情

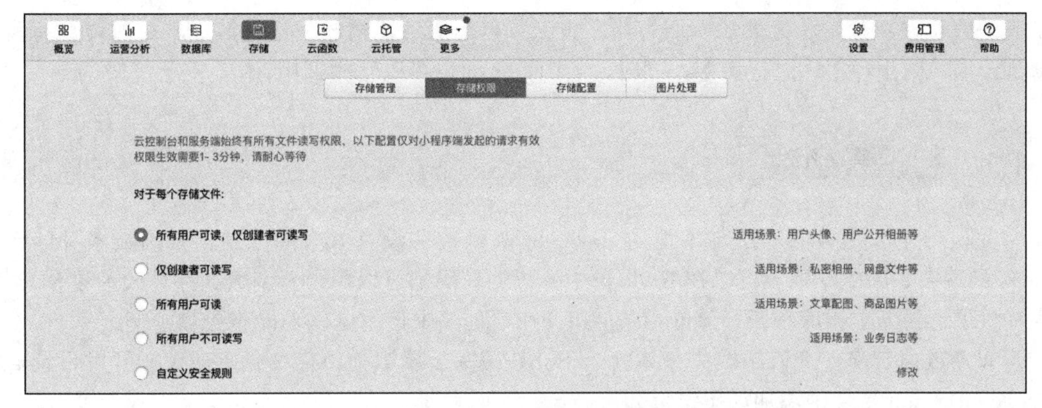

图 11-18　云文件管理权限

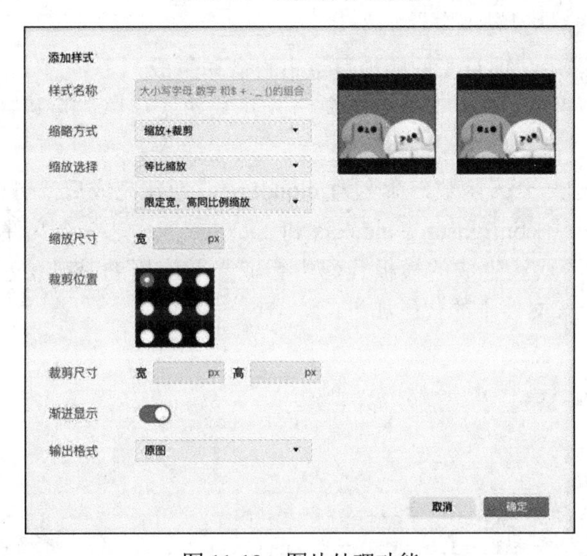

图 11-19　图片处理功能

最后，在使用云存储时，文件的命名要遵守一定的规则，列举如下：

（1）文件名不能为空。
（2）文件名不能以“/”开头。
（3）文件名中不能出现连续的“/”符号。
（4）文件名的最大长度为 850 个字节。
（5）文件名中不支持 ASCII 的控制字符。
（6）如果上传的文件名中包含中文，则中文部分会按照 URL Encode 规则进行编码。

11.4　使用云函数

在小程序开发中，函数的概念随处可见，函数是最基础的功能模块。顾名思义，云函数即是运行在云端的函数，也可以理解为运行在服务器端的函数，也就是我们通常意义上的后端服务。

有了云函数功能，开发者无须购买服务器，也无须付出服务器搭建、运维等成本，即可编写函数部署到云端，由小程序端进行调用，同时，云函数之间也可以互相调用。

11.4.1 初识云函数

首先，一个云函数的写法与本地的 JavaScript 函数并没有太大的区别，云函数本身运行在 Node.js 函数中，因此原则上可以在 Node.js 中执行的代码都可以用于云函数。并且云函数 SDK 本身也提供了访问云数据库和云存储的相关 API，在小程序中使用这些功能将更加顺畅。

可以通过自定义一个云函数先来体验一下。在编写云函数前，需要指定一个云开发目录。在 project.config.json 文件中添加如下键值即可：

```
"cloudfunctionRoot": "cloud/"
```

如上代码所示，编译后，项目工程的根目录下将自动生成一个名为 cloud 的文件夹，并且此文件夹是一个特殊的文件夹，右键点击后会弹出云开发功能菜单，可以进行环境设置、本地调试、同步云函数等。

在 cloud 目录下新建一个云函数，命名为 cloudLog。新建完成后，可以看到云函数本身也被包装成了一个文件夹，其由 config.json、index.js 和 package.json 这 3 个文件组成。其中 index.js 是当前云函数的执行入口，默认生成的模板代码中会取当前应用的基础信息进行返回，这里修改 cloudLog 云函数的 index.js 文件中的代码如下：

```
// 云函数入口文件
const cloud = require('wx-server-sdk')
// 初始化
cloud.init()
// 云函数入口函数
exports.main = async (event, context) => {
    const wxContext = cloud.getWXContext()
    let str = `openid:${wxContext.OPENI}\n appid:${wxContext.APPID}\n unionid:
    ${wxContext.UNIONID}`
    return {
        data:str
    };
}
```

上述代码中并没有做太多额外的操作，云函数将获取到的应用信息拼接成字符串后重新返回给了客户端。修改完成后，在 cloudLog 文件夹上点击右键，选择上传并部署，之后会将此自定义的云函数发布到云端。部署成功后，即可在小程序客户端代码中进行调用。

在工程的 pages 文件夹下新建一组名为 cloudFunc 的页面文件，修改 cloudFunc.js 文件中的代码如下：

```
Page({
    onLoad: function (options) {
        wx.cloud.init({ // 云环境初始化
            env:'cloud1-4ghg65i9b5531b77'
        });
        wx.cloud.callFunction({ // 调用云函数
            name:'cloudLog', // 云函数名
```

```
            success:res=>{ // 调用成功的回调
                console.log(res.result.data);
            }
        })
    }
})
```

wx.cloud.callFunction 方法用来调用云函数，由于云函数是在服务端执行的，因此其所有结果的返回都是异步的，运行上述代码，通过控制台可以看到小程序客户端通过调用云函数获取到了 cloudLog 云函数返回的字符串数据。

下面再来看一下云函数本身，可以看到其有 event 和 context 两个参数，其中 event 参数是触发事件对象，是客户端调用云函数时传入的参数对象，context 参数是上下文对象，其中会包装调用信息和运行状态。修改 cloudLog 云函数如下，为其添加加法计算的功能：

```
exports.main = async (event, context) => {
    const wxContext = cloud.getWXContext()
    let str = `openid:${wxContext.OPENI}\n appid:${wxContext.APPID}\n unionid:
    ${wxContext.UNIONID}`
    return {
        data:str,
        sum: event.a + event.b
    };
}
```

部署完成后，调用方式如下：

```
wx.cloud.callFunction({
    name:'cloudLog',
    data: {  // 调用云函数时的参数
        a: 3,
        b: 4
    },
    success:res=>{
        console.log(res.result.data);
        console.log(res.result.sum);
    }
})
```

通常在开发完云函数后，应该先进行本地调试，本地调试无误后，再上传到云端部署。在云函数目录上右击，点击本地调试按钮即可打开本地调试面板，在本地调试面板中勾选要本地调试的云函数，之后在小程序中进行调用即可。

11.4.2　在云函数中使用云数据库

云函数本身是运行在服务端的，相对客户端来说，其安全性会强很多。因此在云函数中运行的代码不受数据库读写权限和文件读写权限的限制。可以将云数据库和云存储的相关应用包装到云函数中，统一通过云函数来与客户端进行交互。

可以在云开发工作目录 cloud 目录下新建一个命名为 cloudDB 的云函数，在其 index.js 文件中编写如下代码：

```
// 云函数入口文件
```

```
const cloud = require('wx-server-sdk')
// 初始化云开发环境
cloud.init({
    env: cloud.DYNAMIC_CURRENT_ENV
})
// 获取云数据库实例
const db = cloud.database();
// 云函数入口函数
exports.main = async (event, context) => {
    return db.collection('books').get();
}
```

其中，cloud.init 方法用来初始化云开发环境，这里可以选择要使用的环境，如果设置为 cloud.DYNAMIC_CURRENT_ENV 常量，则表示所使用的环境与云函数当前执行的环境一致。与客户端调用云数据库接口类似，云函数在调用云数据库相关接口时，也需要先获取到云数据库实例。上述代码中的 db.collection('books').get()代码执行后，会返回一个 Promise 对象，这是云函数中有异步逻辑时常用的处理方法，示例代码的作用是将云数据库中的 books 集合里所有的数据返回到客户端，客户端对应的示例代码如下：

```
wx.cloud.callFunction({
    name:"cloudDB",
    success:res=>{
        console.log(res.result);
    }
})
```

其实，使用云函数，对数据库的操作会有非常大的权限，可以做很多高级业务需求。当使用 cloud.database()方法获取到数据库实例后，使用此实例常用的方法如表 11-6 所示。

表 11-6　数据库实例常用的方法

方法名	参数	意义
collection	String name：集合名称	获取数据库中的某个集合实例
createCollection	String name：集合名称	创建集合，会返回一个 Promise 对象，如果此集合已经存在，则会创建失败

serverDate	{
	Number offset：时间偏移，单位为毫秒
	}
		获取服务端时间的引用，用来做数据查询条件或更新记录等

runTransaction	Function callback：事务执行函数 Number times：事务执行最多次数	发起数据库事务

最终在增删改查数据时，使用的都是集合实例来进行操作，集合实例可调用的方法如表 11-7 所示。

表 11-7　集合实例可调用的方法

方法名	参数	意义
doc	String id：记录主键	获取集合中指定的一条记录，返回值为 Document 对象

（续表）

方法名	参数	意义

add	{
	Object data：要添加的记录对象
	}
		新增记录，会返回新建的数据的主键值

aggregate	无	发起数据库聚合操作，会返回 Aggregate 对象，使用此对象调用 end 方法来结束聚合操作
count	无	查询指定条件的数据条数
field	对象	指定要查询的数据字段，查询数据时，有时并不需要将数据字段都查询出来，这个方法的参数可以指定要获取的字段。参数对象中的 key 为字段名，值为 true 或 false，设置为 true 则表示要查询
get	无	获取满足所查询条件的数据集合
limit	Number value：上限	指定查询数据的数量上限
orderBy	String fieldPath：要排序的字段名 String order：排序规则	指定查询的排序条件，其中 order 参数可设置为： • asc：正序 • desc：逆序
remove	无	删除满足 where 方法指定的条件的数据
skip	Number offset：偏移量	设置查询结果跳过多少个数据后开始返回

update	{
	Object data：更新后的对象
	}
		进行批量更新

watch	{
	Function onChange：监听到变化的回调
	Function onError：失败回调
	}
		监听数据库数据变化，会返回 Watcher 对象，此对象调用 close 方法来关闭监听

where	Object condition：查询条件	指定查询条件

当使用集合对象调用 doc 方法时，通过传入主键 id 来获取 Document 对象，Document 对象中封装的方法如表 11-8 所示。

表 11-8　Document 对象中封装的方法

方法名	参数	意义
get	无	获取具体的数据对象

set	{
	Object data：替换的数据
	}
		替换当前记录数据

update	{
	Object data：更新的数据
	}
		更新当前记录数据

remove	无	删除一条记录

在进行数据查询或更新时，在对应的方法的参数对象中，也可以结合数据库的 Command 来进行更加复杂的操作，这里不再过多介绍。

11.4.3　在云函数中使用云存储

云存储本身逻辑比较简单，主要功能接口也只是上传和下载文件，通常不会在云函数中调用云存储功能接口。

在示例工程的 cloud 云开发文件夹中新建一个命名为 cloudStorage 的云函数，在其 index.js 文件中编写如下代码：

```
// 云函数入口文件
const cloud = require('wx-server-sdk')
cloud.init()
// 云函数入口函数
exports.main = async (event, context) => {
    return cloud.uploadFile({
        cloudPath:'dome.txt',
        fileContent:'xxxxxx'
    });
}
```

调用 cloud.updateFile 方法用来上传文件到云存储中，在小程序端直接调用此云函数即可，如下所示：

```
wx.cloud.callFunction({
    name:"cloudStorage",
    success:res=>{
        console.log(res);
    }
})
```

对应的，在云函数中进行云文件的下载示例如下：

```
exports.main = async (event, context) => {
  const fileID = 'xxxx'
  const res = await cloud.downloadFile({
    fileID: fileID,
  })
  const buffer = res.fileContent
  return buffer.toString('utf8')
}
```

如果需要持久化地存储用户数据，应该使用哪些技术实现呢？

可以将数据存储到云数据库或云存储中。

11.4.4　在云开发控制台管理云函数

云开发控制台提供了云函数管理模块，其中可以直接进行云函数的创建和删除，版本设置等，如图 11-20 所示。

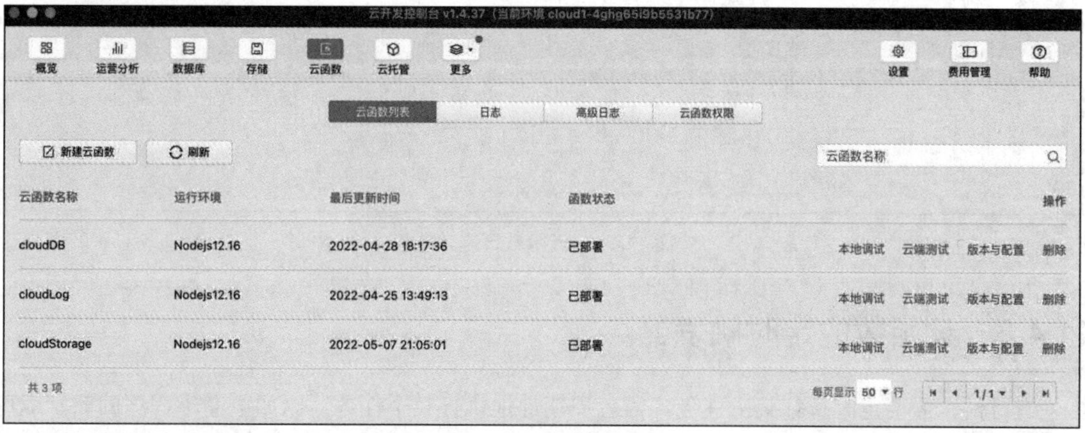

图 11-20　云函数管理控制台

其中，版本管理功能非常有用，在实际产品开发迭代中，经常会对已有的云函数进行升级，升级有时是有一定的风险的，这时可以通过版本管理中的灰度功能来分流量地发布升级后的云函数，使风险更加可控，版本与配置页面如图 11-21 所示。

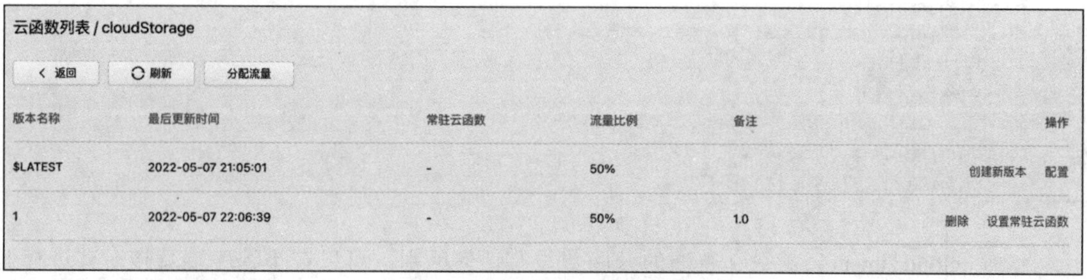

图 11-21　云函数的版本管理

当一个云函数被发布时，默认会发布到$LATEST 版本，表示最新版本，因此在发布云函数前，可以将当前所使用的云函数发布一个自定义的版本，云函数更新后可以通过流量分配的方式来对线上用户进行灰度验证，如果没有意外问题，可以逐步提高$LATEST 版本的流量比例，如果发现了重大问题，也可以将$LATEST 版本的流量设置为零，这样理论上线上用户所使用的云函数版本将回滚到最近的稳定版本。

在控制台中也可以看到所有云函数的调用情况，日志分为简单日志和高级日志，简单日志会将所有的调用记录进行展示，支持按照状态和时间进行筛选，如图 11-22 所示。

高级日志则支持对日志的内容进行筛选，并支持简单的“与”“或”逻辑。

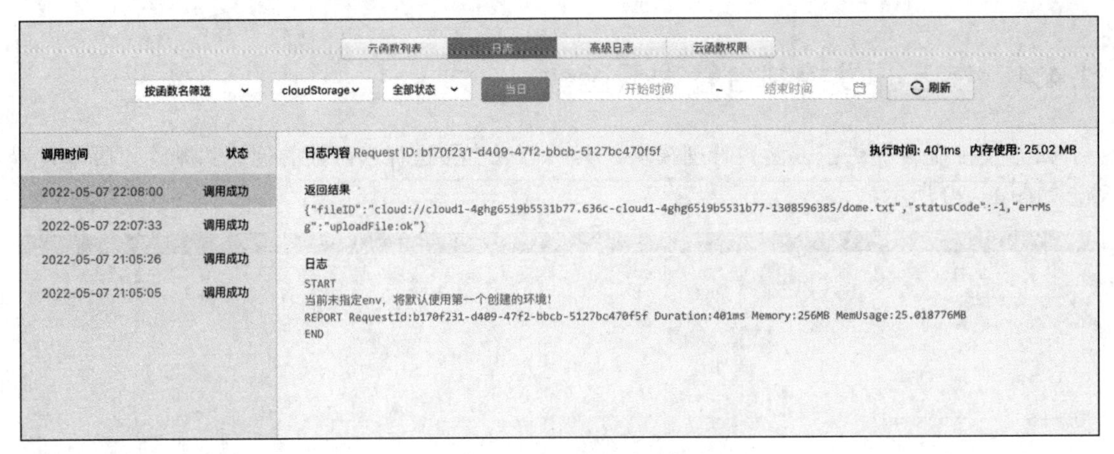

图 11-22　云函数日志功能

11.4.5　云函数的定时触发器

有时候，需要定时执行某个任务，或者周期性地执行某个任务。比如电商小程序的商家版可能需要每月对商家的收入进行一次结算。云函数也支持配置定时触发器，通过定时触发器，可以非常方便地实现这类需求。

在示例工程的 cloud 文件夹中新建一个名为 cloudTimer 的云函数，在 index.js 中编写测试代码如下：

```
// 云函数入口文件
const cloud = require('wx-server-sdk')
cloud.init()
// 云函数入口函数
exports.main = async (event, context) => {
    console.log("定时器触发了");
    console.log(Date());
}
```

此时，cloudTimer 云函数和普通的云函数没有任何区别，可以在小程序端直接对其进行调用，若要让其实现自动周期性调用，还需要配置一个定时触发器。

在 cloudTimer 云函数文件夹下的 config.json 文件中编写如下代码：

```
{
  "triggers":[
    {
      "name":"tirgger",
      "type":"timer",
      "config":"*/10 * * * * * *"
    }
  ]
}
```

triggers 字段用来配置定时任务，目前只支持配置一个定时任务，虽然其设置的值为数组，但其数组中只能设置一个元素。

在进行定时任务配置时，name 字段用来设置定时触发器的名称，type 字段设置触发器的类型，目前支持是 timer 类型。config 字段用来配置核心的定时逻辑，其有 7 个部分组成，每个部分间使用空格进行分割。下面，主要介绍如何使用 config 字段来配置符合业务逻辑的定时任务。

config 字段需要配置为一个字符串，其通过空格分割为 7 个部分，从左到右依次代表秒、分钟、小时、日、月、星期、年。其中秒部分的取值范围为 0~59，分钟部分的取值范围为 0~59，小时部分的取值范围为 0~23，日的取值范围为 1~31，月的取值范围为 1~12，星期的取值范围为 0~6，年的取值范围为 1970—2099。通过这些字段，可以严格地设置定时任务的触发时刻。如果需要周期性地触发，则需要结合通配符来实现，可使用的通配符如表 11-9 所示。

表 11-9　通配符

通配符	意义
,（逗号）	代表取并集，比如在秒字段中设置 10,20 表示在第 10 秒和第 20 秒触发
-（短线）	描述范围，比如在秒字段中设置 10-20 表示在 10 到 20 秒期间的任何一秒都触发
*（星号）	表示所有值
/（斜线）	表示指定步长触发，比如在分钟字段中设置 1/10 表示从第 1 分钟开始，每隔 10 分钟触发

现在再回头看一下上面的示例代码，其作用是每间隔 10 秒触发一次当前的云函数。

定义好了触发器后，要让其生效，还需要进行上传，在当前云函数文件夹的右键菜单中选择上传触发器即可，如图 11-23 所示。

图 11-23　上传触发器

之后，如果没有异常出现，则此云函数已经开始被自动循环调用了，可以在控制台的日志模块看到调用情况，如图 11-24 所示。

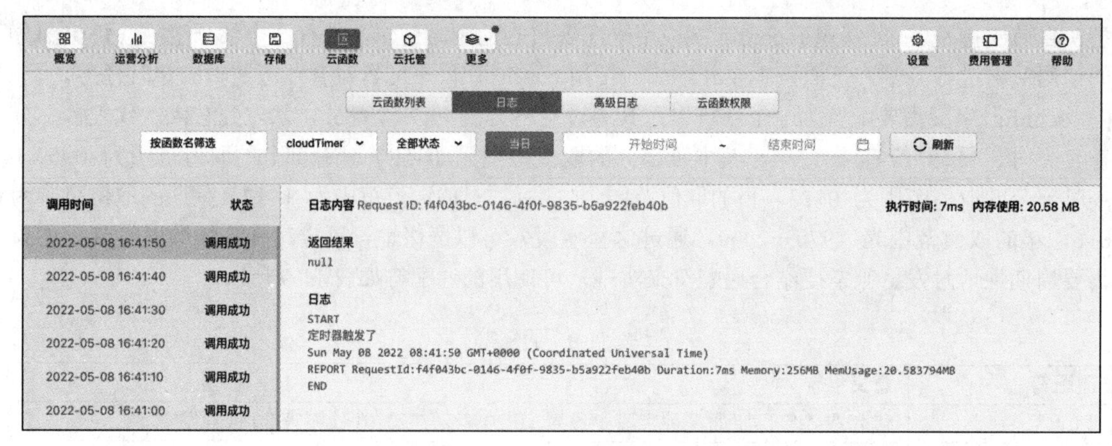

图 11-24　定时触发器调用日志

如果不再需要使用触发器，则在云函数管理菜单中删除触发器即可。

11.5　实战：使用云开发技术改造移动记事本应用

在前面的章节中，曾编写了一个移动记事本的小应用，用来练习本地数据持久化相关接口的使用，其实，此记事本应用非常适合使用云开发来管理数据，本节通过云开发技术来改造此应用。

首先来改造存储部分，之前在新建记事时，是将数据序列化后存在本地，云数据库是可以直接存储对象的，因此序列化的步骤可以省略掉。在云开发控制台的云数据库模块中新建一个集合，命名为 notes，将其权限设置为仅创建者可读写，如图 11-25 所示。

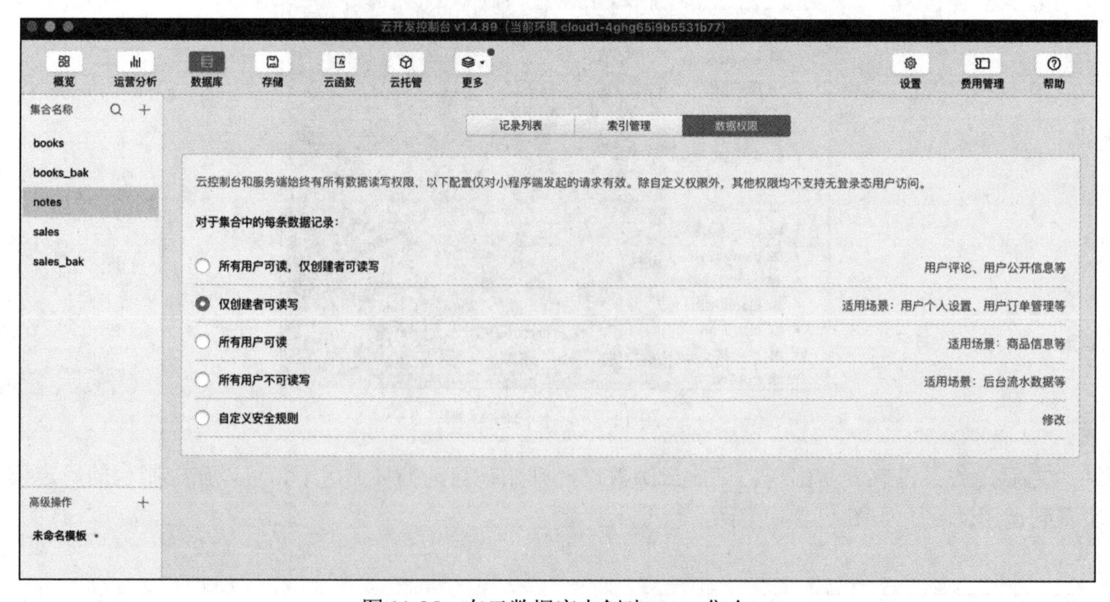

图 11-25　在云数据库中创建 notes 集合

修改 newNote.js 文件中的代码如下：

```
// pages/note/newNote.js
Page({
   data: {
      title:"",
      content:"",
      id:""
   },
   onLoad:function(option) {
      this.setData(option);
      wx.cloud.init({
         env:'cloud1-4ghg65i9b5531b77'
      });
       // 获取云数据库引用
       const db = wx.cloud.database({
         env:'cloud1-4ghg65i9b5531b77'
      });
      // 获取 notes 集合的引用
      this.data.notesCollection = db.collection('notes');
   },
   titleInput:function(e) {
      this.setData({
         title:e.detail.value
      });
   },
   contentInput:function(e) {
      this.setData({
         content:e.detail.value
      });
   },
   save:function() {
      if (this.data.title.length == 0 && this.data.content.length == 0) {
         wx.showToast({
           title: '内容不能为空',
           icon:'error'
         });
         return;
      }
      if (this.data.id.length == 0) {
         this.data.id = String(Date.now())
      }
      this.data.notesCollection.add({
         data:{
            title:this.data.title,
            content:this.data.content,
            date:this.data.id
         },
         success:res=>{
            wx.showToast({
               title: '保存成功',
            })
             setTimeout(() => {
               wx.navigateBack();
            }, 1000);
```

```
            }
        });
    }
})
```

与之前的逻辑相比，代码上并没有太大的修改，运行程序，添加一篇记事，可以在云开发控制台查看数据库中是否对应地新增了记录。

接下来修改我的记事页面，将数据源的读取由从本地修改成从云数据库即可。修改 myNote.js 代码如下：

```
// pages/note/myNote.js
Page({
    data: {
        notes:[]
    },
    onLoad: function () {
        wx.cloud.init({
            env:'cloud1-4ghg65i9b5531b77'
        });
         // 获取云数据库引用
         const db = wx.cloud.database({
            env:'cloud1-4ghg65i9b5531b77'
        });
        // 获取 notes 集合的引用
        this.data.notesCollection = db.collection('notes');
    },
    onShow: function () {
        this.data.notesCollection.get({ // 从云数据库中读取数据
            success:res=>{
                let dataArray = [];
                let oriData = res.data;
                oriData.forEach(element => {
                    dataArray.push({
                        id:element.date,
                        date:new Date(parseInt(element.date)).toLocaleString(),
                        title:element.title,
                        content:element.content
                    });
                });
                this.setData({
                    notes:dataArray
                });
            }
        })
    },
    tapItem:function(e){
        let index = e.currentTarget.dataset.index;
        wx.navigateTo({
          url: './newNote?title='+this.data.notes[index].title+'&content=
          '+this.data.notes[index].content+"&id="+this.data.notes[index].id,
        })
    }
})
```

现在已经将移动记事本应用做了云开发改造，相比之前，其数据不再完全依赖本地存储，可用性更强。

11.6　小结与练习

11.6.1　小结

本章介绍了微信小程序开发中的云开发技术，主要包括三个方面，即云数据库、云存储和云函数。掌握了这些技能，已经可以担负起一个小程序全栈开发者的职责，能够独立完整地开发一款商业应用的小程序，包括服务端与客户端。

后面，将通过一些实战项目来对已经学习过的知识进行复习与巩固，通过这些项目的练习，能够帮助读者更加游刃有余地应用所学的技能。

11.6.2　练习

1. 云数据库的应用场景有哪些？

温馨提示：在项目开发中，数据库几乎是必备的一种技术，只是大多数时候，前端都是通过后端服务接口来操作数据库的，用户信息的存储、用户生产的内容的存储等都需要使用到数据库技术。在小程序开发中，云开发提供了云数据库功能，降低了数据库的使用门槛，开发者无须关心数据库的部署与配置，只需要根据自己的业务需求来对数据进行增删改查操作即可，且云数据库提供了权限管理与容灾备份功能，非常方便。

2. 云函数是通过怎样一种机制运行的？

温馨提示：云函数是运行在云端的方法，一个云函数在处理并发请求时会创建多个执行实例，每个实例间互相隔离，不公用内存或硬盘空间。云函数的创建、管理、销毁等都是由平台自动管理的。在云函数中，可以无缝地使用云数据库与云存储功能。

第 12 章

项目实战：天气预报小程序的开发

本章内容：

- 数据准备
- 城市选择模块开发
- 当日天气模块开发
- 最近 7 天天气模块开发
- 生活指数模块开发

本章将完整地开发一款实用的工具类小程序——天气预报。小程序的使用依托于微信本身，无须额外下载和安装软件包，非常适合制作日常工具类的应用。本章要完成的天气预报实战项目，无须过多复杂的页面，设计上应该倾向于让用户最快捷方便地掌握其所需要查询地方的天气信息。

要完成此天气预报小程序，需要借助于一个第三方的天气预报服务接口，在第 9 章中，介绍过如何使用互联网上第三方提供的功能接口，当时使用过一个天气预报接口做测试，本章继续使用此接口。除此之外，要使此实战项目尽量完整可用，需要提供一个城市选择列表来让用户选择要查看天气情况的程序，可以通过云存储和云函数来实现这个功能。

现在，动起手来，一起来完成这个实用的生活工具应用吧。

12.1 数据准备

天气预报应用本身比较简单，综合看来小程序端只需要两部分数据即可完成此项目。一部分是对应城市的天气数据，一部分是国内城市列表数据。对应城市的天气数据可以通过万维易源网站提供的天气预报接口拿到，国内城市列表数据需要使用云开发技术来自主开发。

12.1.1　天气预报数据

如何使用万维易源网站提供的 API 接口在第 9 章中有了非常详细的介绍，这里不再赘述。新建一个小程序项目，需要注意在创建时勾选上使用云开发。

创建完成后，默认的云开发模板工程会包含很多冗余的文件，简单整理一下目录结构，将不需要的文件删除，整理后的目录结构如图 12-1 所示。

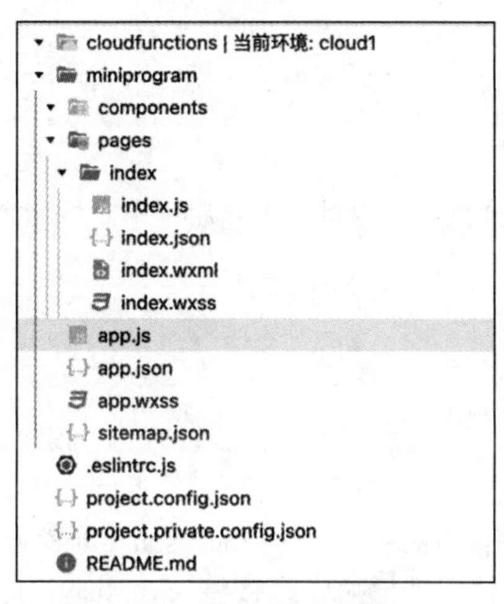

图 12-1　整理后的目录结构

同样，将 index.js 和 app.js 等相关文件中的冗余代码删掉，只留下一个最基础的壳工程。在工程的 miniprogram 文件夹下新建一个名为 utils 的文件夹，用来存放工具模块文件。在 utils 文件夹下新建一个名为 network.js 的文件，编写代码如下：

```
const showapi_appid = "580xx";
const showapi_sign = "74b9fcd59b844b98b6427dxxxxxf4e2e9";
var network = {
    getWeatherData:function(area, callback) { // 请求天气数据
        let req = wx.request({
          url: 'https://route.showapi.com/9-2', // 接口 URL
          data: {  // 参数
            area:area,
            needIndex:1,
            needMoreDay:1,
            needAlarm:1,
            needHourData:1,
            showapi_appid:showapi_appid,
            showapi_sign:showapi_sign,
            showapi_timestamp: Date.now()
          },
          method:'GET', // 请求方法设置为 GET
          success:(res)=>{
            callback(res, null);
```

```
        },
        fail:(res)=>{
          callback(null, res);
        }
      });
    }
}
exports.network = network;
```

其中，showapi_appid 和 showapi_sign 需要替换成在万维易源网站所申请到的值。

为了验证编写的网络工具能否正常地将天气数据请求到，可以在 index.js 中添加一个测试按钮，实现如下测试方法：

```
let networkModule = require('../../utils/network.js')
networkModule.network.getWeatherData('上海',(res, error)=>{
    console.log(res, error);
})
```

如果请求没有成功，需要检查当前项目是否开启了不对域名合法性进行校验的功能，如果没有开启，将其开启即可。

12.1.2　城市列表数据

国内的城市数量和名称基本上是固定的，可以通过一个 JSON 文件来存储国内省市信息，之后将其上传到云存储中，在云函数中读取并解析，最终返回结构化的数据到客户端。此整理好的 JSON 文件在本书的配套资料中有提供——名为 cities.json，读者可以直接拿来使用。

打开云开发控制台，在存储管理模块中直接将 cities.json 文件上传到云存储中。在工程的 cloudfunctions 文件夹下新建两个云函数 getProvince 和 getCities，分别用来获取所有一级地区的数据与获取二级地区的数据。getProvince 云函数的 index.js 文件代码如下：

```
// 云函数入口文件
const cloud = require('wx-server-sdk')
cloud.init()
// 云函数入口函数
exports.main = async (event, context) => {
    // 从云文件读取城市数据
    const fileID = 'cloud://cloud1-4ghg65i9b5531b77.636c-cloud1-
      4ghg65i9b5531b77-1308596385/cities.json'
    const res = await cloud.downloadFile({
        fileID: fileID,
    })
    const buffer = res.fileContent;
    const jsonString = buffer.toString('utf8');
    // 读取所有一级地区
    const json = JSON.parse(jsonString);
    let result = [];
    json.forEach(item=>{
        result.push(item.provinceName);
    });
    return {
        result:result
    }
```

```
}
```

getCities 云函数的 index.js 文件代码如下：

```
// 云函数入口文件
const cloud = require('wx-server-sdk')
cloud.init()
// 云函数入口函数
exports.main = async (event, context) => {
   const province = event.province;
   console.log(event);
   const fileID = 'cloud://cloud1-4ghg65i9b5531b77.636c-cloud1-
     4ghg65i9b5531b77-1308596385/cities.json'
   const res = await cloud.downloadFile({
      fileID: fileID,
   })
   const buffer = res.fileContent;
   const jsonString = buffer.toString('utf8');
    // 读取所有一级地区
    const json = JSON.parse(jsonString);
    let result = [];
    json.forEach(item=>{
       if (item.provinceName == province) {
          result.push(...item.city);
       }
       console.log(result);
    });
    return {
       result:result
    }
}
```

之后可以尝试在小程序端调用这两个云函数，只要能够正确地返回数据，数据准备工作就完成了。

12.2　城市选择模块开发

开发城市选择模块，需要完成两个页面，用来进行一级地区和二级地区的选择，在代码层面，可以复用同一个页面来实现。同时，当用户选择了某个城市后，程序应该记录下来，之后默认都提供此城市的天气信息。

在工程的 pages 文件夹下新建一组名为 selectCity 的页面文件，首先在 selectCity.wxml 中编写如下框架代码：

```
<!--pages/selectCity/selectCity.wxml-->
<view class="list">
   <block wx:if="{{type == '1'}}">
      <view  class="item" wx:for="{{provinceData}}" bindtap="tapEvent" data-
       index="{{index}}">
         <text>{{item}}</text><text class="icon">></text>
         <view class="line"></view>
```

```
        </view>
    </block>
    <block wx:if="{{type == '2'}}">
        <view  class="item" wx:for="{{cityData}}" bindtap="tapEvent" data-
        index="{{index}}">
            <text>{{item.cityName}}</text>
            <view class="line"></view>
        </view>
    </block>
</view>
```

上述代码中，使用条件渲染的方式来分别渲染一级地区列表和二级地区列表，具体的列表采用循环渲染来实现。其中，type 属性用来标记当前页面是一级选择页面还是二级选择页面。

对应的，在 selectCity.js 文件中编写核心的逻辑代码，如下所示：

```
// pages/selectCity/selectCity.js
Page({
    data: {
        // 1: 一级地区 2: 二级地区
        type:"1",
        provinceData:[],
        cityData:[]
    },
    onLoad: function (options) {
        this.setData({
            type:options.type ?? "1",
            province:options.province
        });
        if (options.province.length > 0) { // 设置导航栏标题
            wx.setNavigationBarTitle({
              title: options.province,
            })
        }
    },
    onReady:function() {
        if (this.data.type == "1") {
            this.getProvince();  // 获取一级地区数据
        } else {
            this.getCity(); // 获取二级地区数据
        }
    },
    // 获取一级地区数据
    getProvince:function() {
        wx.cloud.init();
        wx.showLoading({
          title: '加载中...',
        })
        wx.cloud.callFunction({
          name:'getProvince',
          success:res=>{
              wx.hideLoading({
                success: (res) => {},
              })
              this.setData({
```

```
                provinceData:res.result.result
            });
          }
        })
      },
      // 获取二级地区数据
      getCity:function() {
        wx.cloud.init();
        wx.showLoading({
            title: '加载中...',
          })
        wx.cloud.callFunction({
          name:'getCities',
          data:{province:this.data.province},
          success:res=>{
              wx.hideLoading({
                success: (res) => {},
              })
              console.log(res.result.result);
              this.setData({
                  cityData:res.result.result
              });
          }
        })
      },
      tapEvent:function(event) { // 点击地区跳转逻辑
          let index = Number(event.target.dataset.index);
          if (this.data.type == "1") {
            // 跳转二级选择
            wx.navigateTo({
              url: `./selectCity?type=2&province=
               ${this.data.provinceData[index]}`,
            })
          } else {
              // 刷新本地
              wx.setStorageSync('currentCity', this.data.cityData[index].
              cityName);
              wx.navigateBack({
                delta: 2,
              })
          }
      }
})
```

用户选择了具体的城市后，会将选择信息保存到本地缓存中去。下面再完善一下样式表即可，selectCity.wxss 中的代码如下：

```
/* pages/selectCity/selectCity.wxss */
.list {
    display: flex;
    flex-direction: column;
}
.item {
    height: 44px;
    line-height: 44px;
```

```
}
.item text {
    margin-left: 20px;
}
.line {
    width: 95%;
    background-color:#d1d1d1;
    height: 1px;
    margin-left: auto;
}
.icon {
    position: absolute;
    right: 30px;
    color: gray;
}
```

最后，需要改造一下 index 页面，来添加一个简单的程序选择入口，index.wxml 文件内容如下：

```
<!--index.wxml-->
<view class="container">
  <view class="header">
    <view class="location">
      <text class="currentCity">{{currentCity}}</text>
      <text class="selectBtn" bindtap="selectCityEvent">选择城市</text>
    </view>
  </view>
</view>
```

index.js 文件内容如下：

```
// index.js
let networkModule = require('../../utils/network.js')
Page({
  data:{
    currentCity:"北京市"
  },
  onShow:function() {
    // 从本地缓存读取城市选择信息
    let city = wx.getStorageSync('currentCity') ?? "北京市";
    this.setData({
      currentCity:city
    });
  },
  selectCityEvent:function() {
    wx.navigateTo({
      url: '../selectCity/selectCity?type=1',
    })
  }
});
```

index.wxss 文件内容如下：

```
/**index.wxss**/
.header {
  background-image: linear-gradient(to left bottom, #8b82f2,#4b3fa0);
```

```
  width: 100%;
  height: 800rpx;
}
.location {
  color: white;
  margin: 15px;
}
.selectBtn {
  font-size: 12px;
}
.currentCity {
  margin-right: 4px;
}
```

运行代码，首页效果如图 12-2 所示。

一级地区选择列表如图 12-3 所示。

二级地区选择列表如图 12-4 所示。

图 12-2　首页效果

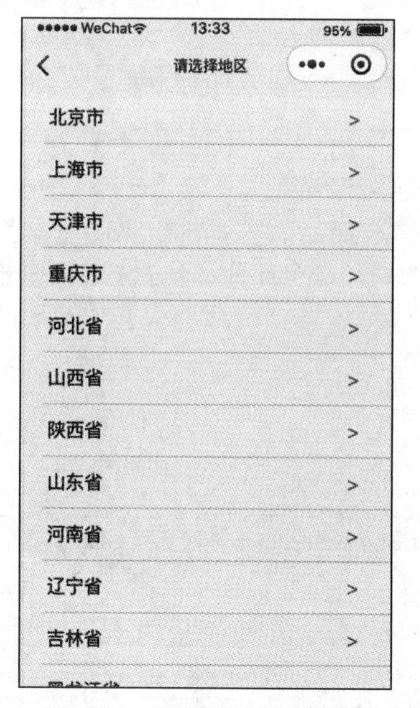

图 12-3　一级地区选择列表

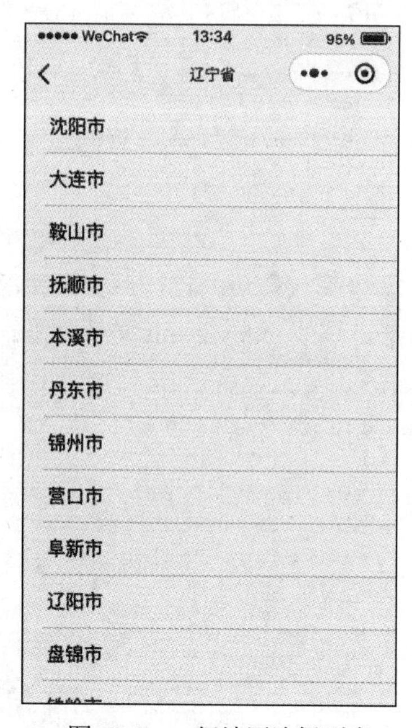

图 12-4　二级地区选择列表

12.3　当日天气模块开发

当日天气模块是此小程序的核心，其需要详细地展示所选择地区当前的天气情况，包括温度、湿度、风向风速、空气质量等数据。

此模块的核心在于布局的搭建，可以先将需要使用到的数据准备好，修改 index.js 文件中的代码如下，每当页面展示时，通过服务端 API 来请求天气数据：

```
// index.js
let networkModule = require('../../utils/network.js')
Page({
  data:{
    currentCity:"北京市",
    weatherData:{}
  },
  onShow:function() {
    let city = wx.getStorageSync('currentCity') ?? "北京市";
    this.setData({
      currentCity:city
    });
    this.refreshWeatherData();
  },
  refreshWeatherData:function() {
    networkModule.network.getWeatherData(this.data.currentCity,(res, error)=>{
      this.setData({
        weatherData:res.data.showapi_res_body
      });
    })
  },
  selectCityEvent:function() {
    wx.navigateTo({
      url: '../selectCity/selectCity?type=1',
    })
  }
});
```

对于当日天气模块的设计，大致按照上下两部分来布局，每个部分又分为左右两个模块，用来展示信息。修改 index.wxml 文件如下：

```
<!--index.wxml-->
<view class="container">
  <view class="header">
    <view class="location">
      <text class="currentCity">{{currentCity}}</text>
      <text class="selectBtn" bindtap="selectCityEvent">选择城市</text>
    </view>
    <view class="now_top">
      <view class="now_left">
        <text class="now_temperature">{{weatherData.now.temperature ?
          weatherData.now.temperature : "~"}}℃</text>
      </view>
      <view class="now_right">
        <view class="new_right_item">{{weatherData.now.weather}}<image class=
         "new_right_item_icon" src="{{weatherData.now.weather_pic}}"></image>
         </view>
        <view class="new_right_item">空气湿度：{{weatherData.now.sd}}</view>
        <view class="new_right_item">空气指数：{{weatherData.now.aqi}}</view>
        <view class="new_right_item">{{weatherData.now.wind_direction}}
         {{weatherData.now.wind_power}}</view>
```

```
          <view class="new_right_item">降水量：{{weatherData.now.rain}}mm</view>
        </view>
      </view>
      <view class="now_bottom">
        <view class="now_left">
          <view class="now_bottom_item">空气质量：{{weatherData.now.aqiDetail.
            quality}}/view>
          <view class="now_bottom_item">一氧化碳均值：{{weatherData.now.aqiDetail.
            co}}mg/m³</view>
          <view class="now_bottom_item">二氧化氮均值：{{weatherData.now.aqiDetail.
            no2}}μg/m³</view>
          <view class="now_bottom_item">臭氧均值：{{weatherData.now.aqiDetail.
            o3}}μg/m³</view>
          <view class="now_bottom_item">二氧化硫均值：{{weatherData.now.aqiDetail.
            so2}}μg/m³</view>
        </view>
        <view class="now_right">
          <view class="now_bottom_item">PM10：{{weatherData.now.aqiDetail.
            pm10}}</view>
          <view class="now_bottom_item">PM2.5：{{weatherData.now.aqiDetail.
            pm2_5}}</view>
          <view class="now_bottom_item">污染：{{weatherData.now.aqiDetail.
            primary_pollutant}}</view>
          <view class="now_bottom_item">城市排名：{{weatherData.now.aqiDetail.
            num}}</view>
        </view>
      </view>
      <view class="now_time">数据更新时间：{{weatherData.now.temperature_time}}
        </view>
    </view>
  </view>
```

运行代码，可以看到页面中已经展示出了部分天气数据，但是布局依然是杂乱的，样式表代码可参考附件中对应项目的 index.wxss 文件。

运行代码，效果如图 12-5 所示。

本节只是提供了一种布局设计思路，读者完全可以根据自己的喜欢来进行页面的设计。

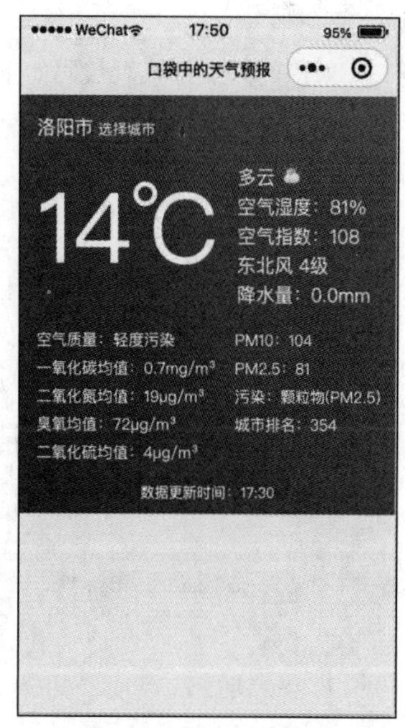

图 12-5　当日天气模块

12.4　最近 7 天天气模块开发

最近 7 天天气模块用来查看最近一周的天气情况，可以将其做成一个列表，将列表项封装为自定义组件。

从三方服务请求到的天气数据包含未来一周的天气情况数据，为了便于使用，可以将其组装成列表。在 index.js 文件中的 data 字段中添加一个 daysData 属性，如下所示：

```
data:{
  currentCity:"北京市",
  weatherData:{},
  daysData:[]
}
```

请求到天气数据后，我们手动来组装此 daysData 数据，如下所示：

```
refreshWeatherData:function() {  // 获取天气数据，进行组装
  networkModule.network.getWeatherData(this.data.currentCity,(res, error)=>{
    let daysData = [];
    daysData.push(res.data.showapi_res_body.f1);
    daysData.push(res.data.showapi_res_body.f2);
    daysData.push(res.data.showapi_res_body.f3);
    daysData.push(res.data.showapi_res_body.f4);
    daysData.push(res.data.showapi_res_body.f5);
    daysData.push(res.data.showapi_res_body.f6);
    daysData.push(res.data.showapi_res_body.f7);
    this.setData({
      weatherData:res.data.showapi_res_body,
      daysData:daysData
    });
  })
}
```

在 index.wxml 文件中添加一周天气列表的框架，需要注意添加到当前布局的末尾：

```
<view class="days">
  <view class="block-header">未来 7 天预报</view>
  <view  wx:for="{{daysData}}">
    <days-item itemData="{{item}}"></days-item>
  </view>
</view>
```

对应的添加样式表代码如下：

```
.days {
  width: 100%;
}
.block-header {
  font-weight: bold;
  margin-left: 15px;
  margin-top: 10px;
  margin-bottom: 10px;
}
```

需要注意，上述代码中使用的 days-item 组件是一个自定义组件，现在 index.json 中添加引用如下：

```
{
  "usingComponents": {
    "days-item":"../../components/daysItem"
  }
}
```

下面就来编写 daysItem 自定义组件。

在工程的 components 文件夹下新建一组名为 daysItem 的自定义组件文件，在 daysItem.wxml 文件中编写如下框架代码：

```
<!--components/daysItem.wxml-->
<view>
   <view class="date">星期{{itemData.weekday}}</view>
   <view class="line"></view>
   <view class="items">
      <view class="item">
         <view class="title">白天</view>
         <view class="content">{{itemData.day_weather}}<image style="width:
         20px; height: 20px; margin-left: 5px;" src=
         "{{itemData.day_weather_pic}}"></image></view>
         <view class="content">{{itemData.day_air_temperature}}℃</view>
      </view>
      <view class="item">
         <view class="title">夜间</view>
         <view class="content">{{itemData.night_weather}}<image style="width:
         20px; height: 20px; margin-left: 5px;" src=
         "{{itemData.night_weather_pic}}"></image></view>
         <view class="content">{{itemData.night_air_temperature}}℃</view>
      </view>
      <view class="item">
         <view class="title">气象</view>
         <view class="content">{{itemData.air_press}}</view>
         <view class="content">{{itemData.jiangshui}}降水</view>
      </view>
      <view class="item">
         <view class="title">风况</view>
         <view class="content">{{itemData.day_wind_direction}}</view>
         <view
class="content">{{itemData.day_wind_power}}</view>
      </view>
   </view>
   <view class="line"></view>
</view>
```

组件内部分成 4 个模块，分别用来展示白天天气、夜间天气、气象情况和风况数据。对应的样式表代码这里不再赘述，可以参考附件中 components 文件夹下的 daysItem.wxss 文件。

最后，不要忘了在 daysitem.js 文件中声明外部属性，用来接收父组件传递的天气数据，如下所示：

```
// components/daysItem.js
Component({
   properties: {
      itemData:{}
   }
})
```

运行代码，这部分的效果如图 12-6 所示。

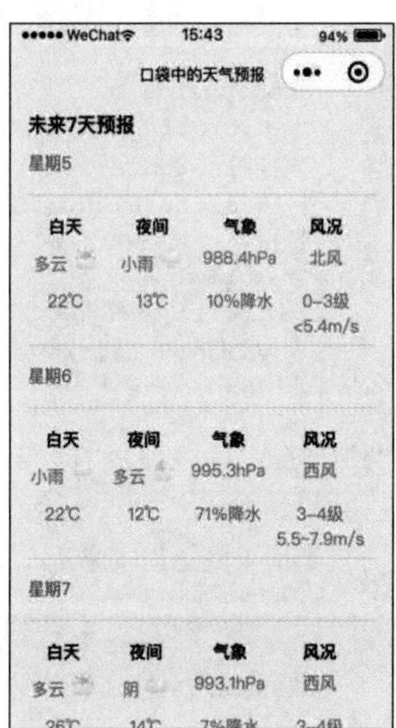

图 12-6　一周天气模块

12.5 生活指数模块开发

生活指数对用户来说是非常常用的一个功能，其可以根据当日天气情况来提供一些实用建议，API接口返回的生活指数数据非常丰富，这里只选择几个常用的指数进行展示。在index.js文件的data选项中新增一个指数数据列表，如下所示：

```
data:{
  currentCity:"北京市",
  weatherData:{},
  daysData:[],
  indexData:[]
}
```

封装一个方法来整合指数数据，如下所示：

```
makeIndexData:function(data) {
  let res = [];
  res.push({
    title:'化妆指数',
    value:data.beauty.title,
    desc:data.beauty.desc
  });
  res.push({
    title:'穿衣指数',
    value:data.clothes.title,
    desc:data.clothes.desc
  });
  res.push({
    title:'运动指数',
    value:data.sports.title,
    desc:data.sports.desc
  });
  res.push({
    title:'旅游指数',
    value:data.travel.title,
    desc:data.travel.desc
  });
  return res;
}
```

当请求到API数据后，通过如下方式调用此方法来整合数据即可：

```
let indexData = this.makeIndexData(res.data.showapi_res_body.f1.index);
```

在index.wxml文件中添加指数模块的布局代码，如下所示：

```
<view class="index">
  <view class="block-header">生活指数</view>
  <view wx:for="{{indexData}}">
    <view class="line"></view>
```

```
    <view class="index-title">「{{item.title}}」</view>
    <view class="index-value">等级：{{item.value}}</view>
    <view class="index-desc">建议：{{item.desc}}</view>
  </view>
</view>
```

对应在 index.wxss 中定义相关的样式代码如下：

```
.index-title {
  font-weight: bold;
  margin-left: 15px;
  font-size: 14px;
}
.index-value {
  font-size: 13px;
  margin-left: 15px;
  margin-top: 10px;
}
.index-desc {
  font-size: 13px;
  margin-left: 15px;
  margin-top: 10px;
  color: gray;
}
.line {
  background-color: #e1e1e1;
  margin: 15px;
  height: 0.5px;
}
.index {
  width: 100%;
  margin-bottom: 20px;
}
```

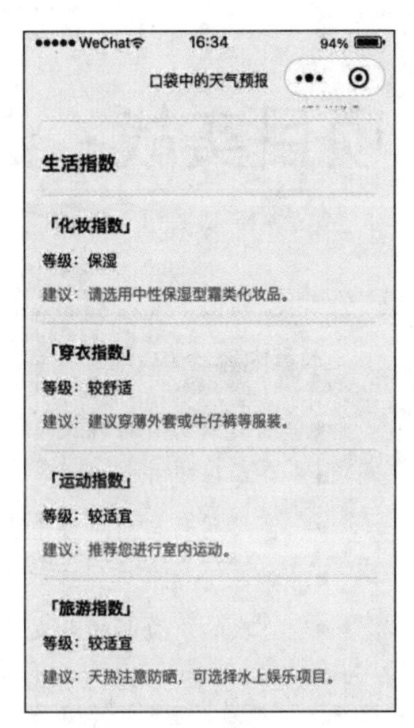

图 12-7　生活指数功能模块

运行代码，效果如图 12-7 所示。

到此，已经将天气预报小程序完整地开发完成了。回顾一下此项目的开发过程，除了使用到了网络技术、云开发技术和本地存储技术外，大部分工作都是进行页面布局的开发，其实布局页面也是小程序前端开发的主要工作，前端应用的核心其实就是将数据按照一定的格式呈现给用户，同样的数据不同的展示和交互方式，对用户来说是有很大的体验差别的，有兴趣的话，读者也可以尝试丰富此应用，按照自己的想法设计新的展现与交互方式。

第 13 章

项目实战：迷你商城小程序的开发

本章内容：

- 电商应用首页开发
- 分类模块开发
- 商品列表与商品详情页
- 加入购物车与创建订单功能开发
- “我的”页面的开发

市场上电商类的小程序非常丰富，除了知名电商公司提供小程序应用外，各种社区团购、积分商城等也大多会选择小程序来支持其业务运营。本章，将开发一款功能完整的电商小程序应用，包括前端页面展示与云开发后端服务。

通过本章的项目练习，读者将会对小程序的开发套路驾轻就熟，独立开发商业级的应用将不再是难事。

在本实战项目的开发过程中，所使用的技术大部分都是前面章节所介绍过的，对于未涉及的知识盲区也会在用到时进行介绍，相信，读者只要根据书中提供的示例代码一步步地进行实操，最终一定可以完成此项目。

13.1 电商应用首页开发

首页通常用来展示推荐商品，本示例项目可以仿照一些知名的电商小程序的页面设计进行开发，首页主要包括商品分类栏、商品搜索、商品列表功能。商品分类栏、搜索和商品列表的数据提供都可以使用云开发实现服务接口，具体的渲染数据可以通过向数据库中添加示例数据来测试。

13.1.1　使用 IconFont 文字图标

项目中会使用到各种各样的图标，一种方式是使用图片资源，另一种方式是使用文字图标。使用文字图标要比使用图片资源有更大的优势，首先图标的大小更易于控制，资源占用的空间更小，且可以像文本一样灵活地设置图标的颜色。

为了方便学习使用，可以直接使用 IconFont 官网提供的开发图标库，地址为 https://www.iconfont.cn/。

在素材库中，有很多为电商应用而设计的图标，可以选择一套开源免费的来学习使用。

首先将自己所要使用的图标添加到购物车中，然后将购物车中的图标添加到自己的项目，如图 13-1 所示。

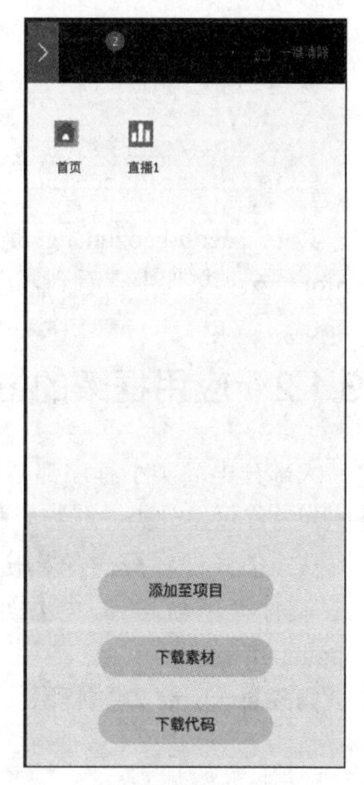

图 13-1　添加购物车中的图标到项目

在对应的项目中选择 Font class 选项，如果从没生成过代码，首次使用需要先生成代码，如图 13-2 所示。

生成代码后，会得到一个网页版的 css 文件，新建一个名为 MiniShop 的小程序工程，将冗余的文件删掉，在 miniprogram 文件夹下新建一个名为 utils 的文件夹，在其中新建一个名为 iconFont 的文件夹，在 iconFont 文件夹下新建一个名为 iconFont.wxss 的文件，将刚才生成的网页 css 文件中的内容直接全部拷贝到此文件中即可。

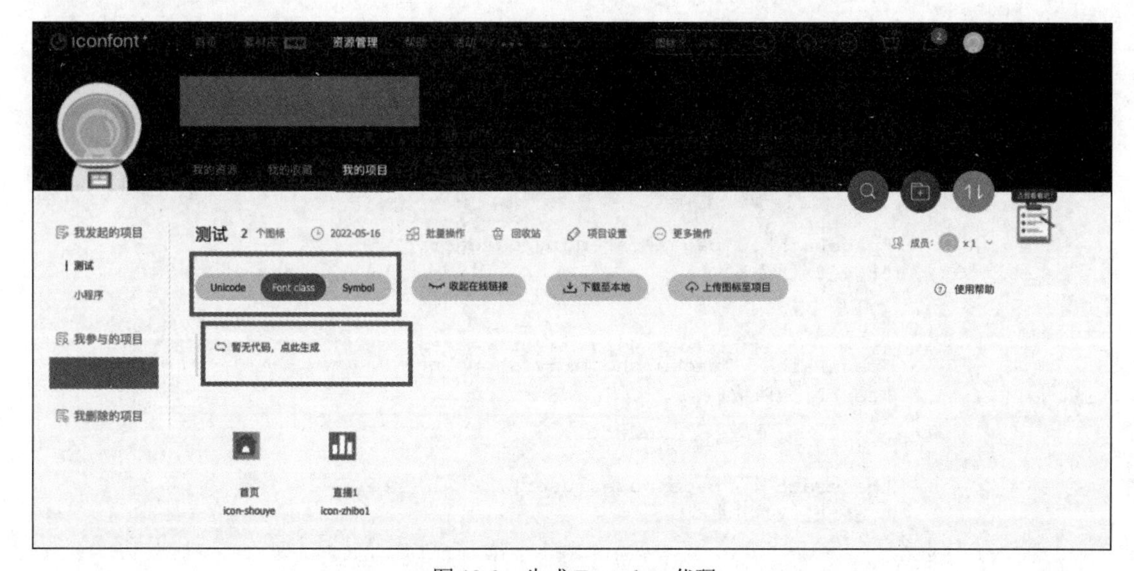

图 13-2　生成 Font class 代码

下面，就可以在项目中使用所添加的图标了，在全局文件 app.wxss 中添加 iconFont.wxss 文件的引用，如下所示：

```
/**app.wxss**/
@import './utils/iconFont/iconfont.wxss';
```

之后，可以测试一下，在 index.wxml 文件中编写如下代码：

```
<!--pages/index/index.wxml-->
<text class="iconfont icon-baozhuang"></text>
```

其中，icon-baozhuang 是对应图标的名称，可以在 IconFont 官网上查看到，也可以在 iconfont.wxss 文件中查看到，此时运行代码，可以看到页面上已经展示出了一个文字图标。

13.1.2 应用框架的搭建

大部分电商类小程序都会采用底部多标签栏的方式作为整体页面结构，以此项目为例，应用整体分为首页、分类、购物车和我的共 4 个模块。

这里的底部标签栏将采用自定义 TabBar 的方式实现。首先将项目的主体框架搭建起来，在 page 文件夹下新建 4 个页面，分别对应 4 个模块的主页，并分别命名为 index、category、shopping 和 user。

修改 app.json 文件如下：

```
{
    "pages": [
        "pages/index/index",
        "pages/category/category",
        "pages/shopping/shopping",
        "pages/user/user"
    ],
    "tabBar": {
        "custom": true,
        "list": [
            {
                "pagePath": "pages/index/index",
                "text": "首页"
            },
            {
                "pagePath": "pages/category/category",
                "text": "分类"
            },
            {
                "pagePath": "pages/shopping/shopping",
                "text": "购物车"
            },
            {
                "pagePath": "pages/user/user",
                "text": "用户中心"
            }
        ]
    },
    "window": {
        "backgroundColor": "#F6F6F6",
        "backgroundTextStyle": "light",
        "navigationBarBackgroundColor": "#F6F6F6",
```

```
        "navigationBarTitleText": "迷你商城",
        "navigationBarTextStyle": "black"
    },
    "sitemapLocation": "sitemap.json",
    "style": "v2"
}
```

在本项目中，将进行 TabBar 的自定义，之前的章节尚未详细地介绍如何自定义 TabBar。首先，在 app.json 文件中需要添加 tabBar 选项，将其中的 custom 属性设置为 true，需要注意，虽然我们将自定义 TabBar，但 list 属性依然需要正确地配置。之后，在工程的 miniprogram 文件夹下新建一个名为 custom-tab-bar 的文件夹，在其中新建一组名为 index 的组件文件，此组件文件将自动被渲染到原系统标签栏的位置。在 custom-tab-bar/index.wxml 文件下编写布局代码如下：

```
<!--custom-tab-bar/index.wxml-->
<view class="tab">
    <view class="item" bindtap="switchPage" data-index="0">
        <text class="iconfont icon-shouye icon {{selectedIndex == 0 ?
        'selected' : ''}}"></text>
        <text class="title {{selectedIndex == 0 ? 'selected' : ''}}">首页</text>
    </view>
    <view class="item" bindtap="switchPage" data-index="1">
        <text class="iconfont icon-caipu icon {{selectedIndex == 1 ? 'selected' :
        ''}}"></text>
        <text class="title {{selectedIndex == 1 ? 'selected' : ''}}">分类</text>
    </view>
    <view class="item" bindtap="switchPage" data-index="2">
        <text class="iconfont icon-tuangou icon {{selectedIndex == 2 ?
        'selected' : ''}}"></text>
        <text class="title {{selectedIndex == 2 ? 'selected' : ''}}">购物车
        </text>
    </view>
    <view class="item" bindtap="switchPage" data-index="3">
        <text class="iconfont icon-gerenzhongxin icon {{selectedIndex == 3 ?
         'selected' : ''}}"></text>
        <text class="title {{selectedIndex == 3 ? 'selected' : ''}}">我的</text>
    </view>
</view>
```

对应地，在 custom-tab-bar/index.wxss 文件中编写对应的样式表代码如下：

```
/* custom-tab-bar/index.wxss */
@import '../utils/iconFont/iconfont.wxss';
.tab {
    height: 49px;
    width: 100%;
    background-color: white;
    border-top: solid 1px #b5afb2;
    display: flex;
    flex-direction: row;
    justify-content: space-around;
}
.item {
    height: 100%;
    width: 25%;
```

```
    text-align: center;
    padding-top: 5px;
    display: flex;
    flex-direction: column;
}
.icon {
    font-size: 20px;
    color: gray;
}
.title {
    margin-top: 2px;
    font-size: 10px;
    color: gray;
}
.selected {
    color: #d63329;
}
```

这里使用了 IconFont 来渲染 TabBar 上面的图标。编写 custom-tab-bar/index.js 文件的代码如下：

```
// custom-tab-bar/index.js
Component({
    data: {
        selectedIndex:0,  // 当前选中的标签
        pageList:[  // 标签栏对应的页面列表
            '/pages/index/index',
            '/pages/category/category',
            '/pages/shopping/shopping',
            '/pages/user/user'
        ]
    },
    methods: {
        switchPage:function(event) { // 标签切换时同步进行绑定的页面切换
            let index = Number(event.currentTarget.dataset.index);
            wx.switchTab({
                url: this.data.pageList[index],
            })
        }
    }
})
```

上述代码中，当点击 TabBar 上的某个标签时，使用 wx.switchTab 进行页面的切换，需要注意，这里的路径为绝对路径，即以/page 开头。

现在，运行代码，点击底部的 4 个标签，可以看到对应的页面也进行了切换，但是标签的选中态尚未处理，这个需要在各个页面的生命周期方法中进行处理。

修改 pages 文件夹下的 index.js 文件如下：

```
// pages/index/index.js
Page({
    onShow: function () {
        this.getTabBar().setData({selectedIndex:0});
    }
})
```

category.js 中代码如下：

```
// pages/category/category.js
Page({
    onShow: function () {
        this.getTabBar().setData({selectedIndex:1});
    }
})
```

shopping.js 中代码如下：

```
// pages/shopping/shopping.js
Page({
    onShow: function () {
        this.getTabBar().setData({selectedIndex:2});
    }
})
```

user.js 中代码如下：

```
// pages/user/user.js
Page({
    onShow: function () {
        this.getTabBar().setData({selectedIndex:3});
    }
})
```

getTabBar 方法可以获取到全局的自定义 TabBar 实例，当页面展示时，对应地修改标签的选中状态。运行代码，效果如图 13-3 所示。

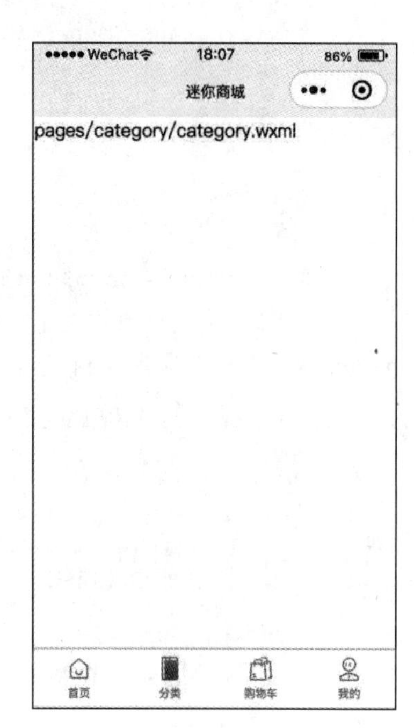

图 13-3　自定义 TabBar 效果

13.1.3　首页头部模块的开发

首页头部模块主要包括搜索栏与热门分类栏，不同的热门分类对应不同的推荐商品列表。本例中的搜索栏和热门分类栏，我们都将其编写成自定义组件，以方便扩展和复用。

在工程的 components 文件夹下新建两个自定义组件：search-bar 和 top-tab-bar，目录结构如图 13-4 所示。

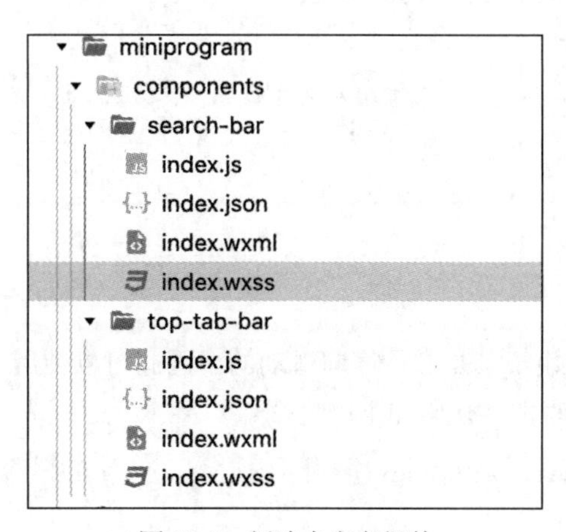

图 13-4　新建自定义组件

先来实现 search-bar 组件，在 search-bar/index.wxml 文件中编写如下代码：

```
<!--components/search-bar/index.wxml-->
<view class="header">
    <view class="title"><text>{{title}}</text></view>
    <view class="searchBar">
        <text class="iconfont icon-sousuo icon"></text>
        <input class="input" placeholder="{{placeholder}}" bindinput="input"
value="{{value}}"></input>
        <view class="searchBtn" bindtap="btnTap">搜索</view>
    </view>
</view>
```

在对应的 search-bar/index.wxss 中编写样式，具体可参考附件中的对应文件。

上面的模板代码中预留了一些外部设置的属性，如标题、搜索框的提示文案等，在 search-bar/index.js 文件中实现逻辑代码如下：

```
// components/search-bar/index.js
Component({
    properties: {
        title:{
            type:String,
            value:"标题"
        },
        placeholder:{
            type:String,
            value:"请输入..."
        }
    },
    data: {
        value:""
    },
    methods: {
        btnTap:function() { // 点击搜索按钮后执行的方法
            this.triggerEvent('searchBtnTap', this.data.value);
        },
        input:function(event) { // 输入框内容变化时同步更新数据
            this.setData({
                value:event.detail.value
            });
        },
        clear:function() { // 清空输入框内容
            this.setData({
                value:""
            });
        }
    }
})
```

对于 top-tab-bar 组件，由于其是支持横向滑动的，因此可以使用 scroll-view 来实现。在 top-tab-bar/index.wxml 文件中编写框架代码如下：

```
<!--components/top-tab-bar/index.wxml-->
<view>
    <scroll-view scroll-x="{{true}}" class="scroll" scroll-into-view=
```

```
    "{{anchorID}}"scroll-with-animation="{{true}}">
        <view wx:for="{{items}}"
        wx:key="index"
        id="{{'id' + index}}"
        class="item {{currentSelected == index? 'selected': ''}}"
        bindtap="tapItem"
        data-index="{{index}}">{{item.title}}</view>
    </scroll-view>
</view>
```

其中，anchorID 用来自动将选中的标签定位到首部，组件会根据外部传入的数据循环渲染标签。在 top-tab-bar/index.wxss 中实现样式代码如下：

```
/* components/top-tab-bar/index.wxss */
.scroll {
    height: 40px;
    width: 100%;
    white-space: nowrap;
    padding-left: 10px;

}
.item {
    display: inline-block;
    height: 40px;
    line-height: 40px;
    text-align: center;
    margin-right: 20px;
    color:#e1e1e1;
    font-size: 15px;
}
.selected {
    font-weight: bold;
    color:white;
}
```

在 top-tab-bar/index.js 文件中添加逻辑代码如下：

```
// components/top-tab-bar/index.js
Component({
    properties: {
        items:{ // 栏目数据
            type:Array,
            value:[{title:"栏目 1"},{title:"栏目 2"},{title:"栏目 3"},{title:"栏目
             4"},{title:"栏目 5"},{title:"栏目 6"},{title:"栏目 7"},{title:"栏目 8"},
             {title:"栏目 9"},{title:"栏目 10"},{title:"栏目 11"},{title:"栏目 12"}]
        },
        selected:{ // 记录当前选中的栏目
            type:Number,
            value:0
        }
    },
    lifetimes:{
        ready:function() {
            this.setData({
                currentSelected:this.data.selected,
```

```
                anchorID:'id' + this.data.selected
            });
        }
    },
    /**
     * 组件的初始数据
     */
    data: {
        currentSelected:0,
        anchorID:'id0'
    },
    methods: {
        tapItem:function(event) { // 点击栏目后的回调
            let index = Number(event.currentTarget.dataset.index);
            this.setData({
                currentSelected:index,
                anchorID:'id'+index
            });
            this.triggerEvent("changeSelected", {index:index,
            item:this.data.items[index]});
        }
    }
})
```

准备好了搜索栏和分类栏组件后，可以尝试在首页中来使用。分类栏的数据将从云数据库获取，在云开发控制台的云数据库模块中新建一个名为 shop_category 的数据集合，其中的数据结构如表 13-1 所示。

表 13-1　shop_category 数据集合的数据结构

属性	意义
cid	分类 id
title	分类名

创建好了数据集合后，可以手动在云开发控制台来添加一些数据，也可以使用云函数调用如下 Mock 代码来生产数据：

```
const cloud = require('wx-server-sdk')
cloud.init()
const db = cloud.database();
exports.main = async (event, context) => { // 生成模拟的栏目数据
    let collection = db.collection("shop_category");
    await collection.add({data:{cid:'0',title:'图书',}});
    await collection.add({data:{cid:'1',title:'家电',}});
    await collection.add({data:{cid:'2',title:'食品',}});
    await collection.add({data:{cid:'3',title:'上衣',}});
    await collection.add({data:{cid:'4',title:'裤子',}});
    await collection.add({data:{cid:'5',title:'童装',}});
    await collection.add({data:{cid:'6',title:'百货',}});
    await collection.add({data:{cid:'7',title:'电子',}});
    await collection.add({data:{cid:'8',title:'玩具',}});
    await collection.add({data:{cid:'9',title:'美妆',}});
    return;
```

```
}
```

有了数据后，即可以通过云函数来获取热门分类，在 cloudfunctions 文件夹下新建一个名为 hotCategory 的云函数，实现如下：

```
const cloud = require('wx-server-sdk')
cloud.init()
const db = cloud.database();
exports.main = async (event, context) => {
    let collection = db.collection("shop_category");
    let data = await collection.get();
    return data.data;
}
```

为了方便云函数的调用，可以将所有与服务端进行交互的方法放在同一个 JavaScript 文件中，在工程的 utils 文件夹下新建一个名为 server 的文件夹，在其中新建一个名为 server.js 的文件，编写代码如下：

```
wx.cloud.init();
var server = {
    getHotCategory:function(callback) {
        wx.cloud.callFunction({
            name:"hotCategory",
        }).then(res=>{
            callback(res.result);
        }).catch(error=>{
            wx.showToast({
              title: `获取热门分类失败`,
              icon:"none"
            })
            console.log(error);
        });
    }
}
exports.server = server;
```

现在，准备工作都已完成，可以进行首页代码的编写了。先将首页的导航栏隐藏，并引入相关的自定义组件，修改 index/index.json 代码如下：

```
{
  "usingComponents": {
    "search-bar":"../../components/search-bar/index",
    "top-tab-bar":"../../components/top-tab-bar/index"
  },
  "navigationStyle": "custom"
}
```

在 index/index.wxml 中编写框架代码如下：

```
<!--pages/index/index.wxml-->
<view class="container">
    <view class="header">
        <search-bar class="search-bar" title="口袋商城" placeholder="精选好物 打折优
        惠" bindsearchBtnTap="toSearch"></search-bar>
        <top-tab-bar bindchangeSelected="changeItem"
```

```
        items="{{categoryData}}"></top-tab-bar>
    </view>
    <view>
        商品列表待开发
    </view>
</view>
```

可以看到，由于将各个功能模块都封装成了组件，页面的布局代码显得非常简洁。对应地在 index/index.wxss 中添加样式表代码如下：

```
/* pages/index/index.wxss */
.header {
    width: 100%;
    height: 140px;
    background-image: linear-gradient(to bottom, #e53f41, #e65162ce);
    overflow: hidden;
}
```

在 index/index.js 中来获取服务端的数据，并将其渲染到对应的组件中，示例代码如下：

```
// pages/index/index.js
const server = require('../../utils/server/server').server;
Page({
    onShow: function () {
        this.getTabBar().setData({selectedIndex:0});
    },
    onLoad:function(){
        this.getCategroy();
    },
    data: {
        categoryData:[]
    },
    toSearch:function(event) {
        let key = event.detail;
        if (key.length == 0) {
            wx.showToast({
              title: '请输入搜索内容',
              icon:'none'
            });
            return;
        }
        console.log(`搜索-${event.detail}`);
        this.selectComponent('.search-bar').clear();
    },
    changeItem:function(event) {
        console.log(`切换分类-${event.detail.item.title}`);
    },
    getCategroy:function() {
        console.log(server);
        server.getHotCategory(res=>{
            this.setData({
                categoryData:res
            });
        });
```

```
    }
})
```

运行代码，最终的效果如图 13-5 所示。

图 13-5　首页头部模块效果图

13.1.4　商品列表的开发

商品列表页会在多个场景中使用到，比如首页的推荐商品列表、分类模块中某个分类的所有商品列表和搜索中的商品列表。因此可以将其封装成一个自定义组件。

在 components 文件夹下新建一个名为 goods-list 的文件夹，在其中新建一个自定义组件。在 goods-list/index.wxml 中编写框架代码如下：

```
<!--components/goods-list/index.wxml-->
<view class="container">
    <view class="row">
        <view wx:for="{{items}}" wx:key="index"
        class="item" bindtap="touchItem" data-
        index="{{index}}">
            <view class="content">
                <view class="cover">
                    <image class="img" src="{{item.img}}"></image>
                    <text class="tag">{{item.cname}}</text>
                </view>
                <view class="text">
                    <text class="name">{{item.name}}</text>
                    <text class="discount">{{item.discount}}折</text>
                </view>
                <view>
                    <text class="price">¥{{item.price}}</text>
                    <text class="saleCount">已售{{item.saleCount}}件</text>
                </view>
            </view>
        </view>
        <view class="empty" wx:if="{{items.length == 0}}">{{emptyText}}</view>
    </view>
</view>
```

商品列表主要分为两块内容，一块是有数据时的商品列表，一块是没有数据时的空视图。我们简单地将每个商品的结构定义为如表 13-2 所示。

表 13-2　商品的结构

属性	意义
name	商品名
img	商品图片
gid	商品 id
cid	分类 id
cname	分类名称

（续表）

属性	意义
Price	价格
discount	折扣
saleCount	已售数量

对于商品数据，可以在云数据库中新建一个名为 shop_product 的数据集合，按照上面的结构来添加一些数据，或在云函数中使用如下的 Mock 代码来添加：

```
const cloud = require('wx-server-sdk')
cloud.init()
const db = cloud.database();
exports.main = async (event, context) => {
    let collection = db.collection("shop_product");
    await collection.add({
        data:{name:"JS编程",img:"",gid:"01", cid:"0", cname:"图书",price:"56.0",
        discount:"8.8",saleCount:34}
    });
    await collection.add({
        data:{name:"Python编程",img:"",gid:"02", cid:"0", cname:"图书",price:
        "86.0",discount:"9.0",saleCount:1234}
    });
    await collection.add({
        data:{name:"iOS编程",img:"",gid:"03", cid:"0", cname:"图书",price:
        "59.0",discount:"9.0",saleCount:66}
    });
    await collection.add({
        data:{name:"ReactNative",img:"",gid:"04", cid:"0", cname:"图书",price:
        "35.0",discount:"6.0",saleCount:16}
    });
    await collection.add({
        data:{name:"小程序开发",img:"",gid:"05", cid:"0", cname:"图书",price:
        "35.0",discount:"5.5",saleCount:626}
    });
    await collection.add({
        data:{name:"Vue编程",img:"",gid:"06", cid:"0", cname:"图书",price:
        "67.0",discount:"7.0",saleCount:124}
    });

    return;
}
```

对于商品的图片，可以先将资源上传到云存储中，拿到云文件 ID 后在更新到数据库，这里不再赘述。回到商品列表本身的开发，对应的实现样式表代码可参考附件中的 components 文件夹下，goods-list 文件夹下的 index.wxss 文件。

商品列表主要用来展示商品预览信息，逻辑相对简单，在 goods-list/index.js 文件中编写如下逻辑代码：

```
// components/goods-list/index.js
Component({
    properties: {
```

```
        items:{
            type:Array,
            value:[]
        },
        emptyText:{
            type:String,
            value:"暂无数据"
        }
    },
    methods: {
        touchItem:function(event) {
            let index = Number(event.currentTarget.dataset.index);
            let item = this.data.items[index];
            this.triggerEvent("tapItem", {index:index, item:item});
        }
    }
})
```

之后，可以将商品列表组件应用到主页中，现在 index/index.json 中引用此组件：

```
"goods-list":"../../components/goods-list/index"
```

在 index/index.wxml 中添加商品列表模块：

```
<view class="list">
    <goods-list items="{{productList}}" bindtapItem="toProductDetail"
    emptyText="暂无商品上架"></goods-list>
</view>
```

需要注意，这部分代码需要放在头部元素之后。商品列表是分页进行加载的，可以向下滑动，但首页的头部通常是吸顶的，为了实现这种效果，需要将 index/index.wxss 中的类样式做简单的修改，如下所示：

```
.header {
    width: 100%;
    height: 140px;
    background-image: linear-gradient(to bottom, #e53f41, #e68465);
    overflow: hidden;
    position: fixed;
    z-index: 100;
}
.list {
    margin-top: 140px;
}
```

比较复杂的逻辑在于商品列表的获取，在 cloudfunctions 文件夹下新建一个命名为 getProduct 的云函数，实现如下：

```
const cloud = require('wx-server-sdk')
cloud.init()
const db = cloud.database();
exports.main = async (event, context) => {
    // 拿到参数
    let limit = event.limit;
    let offset = event.offset;
    let cid = event.cid;
```

```
    let collection = db.collection("shop_product");
    let data = await collection.where({
        cid:cid
    }).skip(offset).limit(limit).get();
    return data.data;
}
```

此云函数有 3 个参数，分别为 limit、offset 和 cid，其中 limit 和 offset 用来做分页加载，cid 用来指定要获取哪个分类下的商品。

在小程序端的 server.js 中添加一个获取商品列表的方法，如下所示：

```
getProductList:function(offset, limit,cid,callback) {
    wx.cloud.callFunction({ // 调用获取商品的云函数
        name:"getProduct",
        data:{
            offset:offset,
            limit:limit,
            cid:cid
        }
    }).then(res=>{
        callback(res.result);
    }).catch(error=>{
        wx.showToast({
          title: `获取商品列表失败`,
          icon:"none"
        })
        console.log(error);
    });;
}
```

现在，可以来完善 index/index.js 文件了，主要增加这样几个功能：

（1）能够根据选择的分类来拉取商品列表。
（2）商品列表支持分页加载。
（3）当服务端没有更多商品时，不能再加载更多。

先在页面对象的 data 选项中增加几个属性，如下所示：

```
data: {
    categoryData:[],
    productList:[],
    offset:0,
    limit:4,
    isEnd:false,
    currentCid:"0"
}
```

其中，productList 是当前要渲染的商品列表数据，offset 为当前的偏移量，和 limit 配合做分页逻辑，isEnd 用来标记当前分类的商品是否全部加载完了，currentCid 字段标记当前所选中的分类。

在 onLoad 方法中直接进行商品数据的获取：

```
onLoad:function(){
    this.getCategroy();
```

```
    this.getProductList();
}
```

实现 getProductList 方法如下：

```
getProductList:function() {
    server.getProductList(this.data.offset,this.data.limit, this.data.
    currentCid,res=>{
        let isEnd = false; // 标记数据是否全部加载完成
        console.log(res.length);
        if (res.length < this.data.limit) {
            isEnd = true;
        }
        this.setData({
            productList:this.data.productList.concat(res),
            offset:this.data.offset + res.length,
            isEnd:isEnd
        });
    });
}
```

当切换分类的时候，要对应地重新加载商品数据，修改 changeItem 方法如下：

```
changeItem:function(event) {
    console.log(`切换分类-${event.detail.item.title}-${event.detail.item.cid}`);
    this.setData({
        currentCid:event.detail.item.cid,
        offset:0,
        productList:[],
        isEnd:false
    });
    this.getProductList();
}
```

要支持上拉加载更多功能，需要实现页面的 onReachBottom 生命周期方法，如下所示：

```
onReachBottom:function() {
    console.log(this.data.isEnd);
    if (!this.data.isEnd) {
        this.getProductList();
    }
}
```

最后，可以先提供一个跳转商品详情的空实现方法，后续开发商品详情页的时候再完善：

```
toProductDetail:function(event) {
    console.log(`查看商品详情-${event.detail.item.name}`);
}
```

运行代码，有商品和无商品时的页面效果分别如图 13-6 和图 13-7 所示。

图 13-6 有商品时的首页效果

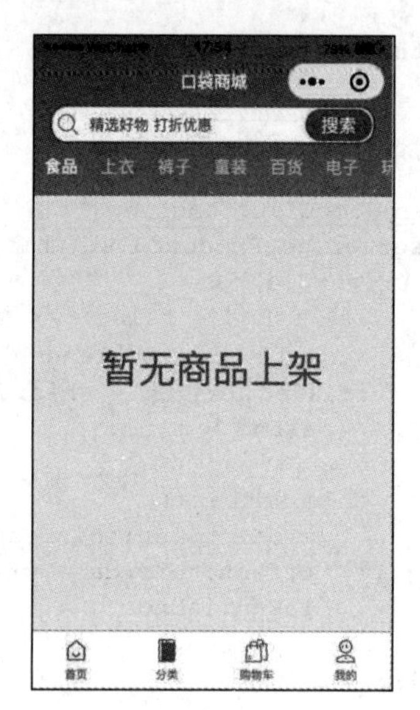

图 13-7 无商品时的首页效果

13.2 分类模块开发

和首页相比，分类模块要相对简单很多。

13.2.1 二级联动列表组件的开发

在 components 文件夹下新建一个名为 cate-table 的子文件夹，在其中新建一组自定义组件文件。cate-table 组件用来渲染二级联动的分类列表。

在 cate-table/index.wxml 文件中编写如下框架代码：

```
<!--components/cate-table/index.wxml-->
<view class="container">
    <view class="left">
        <view class="left-item {{selectedIndex == index ? 'selected' : ''}}"
         wx:for="{{items}}" wx:key="index" data-index="{{index}}"
         bindtap="tapLeftItem">
            <view class="tip" wx:if="{{selectedIndex == index }}"></view>
            <text>{{item.name}}</text>
        </view>
    </view>
    <view class="right">
        <view class="right-bg">
            <view class="right-title">{{items[selectedIndex].name}}</view>
            <view class="right-content">
                <view class="right-item" wx:for="{{items[selectedIndex].cates}}"
                 wx:key="index" data-index="{{index}}" bindtap="tapItem">
                    <view class="right-item-content">{{item.title}}</view>
                </view>
```

```
            </view>
        </view>
    </view>
</view>
```

组件整体结构上分为左右两部分，左边为一级列表，右边为二级列表。用于组件渲染的数据结构包含的属性如表 13-3 所示。

表 13-3　用于组件渲染的数据结构包含的属性

属性	意义
name	虚拟分类名称
cates	关联的真实分类对象

对应的 cate-table/index.wxss 文件中的样式表可参考附件中对应文件。

此组件的主要工作是布局与样式，其 cate-table/index.js 文件中的逻辑代码很简单，无非是提供数据与处理交互事件，示例代码如下：

```
// components/cate-table/index.js
Component({
    properties: {
        items:{type:Array, value:[]},
        index:{type:Number, value:0}
    },
    lifetimes:{
        attached:function() {
            this.setData({
                selectedIndex:this.data.index
            });
        }
    },
    data: {
        selectedIndex:0
    },
    methods: {
        tapLeftItem:function(event) {
            let index = Number(event.currentTarget.dataset.index);
            this.setData({
                selectedIndex:index
            });
            this.triggerEvent("tapLeftItem",{index:index, item:this.data.
            items[index]});
        },
        tapItem:function(event) {
            let index = Number(event.currentTarget.dataset.index);
            this.triggerEvent("tapItem",{item:this.data.items[this.data.
            selectedIndex].cates[index]});
        }
    }
})
```

13.2.2 分类数据服务开发

完成了分类列表组件的编写，需要新建一个云函数来提供分类数据。这里的一级分类数据实际上是虚拟分类，即可以根据运营的需要来灵活地更改虚拟分类，每个虚拟分类可以关联一些真实的分类。

在 cloudfunctions 文件夹下新建一个名为 getVirtualCategory 的云函数，在其 index.js 文件中编写代码如下：

```
const cloud = require('wx-server-sdk')
cloud.init()
exports.main = async (event, context) => { // 模拟分类数据
    return [
        {name:"热门分类",cates:[{cid:'0', title:'图书'}]},
        {name:"精品推荐",cates:[{cid:'0', title:'图书'},{cid:'1', title:'家电'},
         {cid:'2',title:'食品'},{cid:'6',title:'百货'}]},
        {name:"教育图书",cates:[{cid:'0', title:'图书'}]},
        {name:"运动衣着",cates:[]},
        {name:"最近上新",cates:[]},
        {name:"爆品折扣",cates:[]},
        {name:"家用电器",cates:[]},
        {name:"汽车生活",cates:[]},
        {name:"数码办公",cates:[]},
        {name:"内衣配饰",cates:[]},
        {name:"生鲜水果",cates:[]},
        {name:"美妆护肤",cates:[]},
    ]
}
```

下面可以尝试在小程序端使用一下分类列表组件。首先在 category.json 文件中进行简单的配置，如下所示：

```
{
  "usingComponents": {
    "search-bar":"../../components/search-bar/index",
    "cate-table":"../../components/cate-table/index"
  },
  "navigationStyle": "custom"
}
```

在 category.wxml 中编写如下框架代码：

```
<!--pages/category/category.wxml-->
<view class="container">
    <view class="header">
        <search-bar class="search-bar" title="口袋商城" placeholder="精选好物 打折优
        惠" bindsearchBtnTap="toSearch"></search-bar>
    </view>
    <view class="content">
      <cate-table items="{{categorys}}" bindtapItem="toCategoryList"></cate-
      table>
```

```
    </view>
</view>
```

对应在 category.wxss 中编写样式代码如下：

```
/* pages/category/category.wxss */
.container {
    padding-bottom: 49px;
    overflow: hidden;
}
.header {
    width: 100%;
    height: 100px;
    background-image: linear-gradient(to bottom, #e53f41, #e68465);
    overflow: hidden;
    position: fixed;
    z-index: 100;
}
.content {
    margin-top: 100px;
}
```

在 server.js 文件中新增一个获取虚拟分类的方法，如下所示：

```
getVirtualCategory:function(callback) {
    wx.cloud.callFunction({ // 调用云函数来获取虚拟分类数据
        name:"getVirtualCategory",
    }).then(res=>{
        callback(res.result);
    }).catch(error=>{
        wx.showToast({
          title: `获取虚拟分类失败`,
          icon:"none"
        })
        console.log(error);
    });
}
```

在 category.js 中调用此方法来通过云函数获取数据，并将其渲染到组件，代码如下：

```
// pages/category/category.js
const server = require('../../utils/server/server').server;
Page({
    onShow: function () {
        this.getTabBar().setData({selectedIndex:1});
    },
    data:{
        categorys:[]
    },
    onLoad:function() {
        this.getCategorys();
    },
    toSearch:function(event) {
        let key = event.detail;
        if (key.length == 0) {
```

```
            wx.showToast({
              title: '请输入搜索内容',
              icon:'none'
            });
            return;
        }
        console.log(`搜索-${event.detail}`);
        this.selectComponent('.search-bar').clear();
    },
    toCategoryList:function(event) {
        console.log(event.detail.item);
    },
    getCategorys:function() {
        server.getVirtualCategory(res=>{
            this.setData({
                categorys:res
            });
        });
    }
})
```

图 13-8 商品分类模块效果

现在，已经完成了商品分类模块，运行代码，效果如图 13-8 所示。

13.3 商品列表与商品详情页开发

在开发购物车模块之前，先来开发两个二级页面：商品列表页和商品详情页。当用户在搜索栏搜索后，或者从分类模块选择某个具体的分类后，即可进入到商品列表页。

13.3.1 商品列表页开发

商品列表用来搜索结果页和分类商品页。由于之前已经开发好了商品列表组件，这个页面的开发将非常容易。

在 pages 文件夹下新建一组名为 search 的页面文件，在编写页面之前，需要先新增一个查询商品的云函数。在 cloudfunctions 文件夹下新建一个名为 searchProduct 的云函数，代码实现如下：

```
const cloud = require('wx-server-sdk')
cloud.init()
const db = cloud.database();
const _ = db.command;
exports.main = async (event, context) => {
    // 获取检索参数
    let key = event.key;
    let collection = db.collection("shop_product");
    let data = await collection.where(_.or({
        cname:db.RegExp({
```

```
            regexp:key
        })
    },{
        name:db.RegExp({
            regexp:key
        })
    }).get();
    return data.data;
}
```

此云函数提供一个名为 key 的参数作为检索关键词，在检索时，使用正则表达式的方式进行匹配，只要分类名中包含关键词或商品名中包含关键词都算命中。

在小程序端，向 server.js 中添加一个检索商品的方法，如下所示：

```
searchProduct:function(key,callback){
    wx.cloud.callFunction({ // 调用进行搜索功能的云函数
        name:"searchProduct",
        data:{
            key:key
        }
    }).then(res=>{
        callback(res.result);
    }).catch(error=>{
        wx.showToast({
          title: `搜索失败`,
          icon:"none"
        })
        console.log(error);
    });
}
```

下面，可以来实现 search 页面了，其代码非常简单，search.wxml 文件的代码如下：

```
<!--pages/search/search.wxml-->
<view class="list">
    <goods-list items="{{productList}}" bindtapItem="toProductDetail"
emptyText="暂无商品上架"></goods-list>
</view>
```

需要注意，不要忘记在 search.json 文件中引入商品列表组件。在 search.js 文件中实现逻辑代码如下：

```
// pages/search/search.js
const server = require('../../utils/server/server').server;
Page({
    data: {
        productList:[] // 搜索到的商品列表数据
    },
    onLoad(options) {
        this.data.key = options.key; // 搜索关键字
        wx.setNavigationBarTitle({
          title: `与'${options.key}'相关的商品`,
        })
    },
```

```
    onShow(){
        this.search();
    },
    toProductDetail:function(event) {
        console.log(`查看商品详情-${event.detail.item.name}`);
    },
    search:function() {
        server.searchProduct(this.data.key, res=>{ // 获取数据
            this.setData({
                productList:res
            });
        });
    }
})
```

最后，只需要在用户搜索时和点击分类模块的某个二级分类时，将对应的关键词传递到此页面即可，以 toSearch 方法实现为例：

```
toSearch:function(event) {
    let key = event.detail;
    if (key.length == 0) {
        wx.showToast({
          title: '请输入搜索内容',
          icon:'none'
        });
        return;
    }
    console.log(`搜索-${event.detail}`);

    wx.navigateTo({
      url: `/pages/search/search?key=${key}`,
    })
    this.selectComponent('.search-bar').clear();
}
```

运行代码，可以尝试在搜索框中搜索“编程”，页面效果如图 13-9 所示。

图 13-9　商品列表页面

13.3.2　商品详情页开发

商品详情页除了用来展示商品的详细信息外，还将提供立即购买和加入购物车的功能。在 pages 文件夹下新建一组名为 product 的页面文件，在 product.wxml 文件中编写如下代码：

```
<!--pages/product/product.wxml-->
<view>
    <view>
        <image class="header" src="{{product.img}}" mode="aspectFit"></image>
    </view>
    <view>
        <text class="price">¥{{product.price}}</text>
        <text class="discount">惊喜折扣：{{product.discount}}折</text>
```

```
    </view>
    <view class="name">
        {{product.name}}
    </view>
    <view class="content">
        商品详情
    </view>
    <view class="bottom">
        <view class="button1" bindtap="buy">
            立即购买
        </view>
        <view class="button2" bindtap="addCar">
            加入购物车
        </view>
        <view class="car" bindtap="goCar">
            <view><text class="iconfont icon-gouwuche icon"></text></view>
            <view><text class="">购物车</text></view>
        </view>
    </view>
</view>
```

对应的，在 product.wxss 文件中编写的样式表代码可参考附件中对应文件。

之后，在首页和商品列表页，还需要完善一下跳转商品详情页的方法，如下所示：

```
toProductDetail:function(event) {
    console.log(`查看商品详情-${event.detail.item.name}`);
    wx.navigateTo({
      url: '../product/product?gid=' + event.detail.item.gid,
    })
}
```

在 cloudfunctions 文件夹下新建一个名为 getProductDetail 的云函数，用来通过商品 id 获取商品详情，实现代码如下：

```
const cloud = require('wx-server-sdk')
cloud.init()
const db = cloud.database();
exports.main = async (event, context) => {
    // 获取参数
    let gid = event.gid;
    let collection = db.collection("shop_product");
    let data = await collection.where({
        gid:gid
    }).get();
    if (data.data.length > 0) {
        return  data.data[0];
    }
    return;
}
```

在小程序端的 server.js 中对应添加一个调用云函数的方法，如下所示：

```
getProductDetail:function(gid, callback) {
    wx.cloud.callFunction({
        name:"getProductDetail",
```

```
        data:{
            gid:gid
        }
    }).then(res=>{
        callback(res.result);
    }).catch(error=>{
        wx.showToast({
          title: `获取商品详情失败`,
          icon:"none"
        })
        console.log(error);
    });
}
```

完善 product.js 文件，在其中获取商品数据并进行页面渲染，示例代码如下：

```
// pages/product/product.js
const server = require('../../utils/server/server').server;
Page({
    data: {
        gid:"",
        product:{}
    },
    onLoad(options) {
        this.data.gid = options.gid;
    },
    onShow() {
        this.getProductDetail();
    },
    getProductDetail() {
        server.getProductDetail(this.data.gid, res=>{
            console.log(res);
            wx.setNavigationBarTitle({
              title: res.name,
            })
            this.setData({
                product:res ?? {}
            });
        });
    },
    buy() { // 购买逻辑
        console.log("购买商品");
    },
    addCar() { // 添加购物车逻辑
        console.log("添加购物车");
    },
    goCar() { // 跳转到购物车页面
        wx.switchTab({
          url: '/pages/shopping/shopping',
        })
    }
})
```

图 13-10 商品详情页示例

运行代码，效果如图 13-10 所示。

具体的商品详情介绍通常可以用一个完整的长图来实现，这里就不再完善了。商品详情页上有 3 个功能按钮，购物车按钮是一个快捷入口，可以直接跳转到购物车页面，加入购物车按钮用来将商品加入到购物车中，立即购买按钮用于直接创建订单。

13.4　加入购物车与创建订单功能开发

加入购物车和创建订单的功能主要逻辑都在服务端，商品接入购物车后，需要在云端存储用户购物车的情况，即每个用户都有自己的独立的购物车，在存储的时候需要和用户绑定。创建订单也类似，需要将订单信息与当前用户绑定。

13.4.1　购物车功能

在电商类小程序中，一般都会提供购物车功能，用户可以将喜欢的商品添加到购物车，之后一起创建订单来结算。用户也可以对自己的购物车进行管理，删除不需要的商品。

先在 cloudfunctions 文件夹下新建 3 个云函数，分别命名为 addToCar、deleteCar 和 carInfo，分别用来添加商品到购物车、删除购物车中的商品和获取购物车信息。代码如下：

addToCar 云函数示例代码：

```
const cloud = require('wx-server-sdk')
cloud.init()
const db = cloud.database();
// 云函数入口函数
exports.main = async (event, context) => {
    const wxContext = cloud.getWXContext()
    let openId = wxContext.OPENID;
    let gid = event.gid;
    let collection = db.collection("shop_car");
    return collection.add({
        data:{
            gid:gid,
            openId:openId
        }
    });
}
```

deleteCar 云函数示例代码：

```
const cloud = require('wx-server-sdk')
cloud.init()
const db = cloud.database();
exports.main = async (event, context) => {
    const wxContext = cloud.getWXContext()
    let openId = wxContext.OPENID;
    let gid = event.gid;
    let collection = db.collection("shop_car");
    return collection.where({
        gid:gid,
        openId:openId
```

```
    }).remove();
}
```

carInfo 云函数示例代码：

```
const cloud = require('wx-server-sdk')
cloud.init()
const db = cloud.database();
exports.main = async (event, context) => {
    const wxContext = cloud.getWXContext();
    let openId = wxContext.OPENID;
    let collection = db.collection("shop_car");
    let productC = db.collection("shop_product");
    let data = await collection.where({
        openId:openId
    }).get();
    let gArray = data.data;
    for (let j = 0; j < gArray.length; j++) {
        let v = gArray[j];
        let p = await productC.where({
            gid:v.gid
        }).get();
        v.detail = p.data[0];
    }
    return gArray;
}
```

在小程序端的server.js文件中添加对应的实现，如下所示：

```
addToCar:function(gid, callback) {
    wx.cloud.callFunction({
        name:"addToCar",
        data:{
            gid:gid
        }
    }).then(res=>{
        callback();
    }).catch(error=>{
        wx.showToast({
          title: `加入购物车失败`,
          icon:"none"
        })
        console.log(error);
    });
},
getCarInfo:function(callback) {
    wx.cloud.callFunction({
        name:"carInfo",
    }).then(res=>{
        callback(res.result);
    }).catch(error=>{
        wx.showToast({
          title: `获取购物车详情失败`,
          icon:"none"
        })
        console.log(error);
```

```
    });
},
deleteCar:function(gid, callback) {
    wx.cloud.callFunction({
        name:"deleteCar",
        data:{
            gid:gid
        }
    }).then(res=>{
        callback(res.result);
    }).catch(error=>{
        wx.showToast({
          title: `删除商品失败`,
          icon:"none"
        })
        console.log(error);
    });
}
```

购物车页面是在标签栏上的页面，请注意跳转到此页面时需要使用 wx.switchTab 方法来进行跳转。完善 product.js 中的 addCar 方法，如下所示：

```
addCar() {
   server.addToCar(this.data.gid,()=>{
       wx.showToast({
         title: '添加成功',
         icon:"none"
       })
   })
}
```

当应用切换到购物车页面时，需要获取购物车的数据，先在 shopping.wxml 文件中编写框架代码如下：

```
<!--pages/shopping/shopping.wxml-->
<view style="background-color: #f1f1f1; overflow: hidden;">
    <view class="item" wx:for="{{datas}}" wx:key="index" bindtap="goDetail"
data-index="{{index}}">
        <view class="left">
            <image src="{{item.detail.img}}"></image>
        </view>
        <view class="right">
            <view class="title">{{item.detail.name}}</view>
            <view class="price">¥{{item.detail.price}}</view>
            <view class="desc">精品好物，下单即刻拥有</view>
            <view class="delete" catchtap="delete" data-index="{{index}}">删除
           </view>
        </view>
    </view>
    <view wx:if="{{datas.length == 0}}" class="empty">
        <view class="button" bindtap="goHome">去选商品</view>
        <view class="title">购物车内没有商品，快去添加吧~</view>
    </view>
    <view class="bar">
```

```
        <view class="btn" bindtap="toOrder">去结算</view>
        <view class="total">总计: ¥{{total}}</view>
    </view>
</view>
```

对应完善样式表代码，参考附件中的 shopping.wxss 文件。在 shopping.js 文件中实现逻辑代码如下：

```
// pages/shopping/shopping.js
const server = require('../../utils/server/server').server;
Page({
    onShow: function () {
        this.getTabBar().setData({selectedIndex:2});
        this.requestData();
    },
    data: {
        datas:[],
        total:0
    },
    requestData:function() {
        server.getCarInfo(res=>{
            let count = 0;
            res.forEach(v=>{
                count += Number(v.detail.price);
            });
            this.setData({
                datas:res,
                total:count
            });
        });
    },
    goHome:function() { // 跳转到首页
        wx.switchTab({
          url: '/pages/index/index',
        })
    },
    goDetail:function(event) { // 跳转到商品详情页
        let index = Number(event.currentTarget.dataset.index);
        wx.navigateTo({
          url: `../product/product?gid=${this.data.datas[index].gid}`,
        })
    },
    delete:function(event) { // 删除购物车中的产品
        let index = Number(event.currentTarget.dataset.index);
        server.deleteCar(this.data.datas[index].gid,res=>{
            wx.showToast({
              title: '删除成功',
              icon:"none"
            });
            this.requestData();
        });
    },
    toOrder:function() { // 跳转到订单页面
        console.log("创建订单");
    }
```

```
})
```

此时，应用的购物车功能就基本开发完善了，在商品详情页添加商品到购物车后，对应的购物车页面的数据也会修改，效果如图 13-11 和图 13-12 所示。

图 13-11　购物车页面示例（有商品）

图 13-12　购物车页面示例（无商品）

13.4.2　订单相关功能开发

无论是在商品详情页还是在购物车页面，当用户点击购买或结算按钮后，实际上在服务端我们都将为其创建一个订单，订单中包含所要购买的商品信息。

首先在 cloudfunctions 文件夹下新建两个云函数，命名为 createOrder 和 orderDetail，这两个云函数分别用来创建订单和获取订单详情。

实现 createOrder 云函数如下：

```
const cloud = require('wx-server-sdk')
cloud.init()
const db = cloud.database();
const _ = db.command;
exports.main = async (event, context) => { // 订单数据的相关字段定义
    const wxContext = cloud.getWXContext()
    let openId =  wxContext.OPENID;
    let gids = event.gids; // 订单包含的商品 id
    let address = "尚未选择地址"; // 收货地址
    let productC = db.collection("shop_product"); // 商品详情
    let data = await productC.where({
        gid:_.in(gids)
    }).get();
```

```
        let gArray = data.data;
        let sum = 0; // 总价
        let title = ""; // 标题
        let imgs = []; // 图片列表
        for (let j = 0; j < gArray.length; j++) {
            let v = gArray[j];
            sum += Number(v.price);
            title += v.name + ' ';
            imgs.push(v.img);
        }
        let collection = db.collection("shop_order");
        return collection.add({
            data:{
                gids:gids,
                openId:openId,
                state:0,
                stateText:"待支付",
                freight:0,
                address:address,
                sum:sum,
                img:imgs,
                title:title
            }
        });
    }
```

创建订单时，客户端只需要将订单包含的商品 gid 作为参数传递到服务端，服务端来查具体的商品信息，最终组装成订单数据。需要注意，初始创建订单时都是待支付状态，其 state 状态码为 0，当用户支付后，再来改动此订单的状态。

实现 orderDetail 云函数如下：

```
const cloud = require('wx-server-sdk')
cloud.init()
const db = cloud.database();
const _ = db.command;
exports.main = async (event, context) => {
    let orderId = event.orderId;
    let orderDoc = await db.collection("shop_order").doc(orderId).get();
    console.log(orderDoc);
    let order = orderDoc.data;
    console.log(order);
    let productC = db.collection("shop_product");
    let data = await productC.where({
        gid:_.in(order.gids)
    }).get();
    let  gArray = data.data;
    order.gArray = gArray;
    return order;
}
```

当创建订单成功后，服务端会返回订单主键 id，通过此主键可以直接查询当前的订单详情，由于小程序端的订单详情页面需要渲染商品数据，因此在查询订单详情时，在云函数中直接将所包含的商品数据查询并组装完成。

在 pages 文件夹下新建一组名为 orderDetail 的页面文件，在 orderDetail.wxml 文件中编写框架代码如下：

```
<!--pages/orderDetail/orderDetail.wxml-->
<view class="container">
    <view class="address">
        <text class="address-t1">配送地址: </text>
        <text class="address-t2">{{orderDetail.address ? orderDetail.address :
        "选择地址"}}</text>
    </view>
    <view class="products">
        <view bindtap="goProduct" class="item" wx:for="{{orderDetail.gArray}}"
         wx:key="index" data-index="{{index}}">
            <view class="left">
                <image src="{{item.img}}"></image>
            </view>
            <view class="right">
                <view class="title">{{item.name}}</view>
                <view class="price">¥{{item.price}}</view>
                <view class="discount">折扣: {{item.discount}}</view>
                <view class="cate">类别: {{item.cname}}</view>
            </view>
        </view>
    </view>
    <view class="orderInfo">
        <view class="item">
            <text class="title">订单金额:</text>
            <text class="value">¥{{orderDetail.sum}}</text>
        </view>
        <view class="item">
            <text class="title">运费:</text>
            <text class="value">¥{{orderDetail.freight}}</text>
        </view>
        <view class="item">
            <text class="title">订单状态:</text>
            <text class="value">{{orderDetail.stateText}}</text>
        </view>
    </view>
    <view class="button" wx:if="{{orderDetail.state == 0}}" bindtap="pay">支付
</view>
</view>
```

相关的样式表代码参考附件中的 orderDetail.wxss 文件。

在跳转到订单详情页时，需要将订单数据的主键 id 传递进来，在 orderDetail.js 中实现逻辑代码如下：

```
// pages/orderDetail/orderDetail.js
const server = require('../../utils/server/server').server;
Page({
    data: {
        orderId:"",
        orderDetail:{}
    },
    onLoad(options) {
```

```
        this.data.orderId = options.orderId;
        this.requestData();
    },
    goProduct(event) {
        let index = Number(event.currentTarget.dataset.index);
        wx.navigateTo({
            url: `../product/product?gid=${this.data.orderDetail.
            gArray[index].gid}`,
        })
    },
    requestData() {
        server.orderDetail(this.data.orderId, res => {
            console.log(res);
            this.setData({
                orderDetail:res
            });
        });
    },
    pay() {
        console.log("支付订单");
    }
})
```

最后，只需要在商品详情页购买商品时，创建订单并跳转到订单详情页即可。完善 product.js 文件中的 buy 方法如下：

```
buy() {
    server.createOrder([this.data.gid],(res)=>{
        // 跳转订单详情
        console.log("创建订单成功", res);
        wx.navigateTo({
          url: '../orderDetail/orderDetail?orderId=' + res._id,
        });
    })
}
```

购物车页面的结算功能也类似，实现 shopping.js 文件中的 toOrder 方法如下：

```
toOrder:function() {
    let gidArray = [];
    this.data.datas.forEach(v=>{
        gidArray.push(v.gid);
    });
    server.createOrder(gidArray,(res)=>{
        // 跳转订单详情
        console.log("创建订单成功", res);
        wx.navigateTo({
          url: '../orderDetail/orderDetail?orderId='
          + res._id,
        });
        // 清空购物车
        gidArray.forEach(v=>{
            server.deleteCar(v,()=>{});
        })
    })
```

```
}
```

运行代码，尝试挑选一些商品购买，效果如图 13-13 所示。

图 13-13　订单详情页面

13.4.3　地址选择和支付功能开发

关于地址选择，可以直接申请调用微信的收货地址接口。调用此接口前，需要先在小程序管理后台开通对应的权限，在小程序管理后台的开发→开发管理→接口设置模块中可以开通获取用户收货地址功能，如图 13-14 所示。

申请开通时，需要填写申请的原因以及上传对应的小程序截图或录屏。申请完成后，即可调用 wx.chooseAddress 接口直接获取用户收货地址，使用非常方便，这里不再过多介绍。

本节主要开发订单的支付功能，支付的过程可以直接接入微信支付，具体的接入过程可以参考微信支付的接入文档，地址为 https://pay.weixin.qq.com/wiki/doc/apiv3_partner/pages/index.shtml。

这里只专注于电商小程序业务逻辑的开发，即默认点击支付后，就已经模拟用户支付成功，我们只需要做后续订单状态更新的业务逻辑即可。

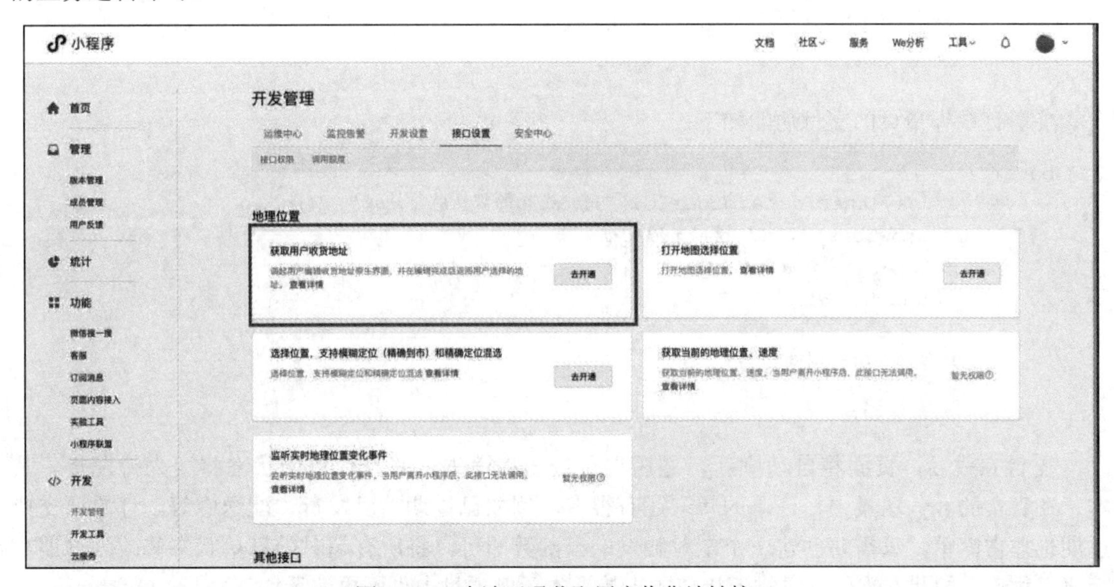

图 13-14　申请开通获取用户收货地址接口

在 cloudfunctions 云函数目录下新建一个名为 payOrder 的云函数，代码如下：

```
const cloud = require('wx-server-sdk')
cloud.init()
const db = cloud.database();
exports.main = async (event, context) => {
    let orderId = event.orderId; // 订单 id
    let address = event.address; // 地址
```

```
    return db.collection("shop_order").doc(orderId).update({
        data:{
            state:1,
            stateText:"待发货",
            address:address
        }
    });
}
```

模拟的支付操作将直接更新订单的状态，对应的在 server.js 中实现一个订单支付的方法如下：

```
pay:function(orderId, address, callback) {
    wx.cloud.callFunction({ // 调用支付订单的云函数
        name:"payOrder",
        data:{
            orderId:orderId,
            address:address
        }
    }).then(res=>{
        callback(res.result);
    }).catch(error=>{
        wx.showToast({
          title: '订单支付失败',
          icon:"none"
        })
        console.log(error);
    });
}
```

完善订单详情页的支付功能如下：

```
pay() {
    server.pay(this.data.orderId, "用户选择的默认收货地址", ()=>{
        wx.showToast({ // 模拟支付成功
          title: '支付成功',
          icon:"none"
        });
        this.requestData();
    })
}
```

支付完成后，页面将自动刷新，之后支付按钮将消失，并且订单的状态将变为待发货。其实，在真实的业务场景中，订单的状态还有很多，例如已过期、已发货、配送中等。订单要支持过期也非常简单，只需要创建一个定时触发的云函数即可，将所有超时的订单状态修改为过期，而更多物流中的状态需要三方物流接口的支持，本示例项目中也不再演示。

13.5 “我的”页面的开发

到此，已经完成了此电商小程序的核心主流程功能了，读者如果有供应商货源，将此小程序修修改改就可以上线运营了。当然，在小程序的 4 个主模块中，还剩下“我的”模块尚未开发，我的模块主要用来进行订单管理、钱包管理以及提供更多附加功能。本节，我们只完成个人信息的展示和订单管理功能，让小程序的订单部分功能完整闭环，读者也可以在此页面中添加更多附加功能，这完全取决于个人的需要。

13.5.1　“我的”模块主页开发

我的模块的主页主要用来展示订单管理和更多附加功能的入口。在 user.wxml 文件中编写布局代码，包括用户的基本信息模块与订单入口模块。详细代码可参见附件。

对应的需要为 user.wxml 中的页面框架增加样式设置，样式表代码可以附件中的 user.wxss 文件。整体上，我们采用上下布局，上半部分为用户信息模块，下半部分为订单入口模块。对于订单入口模块，我们采用列表的方式进行布局。

最后，在 user.js 中实现数据与跳转逻辑。代码如下：

```
// pages/user/user.js
Page({
   onShow: function () {
      this.getTabBar().setData({selectedIndex:3});
   },
   onLoad: function() {
      // 查看是否授权
      wx.getSetting({
         success:(res) => {
            if (res.authSetting['scope.userInfo']) {
               // 已经授权，可以直接调用 getUserInfo 获取头像昵称
               wx.getUserInfo({
                  success:(res) => {
                     console.log(res.userInfo);
                     this.setData({
                        userInfo:res.userInfo
                     });
                  }
               })
            }
         }
      });
   },
   data:{
      userInfo:{}
   },
   userInfo:function(res) { // 用户信息
      console.log(res.detail.userInfo);
      this.setData({
         userInfo:res.detail.userInfo
      });
   },
   goOrders:function(event) {
      let index = event.currentTarget.dataset.index;
      console.log("跳转订单列表", index);
   }
})
```

运行代码，效果如图 13-15 所示。

图 13-15 “我的”模块示例 8

13.5.2 订单列表页面开发

订单列表页面是本项目的最后一个页面，此页面需要将用户相关的订单展示出来，并支持删除订单。

首先在 cloudfunctions 目录下新增两个云函数，即 getOrders 和 deleteOrder，分别用来获取订单列表和删除订单。

getOrders 云函数实现代码如下：

```
const cloud = require('wx-server-sdk')
cloud.init()
const db = cloud.database();
const _ = db.command;
exports.main = async (event, context) => {
    let state = Number(event.state);
    const wxContext = cloud.getWXContext();
    let openId = wxContext.OPENID;
    let orderDoc;
    if (state == -1) {
        orderDoc = await db.collection("shop_order").where({
            openId:openId
        }).get();
    } else {
        orderDoc = await db.collection("shop_order").where({
            state:state,
            openId:openId
        }).get();
    }
```

```
    let orders = orderDoc.data;
    console.log(orders);
    return orders;
}
```

此云函数需要根据参数来查询不同状态的订单。

deleteOrder 云函数实现代码如下：

```
// 云函数入口文件
const cloud = require('wx-server-sdk')
cloud.init()
const db = cloud.database();
// 云函数入口函数
exports.main = async (event, context) => {
    const wxContext = cloud.getWXContext()
    let openId = wxContext.OPENID;
    let orderId = event.orderId;
    let collection = db.collection("shop_order");
    return collection.where({
        _id:orderId,
        openId:openId
    }).remove();
}
```

在小程序端的 server.js 中对应实现两个方法如下：

```
getOrders:function(state, callback) {
    wx.cloud.callFunction({
        name:"getOrders",
        data:{
            state:state
        }
    }).then(res=>{
        callback(res.result);
    }).catch(error=>{
        wx.showToast({
          title: '获取订单列表失败',
          icon:"none"
        })
        console.log(error);
    });
},
deleteOrder:function(orderId, callback) {
    wx.cloud.callFunction({
        name:"deleteOrder",
        data:{
            orderId:orderId
        }
    }).then(res=>{
        callback(res.result);
    }).catch(error=>{
        wx.showToast({
          title: "删除订单失败",
          icon:"none"
        })
```

```
        console.log(error);
    });
}
```

在 pages 文件夹下新建一组名为 orderList 的页面文件，先将 user.js 文件中的跳转方法完善一下，代码如下：

```
goOrders:function(event) {
    let index = event.currentTarget.dataset.index;
    wx.navigateTo({
      url: `../orderList/orderList?state=${index}`,
    })
}
```

orderList.wxml 与 orderList.wxss 文件的相关代码参考附件文件。

在 orderList.js 中实现逻辑代码如下：

```
// pages/orderList/orderList.js
const server = require('../../utils/server/server').server;
Page({
    data: {
        state:-1,
        orders:[]
    },
    onLoad(options) {
        this.data.state = options.state;
        console.log(this.data.state);
        this.requestData();
    },
    requestData() {
        server.getOrders(this.data.state, (res)=>{
            console.log(res);
            this.setData({
                orders:res
            });
        })
    },
    goDetail(event) {
        let index = Number(event.currentTarget.dataset.index);
        wx.navigateTo({
          url: '../orderDetail/orderDetail?orderId=' +
          this.data.orders[index]._id,
        })
    },
    delete(event) {
        let index = Number(event.currentTarget.dataset.index);
        server.deleteOrder(this.data.orders[index]._id, ()=>{
            wx.showToast({
              title: '删除成功',
              icon:"none"
            });
            this.requestData();
        });
    }
})
```

运行代码，效果如图 13-16 所示。

图 13-16　订单列表页示例

如果读者跟着本章内容同步编写代码到此，那么恭喜你，你已经完成了整个电商项目的学习，包括首页、分类页、详情页、搜索页以及购物车、订单管理等功能，本项目可以说是通常电商项目的核心主流程，相信通过此项目的开发练习，读者小程序开发能力一定又得到了不少的提升，可以扫描本书前言中的二维码下载此项目的完整代码。

通过此项目的练习，能够发现，其实看起来非常复杂的项目，经过页面拆分、功能拆分后，每个要完成的功能点并没有多么复杂。在开发大型项目时，我们只需要专注于每个功能点，功能点的积累组成功能完善的页面，页面的积累组成完整的应用。

最后，希望读者在学习小程序开发的过程中，勤思考，多动手，能够真正地掌握这门技术。